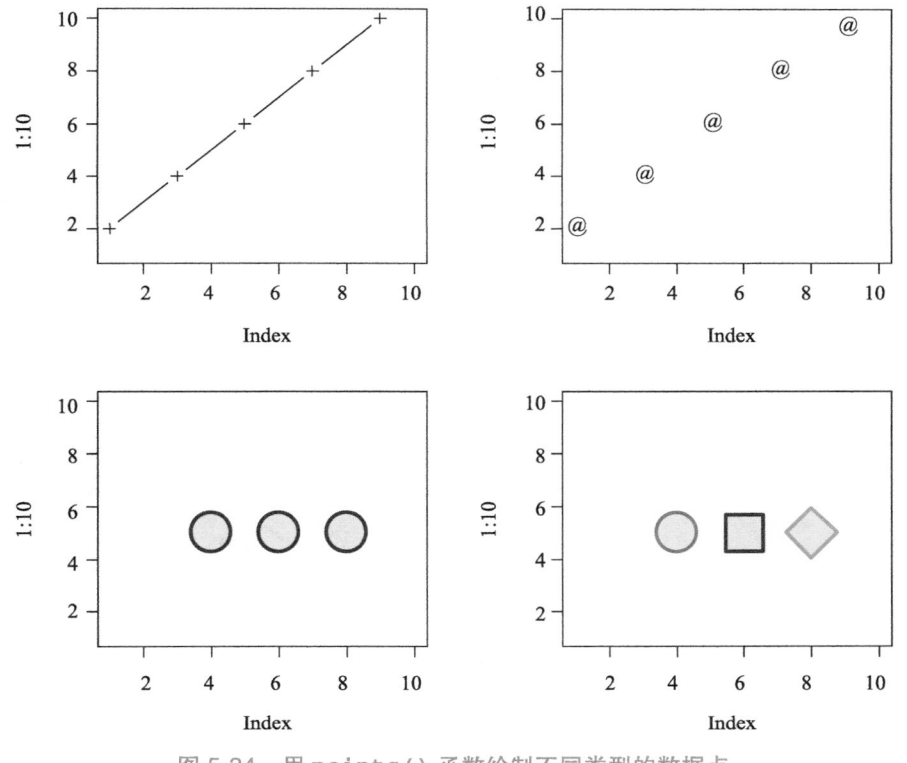

图 5-24　用 `points()` 函数绘制不同类型的数据点

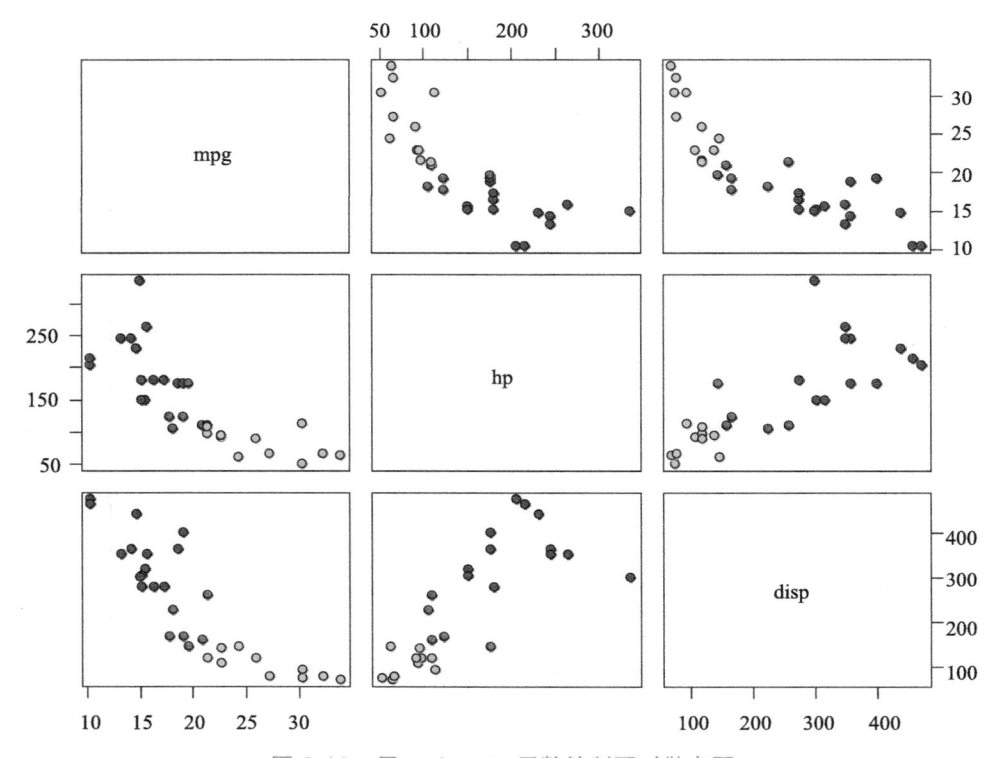

图 6-16　用 `pairs()` 函数绘制配对散点图

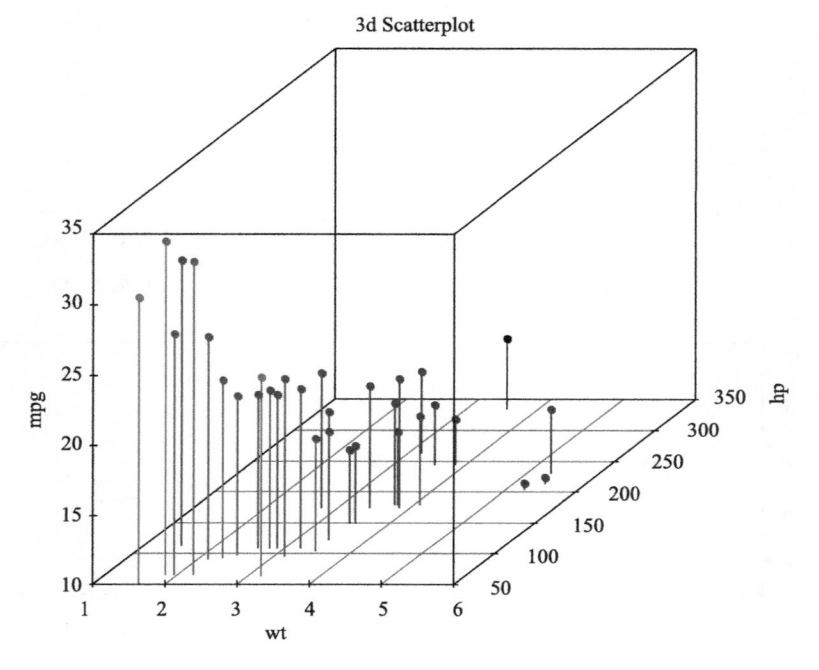

图 6-23　用函数 scatterplot3d() 绘制三维散点图

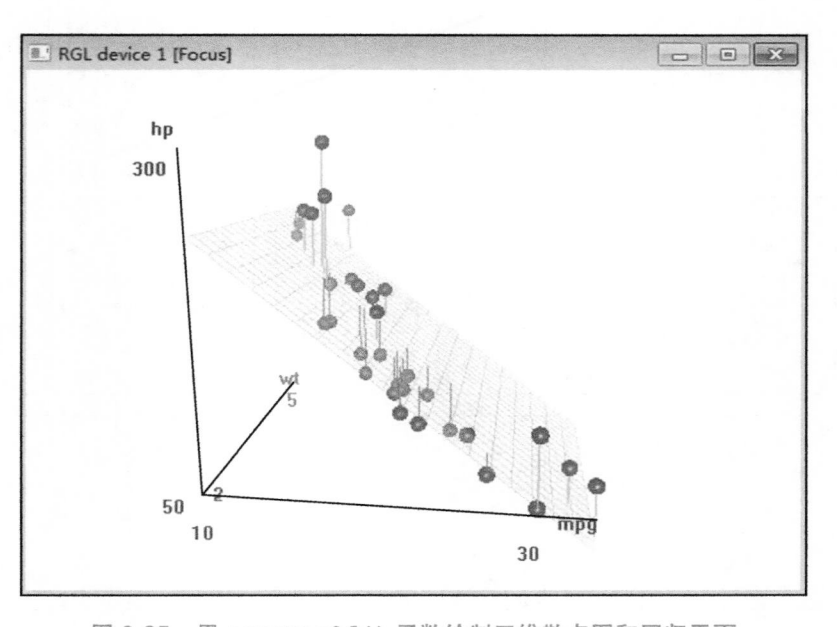

图 6-25　用 scatter3d() 函数绘制三维散点图和回归平面

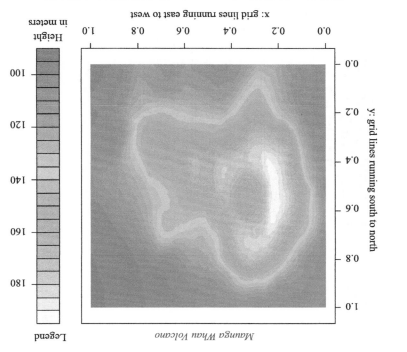

图 6-31 用 filled.contour() 函数绘制的火山等高图

x: grid lines running east to west

y: grid lines running south to north

Maunga Whau Volcano

Legend

Height in meters

100 120 140 160 180

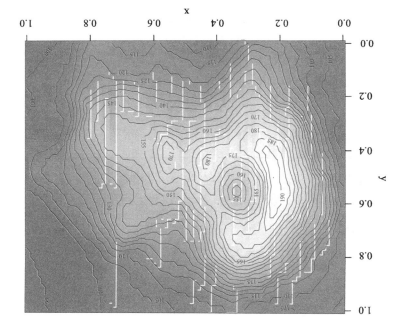

图 6-30 在用图像 image() 绘制的等高图上重叠加等高线

x

y

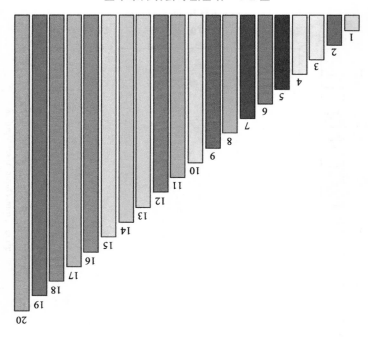

图 7-3　使用渐变填充绘制直方图

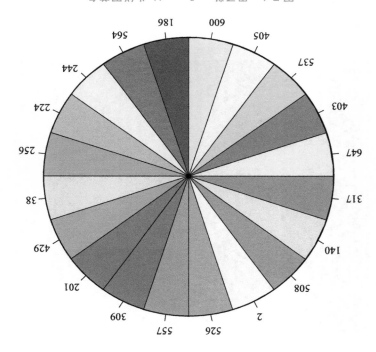

图 7-1　用函数 colors( ) 为饼图着色

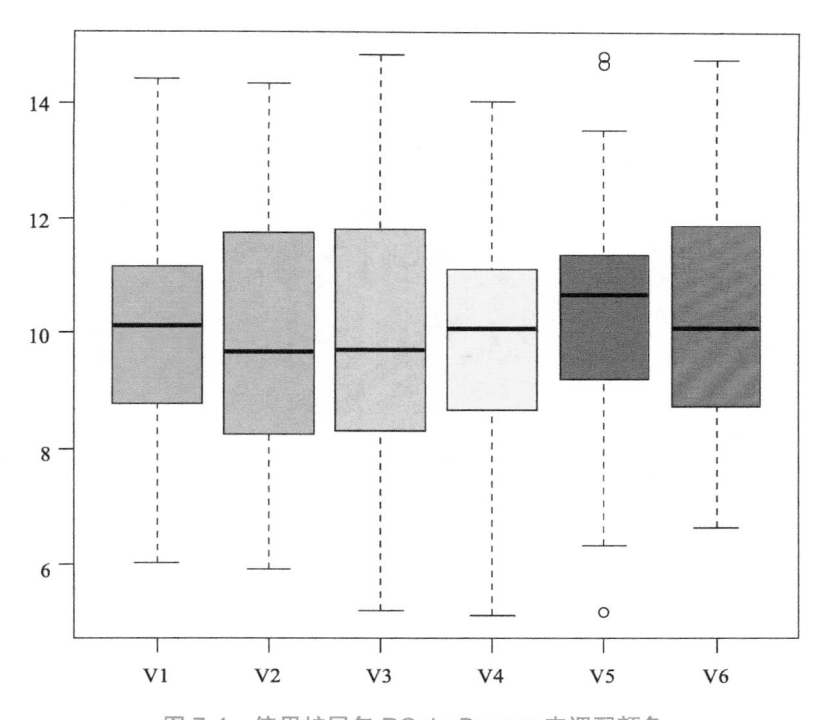

图 7-4　使用扩展包 RColorBrewer 来调配颜色

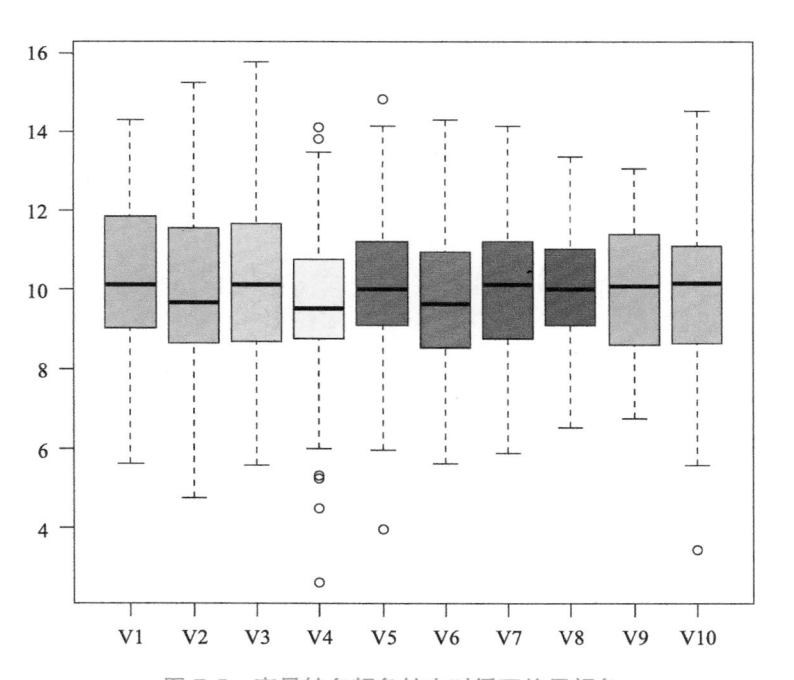

图 7-5　变量较多颜色较少时循环使用颜色

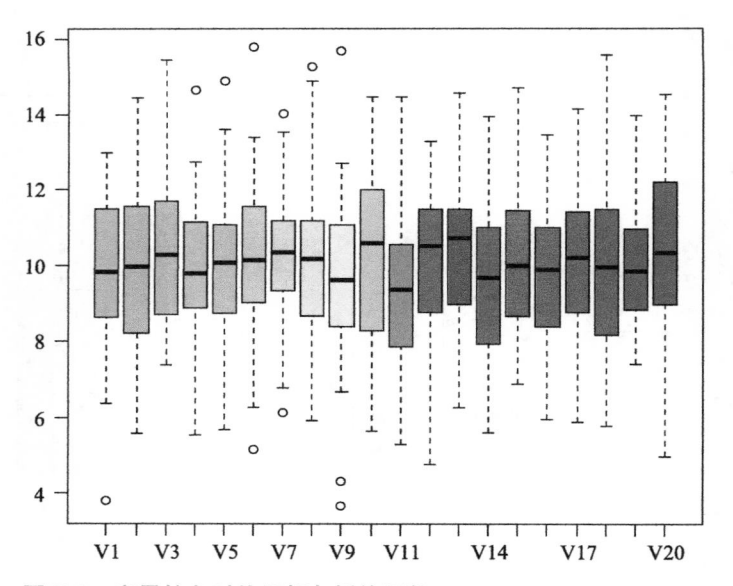

图 7-6　变量较多时使用颜色插值函数 `colorRampPalette()`

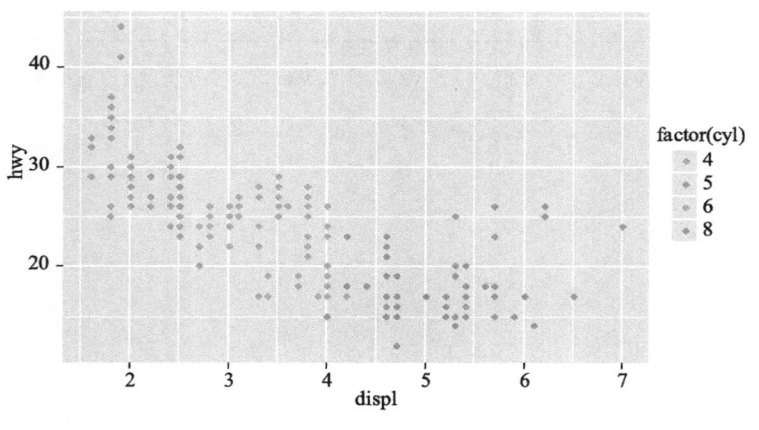

图 8-8　用图层函数绘图

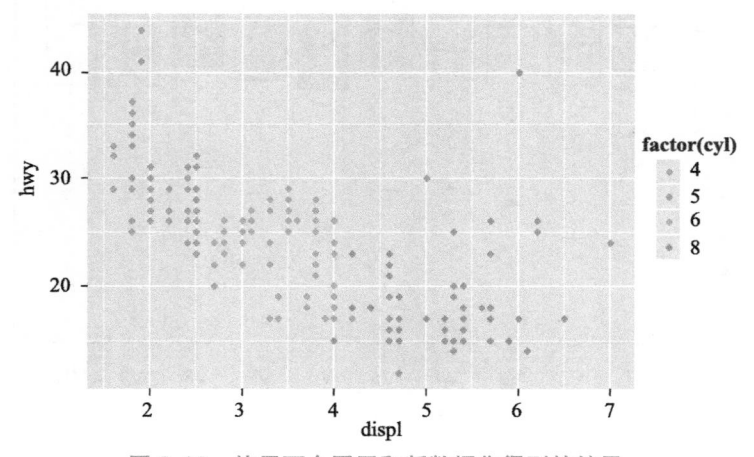

图 8-10　使用两个图层和新数据集得到的结果

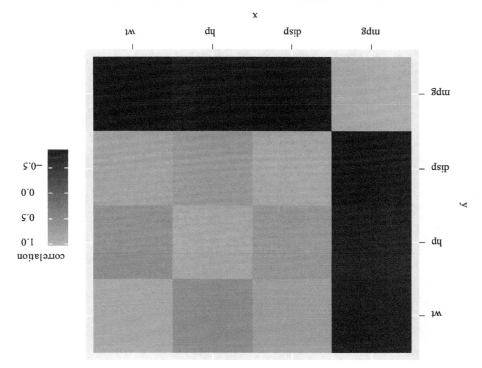

图 8-47　用图案 geom_tile() 绘制的相关系数矩阵图

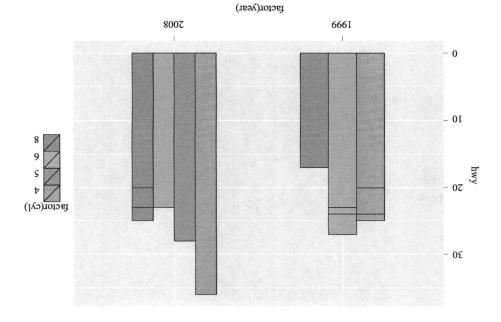

图 8-22　并列放置的柱状图

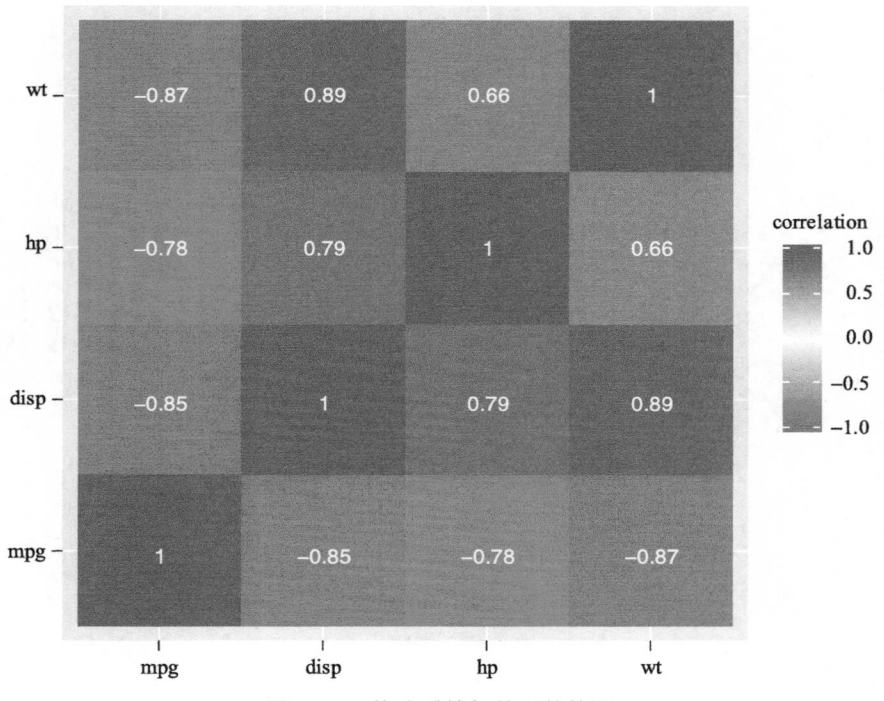

图 8-48　修改后的相关系数热图

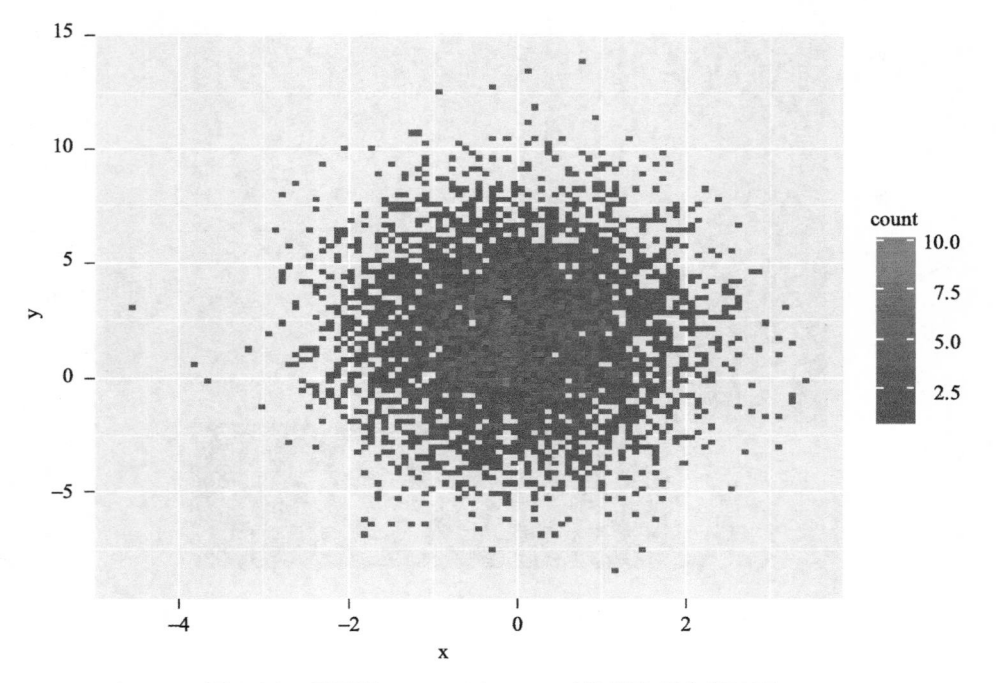

图 8-64　用函数 stat_bin2() 对数据进行分箱处理

| 数据科学与大数据分析丛书 |

DATA VISUALIZATION AND STATISTICAL ANALYSIS WITH R

R 语 言

数据可视化与统计分析基础

王翔　朱敏　编著

机械工业出版社
CHINA MACHINE PRESS

图书在版编目（CIP）数据

R 语言：数据可视化与统计分析基础 / 王翔，朱敏编著 . —北京：机械工业出版社，2018.11
（2024.8 重印）

ISBN 978-7-111-61218-6

I. R⋯　Ⅱ. ①王⋯　②朱⋯　Ⅲ. ①程序语言 – 程序设计 – 教材　②统计分析 – 统计程序 –
教材　Ⅳ. ① TP312　② C819

中国版本图书馆 CIP 数据核字（2018）第 243793 号

本书从"易上手"的基本理念出发，对应用 R 语言进行数据处理和分析、绘图以及基本统计分析这三个方面进行了介绍。作为一本入门级的教材，作者结合教学中的经验，注重对基本函数的注释，并始终强调 R 语言的实战练习。

受到作者工作背景的影响，本书主要为高校经济、金融类专业人才培养而设计。借助 R 语言的强大功能，希望能够为这些专业人才的培养提供应用性工具，将其所学的抽象理论知识和所接触到的多样化信息有效地结合起来，变成生动可见、通俗易懂的美丽画面。

出版发行：机械工业出版社（北京市西城区百万庄大街 22 号　邮政编码：100037）

责任编辑：朱　妍　　　　　　　　　　责任校对：李秋荣

印　　刷：固安县铭成印刷有限公司　　版　　次：2024 年 8 月第 1 版第 2 次印刷

开　　本：185mm×260mm　1/16　　印　　张：20.75　　插　　页：4

书　　号：ISBN 978-7-111-61218-6　　定　　价：69.00 元

客服电话：（010）88361066　68326294

前 言
Preface

　　在我们的教学过程中，有一个问题经常被学生问起：经济学的理论这么抽象，如何才能更好地理解它？我们的回答是：看图、画图。对于我们而言，选择 R 语言来辅助教学的初衷，是为了能够把更加容易理解的图形在课堂上呈现出来，"看图说话"的确能够帮助学生掌握知识并提高教学质量。到后来，一些学生受到我们的影响，开始关注起 R 语言本身来，围绕 R 语言的讨论也越来越多。经过一段时间的教学积累，就逐渐形成了本书的初稿。

　　R 语言的神奇之处在于，使用越久，你会越喜欢它。每次看到学生写完一些代码，并最终将图形细节调整完毕而欢欣鼓舞时，我们都很快乐。对于低年级的本科生，我们鼓励他们多使用 R 语言来完成课程作业；对于高年级的本科生和研究生，我们要求他们在课程作业和学术论文中使用 R 语言来完成数据展示和统计分析。如此一来，正如学生们在课程结束后常说的："掌握一门技术，心里就踏实。"

　　在高等院校的教学过程中，培养应用型人才的目标定位显得越来越重要、越来越清晰，实现这一目标的方法也越来越多。通过 R 语言的学习，可以锻炼学生的逻辑思维能力，辅助他们理解抽象理论，帮助他们使用信息化工具来表达各种想法。更为重要的是，他们的确在学习一门应用型的技术，他们对未来更加有信心。

　　本书的案例和分析思路受到我们在教学中总结的经验的影响。对于一些常见的问题，我们进行了比较详细的分析和案例展示。R 语言的多样性特征和强大的功能可以与经济学教学相得益彰，不论是绘图还是统计分析，R 语言都能够让学生通过数据来深刻理解经济理论与经济事实，R 语言是一个中间体，它在理论与实践之间架起一座坚固的桥梁。

本书由王翔和朱敏共同编写提纲，确定案例。王翔撰写第 1～10 章以及附录，并完成了对全书的统稿和校对；朱敏撰写第 11 章，并检查了所有的代码。本书在《金融定量分析与 S-Plus 运用》（朱敏、王翔编著，2013 年）一书的基础上，沿用了该书中的一些案例，并突出了数据可视化的重要性。

R 语言的发展速度非常快，我们的阅读能力和理解能力相对有限，书中差错和遗漏在所难免，读者在阅读过程中如有察觉，请提出您的宝贵意见，您的批评和建议是我们改善的动力。

王翔　朱敏

2016 年 8 月 21 日

于上海师范大学商学院

目录
Contents

第1章
Chapter1

R 语言简介

1.1　R 语言的背景

　　R 语言是新西兰奥克兰（Auckland）大学的罗伯特·杰特曼（Robert Gentleman）与罗斯·伊哈卡（Ross Ihaka）基于 S 语言而联合开发的系统，并由各个领域的专家和志愿人员不断地进行扩展。R 语言具有非常强大的数据处理和绘图功能，已经在非常多的领域中得到应用，甚至成为专业领域中最受欢迎的程序或统计语言。

　　R 语言之所以大受欢迎，是基于其强大的优势。

　　第一，R 语言是免费的，并且是开源的。我们可以自由地下载并免费使用 R 语言。R 语言的开源性特征意味着任何人都可以下载并修改源代码。这为不断优化 R 语言提供了良好的基础。

　　第二，R 语言可以在不同的环境下运行，如 Windows、Unix 以及 Mac OS 等。

　　第三，R 语言具有强大的扩展性，这使得各种代码和数据得以在短时间内传播和完善。大量的专业人员以扩展包的形式编写用于特定目的的程序，例如用于统计建模、图形绘制等。这使得使用者几乎可以找到任何想要的工具。

　　第四，R 语言拥有许多活跃的互动社区，通过在线互动，R 语言的知识得到迅速的传播，任何疑难问题都可以找到较好的解决方案。读者可以尝试使用 R 语言的邮件列表（www.r-project.org/mail.html）。

　　R 语言的优势不局限于以上几点，用户在使用过程中，会越来越多地理解 R 语言的强大功能，从此对它爱不释手。

1.2　R 语言的基本工作环境

1. 安装 R 语言

登录网站 https://www.r-project.org/ 后，选择相应的镜像点（CRAN mirror），如我们选择

某大学的镜像点，点击后，可以在"Download and Install R"栏目下选择对应系统的 R 语言下载，如我们选择的是"Download R for Windows"。下载完成后，就可以安装 R 语言。一般都采用默认设置方式进行安装。安装完成后，即可点击运行 R 语言。

2. R 语言的基本界面

运行 R 语言后，会出现类似图 1-1 的 R 语言工作界面。

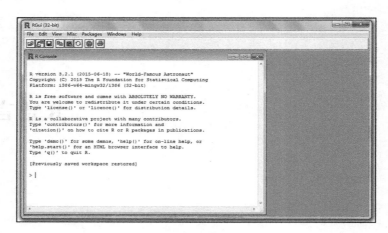

图 1-1　R 语言的基本工作界面

R 语言的工作界面非常简单，"R Console"为控制台。R 语言以"一问一答"的方式进行工作，在控制台中，用户可以在命令提示符">"后面输入命令或代码，按回车键后即可运行命令并返回相关结果。

每一次启动 R 语言后，控制台中都会显示所运行的 R 语言的版本信息和其他一些信息，如使用命令 demo() 可以看到一些可演示的函数，命令 demo(colors) 可以看到各种不同的颜色及其名称。

在菜单栏中，通过选择"Edit → GUI preferences…"可以按照使用者的喜好来改变如字体、窗口等基本设置。

在"Packages"一栏中，可以进行扩展包的安装与载入等操作。在"Windows"一栏中，可以调整窗口的布局。"Help"一栏提供各种各样的使用帮助，建议读者查看"help → Console"来获取一些快捷键的使用方法，例如快捷键"Ctrl+L"可以对控制台进行清屏处理，向上的箭头键和向下的箭头键可以对执行过的历史命令进行选择，以便再一次执行某个命令。

3. 获取和设定工作目录

使用函数 getwd() 可以获取当前的工作目录（working directory），如果想要设定新的工作目录，使用 setwd() 函数。

下面的例子中，我们首先获取当前的工作目录，然后设置新的工作目录为 D 盘根目录下 R 语言文件夹。

注意 R 语言中分割文件路径的符号的使用方法。通常，我们使用反斜杠（\）来分割文件路径，但是反斜杠在 R 语言中另有用途，为了避免混淆，R 语言中使用正斜杠（/）或者双反斜杠（\\）来分割文件路径。在本书中，文件路径都以正斜杠来分割，如代码1-1所示。

代码1-1

```
getwd()
[1] "C:/Users/dx/Documents"
setwd("D:/R")
getwd()
[1] "D:/R"
```

4. 退出R语言和保存工作结果

读者可以在控制台命令提示符后面输入命令hello R，按回车键后就会得到返回结果，如代码1-2所示。

代码1-2

```
"hello R"
[1] "hello R"
```

如果要退出R语言，可以直接关闭R语言窗口，也可以使用命令"q()"。假如我们使用命令"q()"来退出R语言，此时R语言会弹出窗口，提示是否需要保存工作空间（workspace）。如果想要保存，则单击"Yes"。按下确认按钮后，R语言就会关闭，工作空间中的内容就会被保存在工作目录中。如果单击"No"，R语言就会直接关闭，不保存任何信息。

1.3　使用R语言的良好习惯

第一，使用恰当的赋值符号。

通常使用赋值操作符或者赋值运算符"<-"，箭头指向的是被赋值的对象。尽管"="也可以进行赋值，但不建议使用。根据使用习惯，"->"也可以进行赋值，显示的操作是相同的，如代码1-3所示。

代码1-3

```
x<-"value"
"value"->x
```

另外，assign()函数也可以进行赋值，只是略微有点麻烦，如代码1-4所示：

代码1-4

```
assign("x", "value")
```

第二，使用"#"添加必要的注释。

在井字符号（hashtag character）"#"之后添加注释文字，这些文字会被R语言的编译器忽略。添加注释可以提醒使用者代码的含义，尤其是经过很长一段时间后，使用者往往会忘记原来是如何构思程序的。在下面的例子中，"#"之后添加了中文注释，但是x的返回值中却不包括这些注释。

代码1-5

```
x<-c("John1","John2") #1表示英语课，2表示数学课
x
[1] "John1" "John2"
```

第三，请注意在 R 语言中区分大小写，X 和 x 可以是两个完全不同的变量。

第四，使用键盘中的向上或向下箭头来重复过去执行过的某行命令。输入 R 语言中的命令都会自动保存，如果想要重复之前的一行命令，或者修改之前的一行命令，可以使用向上或向下箭头来选取。这无疑提高了工作效率。

第五，使用"Esc"键来终止或退出命令。

使用 R 语言的好习惯并不局限于以上五点，还包括下面几点。由于它们十分重要，因此我们将其单列出来。

1.4 脚本编辑器

在使用 R 语言的过程中，我们应当充分利用脚本编辑器。在 R 语言中，经常会反复地用到一些命令，或者需要键入的代码比较长，或者你想存放你认为比较有用处而且易于执行的命令。除此之外，当在 R 语言中输入较多命令后，当前工作空间会变得杂乱无章，想要找到有用的命令费时费力。此时，使用脚本编辑器可以提高工作效率。

在主菜单上选择"File"标签，并单击"New script"标签就可以打开一个新的脚本编辑器，如图 1-2 所示。

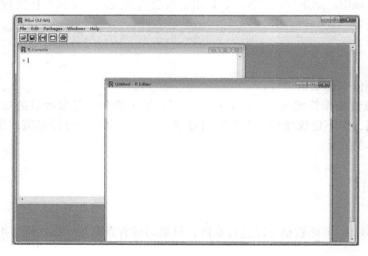

图 1-2　新建一个脚本编辑器

在脚本编辑器中，我们可以放入一些代码。如果需要执行部分或全部代码，可以这样操作：

（1）将光标停留在需要执行的某一行代码上，按"Ctrl+R"即可以在控制台中执行；

（2）选中需要执行的若干段代码，按"Ctrl+R"即可以在控制台中执行；

（3）选中全部代码，按"Ctrl+R"，或者选择 Edit → Run all 就可以执行全部命令。

在图 1-3 中，我们在脚本编辑器中放置了几行代码，将其全部选中后执行，就会在控制台中执行这些代码。当然这些代码是没有错误的，如果有错误，就会出现报错信息，这时就需要回头来检查一下代码中可能隐藏的错误。这里代码的执行结果是在图形窗口中绘制一幅图形。

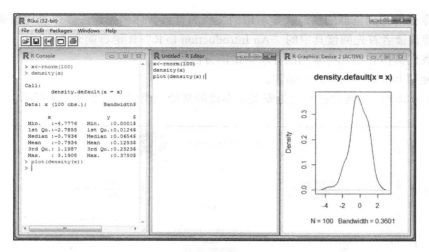

图 1-3　使用脚本编辑器执行命令

1.5　从帮助文档中获取信息

在使用 R 语言的过程中，有哪些方法帮助我们最有效地查找到帮助信息，从而完成相应的工作？常用的帮助函数包括：

（1）函数 `help.start()`；

（2）函数 `help()`；

（3）函数 `help.search()`；

（4）函数 `help(package="…")`；

（5）函数 `RSiteSearch()`；

（6）函数 `apropos()`。

此外，经常到网站 http://www.r-project.org 上去查看和搜索一些有用信息也是非常有助于学习 R 语言的。

学习 R 语言是一个循序渐进的过程。尽管存在大量的参考书和网络上的快速解答，但是许多专家都建议，学习 R 语言的一种有效的方法是认真地阅读 R 语言的帮助文件。这一点对于初学者而言尤其重要。帮助文件的内容非常全面，还包括了操作的范例（代码）。

在使用 R 语言的过程中，我们不可能记住每一个函数中的参数设置，因此，帮助文件在实际操作中会经常用到。HTML 格式的帮助文件随 R 软件一同安装。PDF 格式的帮助手册也可以在菜单栏"Help"下面获取。例如，如果想要得到一份关于数据导入导出方法的 PDF 文档，可以选择并单击"Help"标签，选中"Manuals（in PDF）"标签，再单击"R Data Import/Export"标签进行查看。

学习从各种帮助文档中快速地获取信息，是使用 R 语言必须具备的技能。同时，由于 R 语言中的相关帮助文档数以千计，因此，准确地利用帮助命令可以提高使用 R 语言的效率。

建议在第一次打开 R 语言时，就运行命令（见代码 1-6）：

代码 1-6

```
help.start()
```

该命令会打开浏览器的窗口，显示帮助文档的首页，你会找到许多你急切想要了解的信息。我们建议读者首先阅读其中的"An Introduction to R"（R语言简介）。

下面我们具体介绍几种常用的寻求帮助的方法。

（1）使用 `help.start()` 函数。

`help.start()` 函数打开的是安装在本地的帮助文档列表，如图1-4所示。

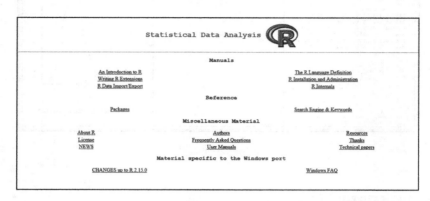

图1-4　使用 `help.start()` 函数打开的帮助文档列表

在这张列表中，手册（Manuals）和参考资料（Reference）两个部分较为常用。例如，"An Introduction to R"对于初学者而言是一份非常重要的资料。

在参考资料部分，软件包（Packages）列出了安装在本地的各种软件包，进一步单击软件包名称后，你将获取软件包中函数、测试数据集等信息。如依次单击"Packages"和"graphics"，即可获取R语言中的图形包信息。

在搜索引擎和关键词（Search Engine & Keywords）中，可以通过关键词来查找所有帮助文档，如键入"plot"，就会出现与绘图相关的代码、函数等信息。

（2）使用 `help()` 函数、`args()` 函数和 `example()` 函数。

如果知道某个函数的名称，并想了解函数更多的信息，可以根据个人习惯，使用 `help()` 函数，如代码1-7所示：

代码1-7
```
help(plot)
```

或等价地使用命令，如代码1-8所示：

代码1-8
```
?plot
```

与 `help()` 函数配合地使用 `args()` 函数和 `example()` 函数，能起到快速学习的功效。`args()` 函数显示相关函数的调用简介，`example()` 函数则给出操作实例。尽管在 `help(plot)` 所显示的文档结尾有可供参考的实例，但是对于命令（见代码1-9）：

代码1-9
```
example(plot)
```

则会把绘图函数 `plot()` 的典型结果以视觉化的方式进行演示，便于使用者理解和模仿。

（3）使用 help.search() 函数。

在 R 语言中，可供选择的软件包有很多，但是，在未载入或未确切地知道某一软件包的情况下，该软件包中特定的函数就可能无法通过 help() 函数搜索到。例如，我们想查看是否有实现 3d 绘图功能的函数，使用如下命令（见代码 1-10）：

代码 1-10

```
help("3d")
No documentation for '3d' in specified packages and libraries:
you could try '??3d'
```

结果显示，R 语言无法获取 3d 的相关信息。但是你肯定的是，R 语言不可能不提供 3d 绘图的功能。因此，根据报错信息的提示，你可以尝试使用命令 ??3d 进行搜索，在函数名称前加上 "??" 符号等价于执行 help.search() 函数。读者不妨试试使用命令 ??3d（见代码 1-11）。

代码 1-11

```
??3d
Error: unexpected symbol in "??3d"
```

不过，结果仍未能如愿。但是，不能因此而放弃，这里为什么会出错呢？不妨试试 ??"3d"。结果正如你所愿，正如图 1-5 中所显示的，我们可以在 car 包中找到绘制 3d 散点图的函数 scatter3d。这里需要注意的是，我们应该将 3d 作为字符来进行查询，因而需要加上双引号，否则就会得到如代码 1-11 所示的报错信息。

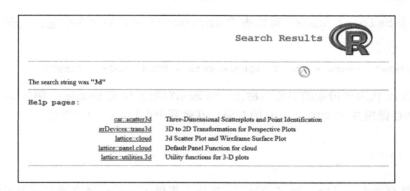

图 1-5　使用 help.search() 函数

在了解上面的信息后，使用以下命令就可以直接找到 3d 散点图的帮助文档（注意，需要首先安装 car 包），如代码 1-12 所示。

代码 1-12

```
help("scatter3d",package="car")
```

（4）使用 help(package="…") 函数。

事实上，上面的代码告诉我们如何查阅特定包的帮助信息。在安装 car 包后，下面的命令可以显示关于 car 包的各种详细的帮助文件（见代码 1-13）。

代码 1-13

```
help(package="car")
```

（5）使用 RSiteSearch() 函数进行在线搜索。

如果本地帮助文档满足不了用户的需求，我们可以尝试进行在线搜索。RSiteSearch() 函数可以使用关键词来搜索在线的帮助文档和邮件列表存档。例如（见代码 1-14）：

代码 1-14
```
RSiteSearch("3d")
A search query has been submitted to http://search.r-project.org
The results page should open in your browser shortly
```

使用代码 1-14 就会打开浏览器页面，显示搜索结果。读者可在页面上寻找相关的内容，或者进一步添其他加关键词进行搜索。

（6）使用 apropos() 函数进行在线搜索。

apropos() 函数可以实现以局部匹配的方式来进行关键词搜索，即返回名称中含有某个关键词的所有对象（注意，返回结果随着所安装包的不同而不同）。[⊖]例如，以下两个命令返回了以"help"和"search"为关键词的搜索结果，返回结果满足局部匹配的特征。

代码 1-15
```
apropos("help")
[1] "help"   "help.request"    "help.search"  "help.start"
apropos("search")
[1] "._C_hsearch"        "help.search"        "hsearch_db"
[4] "hsearch_db_concepts"  "hsearch_db_keywords"  "RSiteSearch"
[7] "search"             "searchpaths"
```

使用命令 help(apropos) 可以查看 apropos() 函数的更多信息，从而实现更加精确的搜索。

```
apropos(what, where = FALSE, ignore.case = TRUE, mode = "any")
```

其中，what 代表所搜索的对象名称，mode 表示对象的模式（mode），例如 mode="function"，即存储模式为 function 的对象。其他两个参数可以暂时忽略。

1.6 基础包和扩展包

R 语言具有强大的功能，很多情况下，R 语言提供了多种选择来帮助使用者完成同一件工作，并且，为了能够帮助使用者更加高效地完成工作，R 语言的开发者还不断地更新 R 语言的各种功能。使用者可以充分使用网络来获取最新的功能，或者是更加完善的功能。在此，我们就要介绍与此相关的一个重要概念：包（packages）。

使用 R 语言的一个好处是，众多开发者设计了大量模块化的程序来完成各种不同的工作目标，使用者可以在这些程序中进行选择。我们把这些模块化的程序称作为"包"。每一个包就像是一个锦囊，每一个锦囊中，都有各种厉害的妙计来帮助我们"出奇制胜"。数量众多的程式包可以通过网站 https://cran.r-project.org/web/packages/ 进行下载，也可以通过本书中展示的方法来下载并安装使用。

由于 R 语言提供的程序包数量非常多，为了有效地管理各类程序包，R 语言为那些下载并存储在计算机中的包建立了本地目录，称为"库"（library）。这个名字非常形象，因为"库"对

⊖ "对象"是一个重要的概念，可以简单理解为 R 语言中的所有内容。我们即将在下一章介绍这个概念。

于 R 语言的作用，正如我们在图书馆里存放和管理书籍一样。使用命令 .libPaths()，可以显示"库"的所在位置。

例如（见代码 1-16）：

代码 1-16
```
.libPaths()
[1] "C:/Users/XXX/Documents/R/win-library/3.2"
[2] "C:/Program Files/R/R-3.2.2/library"
```

注意不要遗漏上面命令最前面的"."号。该命令返回的结果显示，在作者的计算机上，有两个地方存储着各种各样的程序包。若不加任何参数地使用命令 library()，就可以显示当前环境下在这两个库中存储着哪些包。

随 R 语言一起安装的、用于执行各种统计或绘图等基本功能的程式包，称为基础包或者标准包（base or standard packages），这里面包含了很多 R 语言的基本函数，是 R 语言的源代码的重要组成本分。例如，一个基础包是 base，要了解这个包中的函数，应使用命令 library(help="base")，执行命令后，在返回窗口中能够查看到一份完整的函数列表。读者不妨执行其中的一个命令 Sys.time()，看看结果是什么。graphics 也是一个非常有用的基础包，请读者用相似的方法查看该包中的函数列表。表 1-1 列出了随 R 语言一起安装的主要基础包及其相应的功能。

表 1-1　随 R 语言一起安装的主要基础包

基础包	功　能
base	提供各类基础函数
datasets	提供各种示例数据集（测试数据集）
graphics	提供各种基础绘图函数
grDevices	提供基础或 grid 图形设备
methods	用于 R 对象和编程工具的方法和类的定义
stats	提供常用统计函数
utils	提供 R 语言工具函数

如果要查看已经在本地安装的所有包的列表，可以使用如代码 1-17 所示的命令，注意命令最前面的点号。

代码 1-17
```
.packages(all.available=TRUE)
```

如果要查看哪些包已经加载并可使用，可以不加任何参数地使用命令 search()。

除了基础包外，基于 R 语言的开源性特征，各个领域的专家和使用者编写了大量扩展性的软件包，简称为扩展包或者捐献包（contributed packages），例如用来处理文本的 stringr 包，用于绘图的 ggplot2 包等。这些扩展包可以帮助我们更加有效地完成工作。

由于扩展包并不随 R 语言一起安装，因此在使用时，必须首先安装（install）这些扩展包，然后再加载（load）它们。$^{\ominus}$

　$\ominus$　绝大多数包都可以从 CRAN 社区（http://CRAN.R-project.org/ 及其镜像网站）中下载。

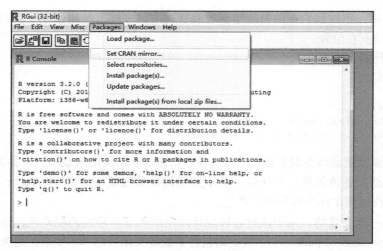

图 1-6　安装和加载包

安装和加载包的过程十分简单（见图 1-6），可以按照以下步骤进行。

第一步，打开 R 语言以后，单击选项"Packages"。

第二步，单击选择一个镜像点"Set CRAN mirror…"，例如在弹出的对话框中，选择"China（Heifei）"。

第三步，选择镜像点后，仍旧在选项"Packages"中，单击"Install Package(s)…"，在弹出的对话框中选择所需要的包，单击确认后 R 语言会进行安装。⊖

第四步，等待包的安装结束，然后单击"Load"，在弹出的对话框中选择需要加载的包，例如加载 ggplot2 这个包。我们也可以在安装完成后，使用命令 library(ggplot2) 或者 require(ggplot2) 来实现扩展包的加载。⊖注意此时括号中不需要使用引号。

在安装过程中，R 语言会自动下载并安装与所需要的包相关联的其他包，这些关联的扩展包保证了所需要包的正常工作。如果在安装过程中出现错误，需要查看错误报告，有时候可能需要手动安装其他关联包。有时候，因为网络的原因，也会出现报错信息，此时，可以重新执行一次安装过程。

安装扩展包后，使用 library(help="ggplot2") 或 help(package="ggplot2") 查看该扩展包的详细信息，后面这个命令提供了更多的帮助信息，以便使用者学习和使用。

需要注意的是，并非所有的扩展包都是高质量的，有些扩展包存在一些瑕疵。不过，有用众多开发者和使用者的不断贡献，各类扩展包都在不断地快速完善。

最后，还有两个与扩展包相关的有用的函数，一个是更新命令 update.packages()，另一个是引用扩展包的命令 citation(package=" ")。例如代码 1-18 所示：

代码 1-18
```
update.packages("ggplot2")
citation(package="ggplot2")
To cite ggplot2 in publications, please use:

    H. Wickham. ggplot2: Elegant Graphics for Data Analysis.
```

⊖　手动安装扩展包的命令如：install.packages("ggplot2")。
⊖　函数 library() 和 require() 的主要差异在于，前者通常不返回加载包的确认信息。

Springer-Verlag New York, 2009.

A BibTeX entry for LaTeX users is

```
@Book{,
    author = {Hadley Wickham},
    title = {ggplot2: Elegant Graphics for Data Analysis},
    publisher = {Springer-Verlag New York},
    year = {2009},
    isbn = {978-0-387-98140-6},
    url = {http://ggplot2.org},
}
```

1.7　使用 RStudio

安装并打开 R 语言后，其基本界面非常简单，仅有一个处于激活状态的控制台（R Console）。对于已经熟悉类似于 Excel 软件的 R 语言初学者而言，缺少可点击操作的界面，一开始时会无从下手。R 语言的交互式操作需要使用者输入命令。尽管这种操作方式在开始时会显得非常困难，但是在经过一小段时间的训练后，就会变得容易起来。而且，通过这种交互式的操作，使用者可以更加清晰地理解其每一步操作的真正意义。

当然，有很多图形用户界面可以使得学习过程变得更加轻松，其中，RStudio 就是一款非常优秀的，为 R 语言设计的集成开发环境（integrated development environment，IDE）软件，其目的是提高开发（工作）效率。RStudio 设计了一种用户友好型环境（user-friendly environment），并且可以在不同的平台上运行。

在对 RStudio 的使用做正式介绍之前，我们想要说明的是，本书所有的操作使用的都是 R 语言而非 RStudio。读者可以自由选择使用哪一个。

（1）下载和安装 RStudio。

RStudio 有免费套装版本，读者可以从网站（https://www.rstudio.com/products/rstudio2/）下载并按照默认的设置进行安装，该网站同时提供了 RStudio 的介绍。

（2）RStudio 的基本环境。

安装后，可以打开 RStudio，其基本界面如图 1-7 所示。

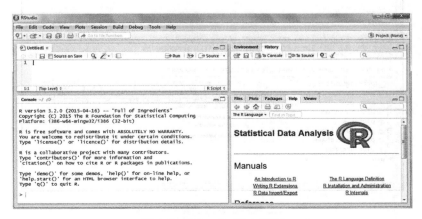

图 1-7　RStudio 基本界面

在界面的左下方，是 R 语言的控制台，这与 R 中一样，在控制台中，你可以在提示符后面输入指令并得到输出结果。

在界面的左上方窗口，用于写入 R 语言的脚本。

在界面的右下方，可以选择查看工作目录（File）、帮助界面（Help）、软件包（Packages）、绘图（Plots）窗口界面等。其中，工作目录显示工作空间中的所有文件和文件夹，绘图界面会显示所有的绘图结果，软件包界面可以管理各种包，如加载、更新、安装、查询等，帮助界面显示了帮助信息。

在界面的右上方，包括了历史记录（History）界面和工作环境（Environment）界面。前者保存了在控制台中执行过的所有命令，后者显示了使用者在 R 中所创建的各种活动对象（active objects），如矩阵、函数、回归结果等等。

在上述各个界面中，RStudio 还为用户设计了一系列快捷按钮，这可以提高用户的工作效率。例如，在历史记录界面中，对于选定的代码，快捷按钮"To Console"和"To Source"可以分别将选定的代码输送到控制台或者脚本文件中，这一功能在监测、运行命令和程序时非常有帮助。

此外，在 RStudio 的菜单栏中，还蕴藏丰富的快捷按钮，这与 Word、Excel 等应用软件是一样的。

（3）RStudio 中的对象名称自动匹配功能。

在 RStudio 中输入命令时，如绘图函数 plot()，会弹出对话框，帮助使用者匹配相关选项。

如图 1-8 所示，当在控制台输入 plot 时，RStudio 会弹出对话框，并提供相关函数的基本帮助信息。

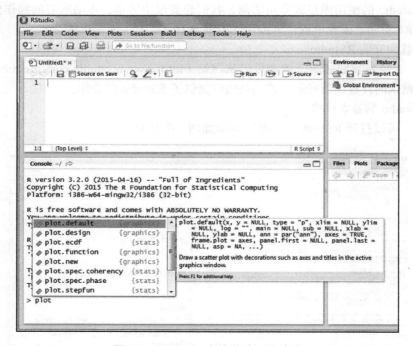

图 1-8　RStudio 中的自动匹配功能

1.8 本章涉及的常用命令

为了便于读者学习，提高 R 语言的使用效率，我们将本章涉及的常用命令概括在表格 1-2 中。

表 1-2 本章涉及的常用命令

命　　令	功　　能
getwd()	查看当前目录
setwd()	设置目录
help() 或 ？	
help.search() 或 ??	获取各种帮助
help(package="...")	
example()	显示操作实例
install.packages()	安装包
library() 或 require()	加载包
.packages(all.available=TRUE)	查看本地安装的所有包
demo(package =.packages(all.available=TRUE))	查看所有包中可供演示的部分功能

第2章

Chapter2

数据操作

2.1 对象

R语言是一种功能强大的统计分析软件，同时R语言也是一种严谨但却相当优美灵活的语言，特别地，R语言是一种基于对象（objects）的语言。

什么是对象？对象就是物体。根据"R语言简介"文档，[⊖] R语言所创建和操作的物体被称为对象。[⊖] 对象可以是变量（variables）、数组（arrays of numbers）、字符串（character strings）、函数（functions），或者是由这些要素组成的其他结构。简单地说，在使用R语言时，你所接触到的几乎所有东西都是对象。正如自然界中的物体那样，R语言中的对象有的简单，有的复杂。比如说，一个简单的向量是一个对象，一个复杂的函数是对象，一幅图形是对象，一项回归分析结果也是对象。向量的构成容易识别，但是却难以用三言两语把函数或其他对象的构成说清楚。[⊜]

了解R语言中的对象显得十分重要。这主要表现在以下两个方面。

第一，在R语言中，数据与数据分析的结果（通常包含一系列过程）都存放在对象中。尽管对象中的内容非常丰富，但是R语言仅返回一个最小化的输出结果。这样的设计具有实用性，如果你仅仅关心对象中包含的若干信息，就只需要在稍后调用相关函数进行查阅即可，而不需要将所有结果都显示在屏幕上。这样既节省空间，又富有工作效率。换句话说，对象中包含了我们所关心的数据和其他信息。

第二，由于R语言中所有的东西都是对象，那么，如果不给予这些对象有效的管理，将会出现杂乱无章的情况。俗语说："物以类聚，人以群分。"而物和人的分类都是基于某些共

⊖　"An Introduction to R"，在R语言网站上可以下载。

⊖　Kabacoff（2009）指出，在R语言中，对象是指可以赋值给变量的任何事物。

⊜　在R语言中，可以使用函数ls()来查看所有已经使用的对象名称。在后面我们会看到，这个函数在管理对象名称时是十分有用的。

通的特征。在 R 语言中，对象就是"物"，与自然界中的物体一样，不同的对象具有不同的特征，我们可以根据这些特征将对象归类。换句话说，归属到某一个类（class）的对象至少在某个特征上是共通的。

2.2 属性、类和模式

有了上面这些基本的认识，我们可以进一步地探讨对象。由于对象中可以包含很多信息，因此，要了解对象，首先要看对象的属性（attributes）。在 R 语言中，任何对象都具有多个描述其内在信息的属性，其中最重要的两个属性是类和模式。

假设我们的目的是利用 R 语言做统计分析，前面有一组数据，而为了分析这些数据，我们必须为其在 R 语言中选择适当的方式——某种数据结构（data structure）来存储这些数据。向量（vector）是 R 语言中存储和管理数据的最基本单位。其他的数据结构都是在向量的基础上诞生的，因此向量也被称为原子向量（atomic vector）。在此先构建一个名为 **x1** 的向量，其中的元素都是数字。具体如代码 2-1 所示。$^{\ominus}$

代码 2-1

```
x1<-c(1,2,3)
attributes(x1)
NULL
class(x1)
[1] "numeric"
mode(x1)
[1] "numeric"
```

使用 attributes() 函数查看向量 **x1** 的属性，返回的结果为 NULL，即空数据（或空值）。由于向量是 R 语言中内置的最基本的类，关于它的信息基本上是一目了然的，所以也就没有什么用于显示了。

使用 class() 函数查看向量 **x1** 的类，返回结果为 numeric，即 **x1** 是数值型的向量。使用 mode() 函数查看 R 语言中的各种对象被存储的类型，返回值为 numeric，即数据被处理为数值型。在这个例子中，class() 函数和 mode() 函数返回的结果相同，这两个函数的区别在哪里呢？我们稍后就会看到其中的差别。

接着我们以向量 **x1** 为基础构造一个矩阵，如代码 2-2 所示。

代码 2-2

```
m<-cbind(x1,x2=x1)
m
     x1 x2
[1,]  1  1
[2,]  2  2
[3,]  3  3
attributes(m)
$dim
[1] 3 2

$dimnames
$dimnames[[1]]
```

$^{\ominus}$ 在这一部分中，读者可以暂时忽略赋值过程。

```
NULL

$dimnames[[2]]
[1] "x1" "x2"
class(m)
[1] "matrix"
mode(m)
[1] "numeric"
```

使用 attributes() 函数查看矩阵 *m* 的属性，返回的结果告诉我们矩阵 *m* 的一些基本属性：这是一个 3 行 2 列矩阵；矩阵有列的名称，即 *x1* 和 *x2*，但没有行的名称。

使用 class() 函数查看对象 *m* 的类，返回的结果告诉我们，对象 *m* 的类是矩阵。使用 mode() 函数查看对象 *m* 的存储类型，结果显示为数据被存储为数值型。在此，class() 函数和 mode() 函数的功能就容易理解了。

上面所举的例子非常简单，例如读者会问，我明明知道 *m* 是一个矩阵，那么再去查看 *m* 的类有什么意义呢？为了回答这个问题，我们再来看一个例子。

R 语言作为统计软件，可以很方便地进行回归分析。R 语言自带了很多测试数据集，其中一个是 cars，它包含两个变量，speed 是车速，dist 是制动距离。我们可以建立一个回归方程，其中的被解释变量是 dist，解释变量是 speed，使用函数 lm() 就可以估计回归方程。在 R 语言中，回归模型也是对象。我们把回归的结果赋值给变量 reg，如代码 2-3 所示。

代码 2-3
```
reg<-lm(dist ~ speed, data=cars)
attributes(reg)
$names
[1]    "coefficients"    "residuals"     "effects"      "rank"
[5]    "fitted.values"   "assign"        "qr"           "df.residual"
[9]    "xlevels"         "call"          "terms"        "model"

$class
[1] "lm"
class(reg)
[1] "lm"
mode(reg)
[1] "list"
```

按照此前的操作步骤，首先查看对象 reg 的属性，可以看到，对象 reg 中包含了大量信息，如回归系数、残差等。同时，属性中也显示，对象 reg 的类是 lm，即线性回归模型。class() 函数的返回结果确认了这一事实。mode() 函数返回的结果显示，对象 reg 的存储模式是列表（list）。

在这个例子中，请设想一下，你拿到了一组复杂的代码，并且一时间不知道对象 reg 的构造过程，而只知道这是某个变量，那么通过以上函数，我们就能够快速地了解对象 reg 的信息。

识别对象的类的一个重要作用，在于在使用很多函数的时候，可以自动地调用最适合处理这种类的函数。举例来说，我们知道 reg 的类是 lm，当使用作图函数 plot() 时，使用命令 plot(reg)，它就会自动调用函数 plot.lm() 来进行处理，而不需要手动输入 plot.lm(reg) 命令。中国的成语"触类旁通"，用在这里是最合适不过的。

最后，可以使用函数 methods() 来查看有哪些函数能够处理某种特定的类，如这里的 lm。可以键入 methods(class=matrix)、methods(class=lm) 等命令来查看。

2.3 数据结构

"巧妇难为无米之炊"，R 语言中的最基本操作就是正确地存储数据。与其他统计软件一样，R 语言中的数据结构丰富多彩。这就要选择 R 语言中存储数据的某种对象类型。向量、矩阵、数组、数据框和列表是 R 语言中的基本数据结构。其中，数据框是经常使用的一种数据结构。这些数据结构有的简单直观，有的复杂抽象。但是一旦理解它们，你就会觉得它们灵活、易于操作，这对利用数据进行绘图、统计分析而言是十分重要的。

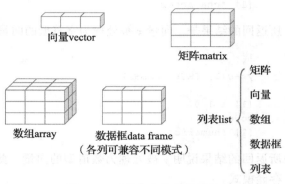

图 2-1　R 语言中的数据结构
资料来源：Kabacoff（2009）。

R 语言中的数据结构主要包括：向量（vector）、矩阵（matrix）、数组（array）、数据框（data frame）和列表（list）。其中，数据框是最常使用的一种数据结构。图 2-1 形象地展示了 R 语言中的数据结构。

2.3.1 向量

向量和矩阵是 R 语言中最基本的数据结构。向量（行向量和列向量）的概念是易于理解的。简单的数据，或者说标量，是特殊的向量（长度为 1 的向量）。因此，向量是 R 语言中最基本的数据结构。向量必须由类型相同的元素构成。

使用赋值符号 "<-" 和组合函数 c()，⊖就可以创建各种类型的向量。下面的例子具有代表性（见代码 2-4）：

代码 2-4

```
numeric<-c(1, -1, 0.5, -0.5)
character<-c("one hundred", "two thousand", "three million")
logical<-c(TRUE, FALSE, TRUE, FALSE)
```

在控制台中依次键入以上代码，然后再分别输入 numeric、character 和 logical，屏幕上就会显示（见代码 2-5）：

代码 2-5

```
numeric
[1]  1.0 -1.0  0.5 -0.5
character
[1] "one hundred"  "two thousand"  "three million"

logical
[1] TRUE FALSE  TRUE FALSE
```

可以看到，变量 numeric 返回的是一个数值型的向量，变量 character 返回的是字符型的向量⊜，变量 logical 返回的是逻辑型的向量。需要注意的是，在同一向量中，无法组合不同模式的数据。换句话说，R 语言只接受具有同一模式数据的向量。如果你这样做（见代码 2-6）：

⊖ 字母 c 代表了 concatenate。
⊜ 字符型向量的每个元素都带有双引号。

代码 2-6

```
x<-c(1, "one hundred", TRUE)
x
[1] "1" "one hundred" "TRUE"
mode(x)
[1] "character"
```

所返回的结果是，向量 *x* 被处理为字符型的向量。或者，如果你这样做（见代码 2-7）：

代码 2-7

```
y<-c(1, TRUE, FALSE)
y
[1] 1 1 0
mode(y)
[1] "numeric"
```

所返回的结果说明 *y* 被处理为数值型的向量。此处，mode() 函数返回了你所关心的对象的存储模式。

在 R 语言中，有 6 种基本的向量类型或模式，它们分别是：逻辑型（logical）、整数型（integer）、实数型（double）、复数型（complex）、字符型（string 或 character）以及字节型（raw）。使用 typeof()、mode() 和 storage.mode() 函数可以查看向量的类型，但是其返回值略有差异，在不同函数中，对应的关系如表 2-1 所示。

表 2-1　typeof()、mode() 和 storage.mode() 函数的返回结果

类型	typeof	mode	storage.mode
逻辑型	logical	logical	logical
整数型	integer	numeric	integer
实数型	double	numeric	double
复数型	complex	complex	complex
字符型	character	character	character
字节型	raw	raw	raw

只含有一个元素的向量是标量，它是长度为 1 的特殊向量。例如（见代码 2-8）：

代码 2-8

```
scalar<-"This is a scalar"
scalar
[1] "This is a scalar"
length(scalar)
[1] 1
```

作为比较，下面的这个向量 vector 的长度为 4。函数 length() 返回的是向量的长度（见代码 2-9）：

代码 2-9

```
vector<-c("This", "is", "a", "scalar")
vector
[1] "This" "is" "a" "scalar"
length(vector)
[1] 4
```

根据前面的描述，在 R 语言中，你所接触到的所有东西几乎都是对象。对象中包括了我们所需要的数据，同时，对象也具有各种各样的属性。属性函数能够让我们全面地了解对象中所包含的信息。

向量是 R 语言中的一种对象，我们结合向量来对属性加以解释。一旦你对属性有了初步的了解，就很容易将其推广使用。

在对象的属性中，诸如类、名称（names）、维度（dimensions）等是非常重要且有用的信息。请看下面的例子（见代码 2-10）：

代码 2-10
```
score<-c(90,77,82,85)
score
[1] 90 77 82 85
attributes(score)
NULL
```

向量 score 包含了 4 个学生的测试成绩。利用属性函数 attributes()，观察 score 的属性，结果显示为空。得到这个结果并不奇怪，因为此时向量 score 非常简单，仅包括 4 个元素（4 个数值），其信息一目了然。

我们可以为向量添加其他信息，例如，借助函数 names() 来给向量的元素命名[⊖]，按照 A、B、C、D 来给学生的成绩划分等级。然后，再观察 score 的属性。可以看到，向量 score 的每一个元素都具有了名称（见代码 2-11）。

代码 2-11
```
names(score)<-c("A","C","B","B")
score
 A   C   B   B
90  77  82  85
attributes(score)
$names
[1] "A" "C" "B" "B"
```

获得了对象的相关属性后，还可以利用这些属性对对象进行"改造"。例如，对于向量 score，可以按成绩高低重新排列各个元素（见代码 2-12）。

代码 2-12
```
score[c("A","B","B","C")]
 A   B   B   C
90  82  82  77
```

在实际操作中，经常使用属性函数 attributes() 可以让我们掌握 R 语言中对象的各种信息。这对下面要分析的矩阵、数组、数据框、列表等数据结构尤其有用。

2.3.2 矩阵

矩阵是用行（row）和列（column）对元素进行定位的二维数据结构。在 R 语言中生成一个矩阵十分方便，使用帮助命令 help(matrix) 从 R 语言中获取其基本用法为：

```
matrix(data = NA, nrow = 1, ncol = 1, byrow = FALSE, dimnames = NULL)
```

⊖ 函数 names() 非常有用，可以通过帮助命令查看用法。

其中，dimnames 是指矩阵维度的名称，这在下面关于数组的讨论中进一步展开。此处需要注意的是，与向量一样，矩阵中所有元素必须为同一种数据类型。

代码 2-13

```
x<-matrix(c(1:12),nrow=3,ncol=4,byrow=TRUE)
x
     [,1] [,2] [,3]  [,4]
[1,]    1    2    3     4
[2,]    5    6    7     8
[3,]    9   10   11    12
```

在变量 x 中，c(1:12) 创建了一个向量，参数 nrow 和 ncol 分别设定我们所要创建的矩阵的行数和列数，byrow 则告诉 R 语言是否按照行来将数据填充进入矩阵。在矩阵 x 生成后，方括号中的数字 [i,j] 显示了元素的位置，i 代表第 i 行，j 代表第 j 列。例如，元素 10 在矩阵第 3 行 [3,]，第 2 列 [,2] 的位置上。

这种标记元素位置的方法非常有用处，可以很方便地对矩阵的元素进行选取（获取矩阵的子集）或者对数据进行访问。沿用上面的矩阵 x，下面是几个例子。

（1）选取矩阵的某一个元素，如矩阵 x 的第 2 行第 4 列的元素（见代码 2-14）。

代码 2-14

```
x[2,4]
[1] 8
```

（2）选取矩阵的某一行所有列的元素，如矩阵 x 的第 2 行所有列的元素（见代码 2-15）。

代码 2-15

```
x[2,]
[1] 5 6 7 8
```

（3）选取矩阵的多行多列的元素，如矩阵 x 的第 2 行第 2、4 列，第 3 行第 2、4 列的元素（见代码 2-16）。

代码 2-16

```
x[c(2,3),c(2,4)]
     [,1] [,2]
[1,]    6    8
[2,]   10   12
```

（4）剔除矩阵的某行和（或）某列，保留剩下的元素，如剔除矩阵 x 的第 1 行 x[-1,]，或者剔除矩阵的第 1 行，同时剔除矩阵的第 3 列的元素（见代码 2-17）。

代码 2-17

```
x[-1,]
     [,1] [,2] [,3] [,4]
[1,]    5    6    7    8
[2,]    9   10   11   12
x[-1,-3]
     [,1] [,2] [,3]
[1,]    5    6    8
[2,]    9   10   12
```

这种对矩阵元素选取或剔除的方法实际上也适用于向量，因为向量无非是矩阵的特例而已。这也就意味着，我们可以用向量来生成矩阵。不妨令（见代码 2-18）：

代码 2-18

```
x<-c(1:4)
y<-c(5:8)
z<-c(9:12)
```

利用 is.vector() 和 is.matrix() 函数，对 *x* 是否为向量或矩阵做出判断（尽管在这个例子中是显而易见的），如代码 2-19 所示。

代码 2-19

```
is.vector(x)
[1] TRUE
is.matrix(x)
[1] FALSE
```

为了将向量 *x*、*y*、*z* 组合成一个新的矩阵，需要用到结合函数 cbind() 或 rbind()，前者是将所需要的变量以列的方式组合，后者是以行的方式组合。先以行的方式进行组合，结果显示，新的变量 *xyz* 是一个矩阵，如代码 2-20 所示。

代码 2-20

```
xyz<-rbind(x,y,z)
xyz
    [,1]  [,2]  [,3]  [,4]
x     1     2     3     4
y     5     6     7     8
z     9    10    11    12
is.matrix(xyz)
[1] TRUE
```

再以列的方式进行组合，新的变量 *zyx* 也是一个矩阵，如代码 2-21 所示。

代码 2-21

```
zyx<-cbind(x,y,z)
zyx
      x  y   z
[1,]  1  5   9
[2,]  2  6  10
[3,]  3  7  11
[4,]  4  8  12
is.matrix(zyx)
[1] TRUE
```

事实上，矩阵 *zyx* 无非是矩阵 *xyz* 的转置，转置函数为 t()，如代码 2-22 所示。

代码 2-22

```
identical(xyz,t(zyx))
[1] TRUE
```

在矩阵 *xyz* 中，每一行都有各自的名称，但是各列没有名称，如代码 2-23 所示。

代码 2-23

```
rownames(xyz)
[1] "x" "y" "z"
colnames(xyz)
NULL
```

我们也可以通过 rownames() 和 colnames() 来对行、列进行命名或重命名。我们需要为矩阵 *xyz* 添加每一列的名称，如代码 2-24 所示。

代码 2-24

```
colnames(xyz)<-c(LETTERS[1:4])
xyz
   A  B  C  D
x  1  2  3  4
y  5  6  7  8
z  9 10 11 12
```

对于有行列名称的矩阵，还可以用名称来选取相应的元素或子集，例如代码 2-25 所示：

代码 2-25

```
xyz["y","B"]
[1] 6
```

2.3.3 数组

如果说矩阵是向量的推广，那么数组就是矩阵的推广。数组和矩阵作为数据结构的一个主要特征是具有维度（缩写为 dim）。因此，数组和矩阵是添加了维度属性的向量。维度属性在数组的基本用法中被明确体现出来。使用命令 help(array) 查看数组的基本用法：

array(data = NA, dim = length(data), dimnames = NULL)

其中，data 是指数组中的数据。对维度的理解，可以先从矩阵开始。给定任意一个矩阵，比如这里的变量 mat，如代码 2-26 所示。

代码 2-26

```
mat<-matrix(c(1:6), 2, 3, byrow=T)
mat
     [,1]  [,2]  [,3]
[1,]   1    2    3
[2,]   4    5    6
```

对于 mat 中的任意一个元素，比如 3，我们知道它位于第 1 行第 3 列，基于此，我们还可以用下标来表示 3 的位置，比如说 $3_{1,3}$，而维度正是等于下标的个数。在 R 语言中，dim() 函数返回各个维度的最大值，如代码 2-27 所示：

代码 2-27

```
> dim(mat)
[1] 2 3
```

dim() 函数告诉我们，矩阵 mat 的维度是 2，因为其返回了两个数值。同时，矩阵 mat 是一个 2 行 3 列矩阵，或者写成 $mat_{2×3}$。

由于矩阵是向量的推广，因此，可以将矩阵看成是赋予维度的向量。这在下面这个例子中得到充分说明（见代码 2-28）。

代码 2-28

```
x<-c(1:10)
dim(x)<-c(2,5)
x
     [,1] [,2] [,3] [,4] [,5]
[1,]   1    3    5    7    9
```

```
[2,]    2    4    6    8   10
is.matrix(x)
[1] TRUE
attributes(x)
$dim
[1] 2 5
```

类似的构造方法可应用于将向量转变为数组。对于数组而言，它可以看成是由多个矩阵构成的数据结构。先构造一个 3 维数组 ray1，如代码 2-29 所示。

代码 2-29

```
ray1<-array(c(1:30), dim=c(5,3,2))
ray1
, , 1

     [,1] [,2] [,3]
[1,]    1    6   11
[2,]    2    7   12
[3,]    3    8   13
[4,]    4    9   14
[5,]    5   10   15
, , 2

     [,1] [,2] [,3]
[1,]   16   21   26
[2,]   17   22   27
[3,]   18   23   28
[4,]   19   24   29
[5,]   20   25   30
dim(ray1)
[1] 5 3 2
```

从中可以看出，数组 ray1 是由一个长度为 30 的向量转变而来的，参数 dim=c(5,3,2) 意味着，它由两个矩阵组成，每个矩阵都是 5 行 3 列，因此，这是一个 5×3×2 的数组。

在数组的基本用法代码中，对参数 dim=length(data) 的理解如代码 2-30 所示。

代码 2-30

```
length(c(1:30))
[1] 30
5*3*2
[1] 30
```

在上面这个例子中，如果将数组中数据部分的向量设定为 c(1:20)，同时保持数组的维度不变，则 R 语言会应用循环原则将数据补齐，请参考如代码 2-31 所示的例子。

代码 2-31

```
ray2<-array(c(1:20), dim=c(5,3,2))
ray2
, , 1

     [,1] [,2] [,3]
[1,]    1    6   11
[2,]    2    7   12
[3,]    3    8   13
[4,]    4    9   14
```

```
[5,]    5   10   15

, , 2

      [,1] [,2] [,3]
[1,]   16    1    6
[2,]   17    2    7
[3,]   18    3    8
[4,]   19    4    9
[5,]   20    5   10
```

同矩阵一样，数组中的所有元素必须是同一类型的数据（为什么？考虑一下向量、矩阵、数组之间的关系），而且也可以对数组各个维度命名（见代码 2-32）。

代码 2-32

```
dim1<-c("Row1", "Row2", "Row3", "Row4", "Row5")
dim2<-c("Col1", "Col2", "Col3")
dim3<-c("A1", "A2")
ray3<-array(c(1:30), dim=c(5,3,2), dimnames=list(dim1, dim2, dim3))
ray3
, , A1

     Col1 Col2 Col3
Row1    1    6   11
Row2    2    7   12
Row3    3    8   13
Row4    4    9   14
Row5    5   10   15

, , A2

     Col1 Col2 Col3
Row1   16   21   26
Row2   17   22   27
Row3   18   23   28
Row4   19   24   29
Row5   20   25   30
```

于是,ray1[5, 2, 2] 与 ray3["Row5", "Col2", "A2"] 所选择的元素是相同的。

代码 2-33

```
ray1[5, 2, 2]
[1] 25
ray3["Row5", "Col2", "A2"]
[1] 25
```

请思考，命令 identical(ray1,ray3) 的返回结果是什么？TRUE 还是 FALSE？

2.3.4　数据框

数据框是 R 语言中应用最广泛的数据结构。

通常，我们所见的数据集里面有不同类型的数据，不仅包括字符型和数值型，也可能包括逻辑型的数据。利用数据框，就可以容纳不同类型的数据，而不像向量、矩阵和数组那样，必须使用同一类型的数据。

这里假设一组关于出生刚满 6 个月龄的婴儿体检数据，如表 2-2 所示。

表 2-2　6 个月龄的婴儿体检数据

observation	birthday	gender	weight (kg)	height (cm)	blood type	breast milk
1	10/06/2010	M	8.3	71	A	TRUE
2	11/25/2010	M	8.6	69	A	TRUE
3	09/10/2010	F	7.8	68	O	FALSE
4	12/02/2010	F	8.5	70	B	FALSE
5	12/07/2010	F	8.0	68	A	FALSE
6	11/01/2010	F	8.8	68	B	FALSE

在这组数据中，共有 6 个观测值，分别记录了婴儿的出生日期、性别、满 6 个月时的体重和身高、血型、是否母乳喂养这 6 个变量的情况。在这些数据中，包括数值型、字符型、逻辑型的数据；日期数据通常作为字符串输入 R 语言中，再通过特定的函数转化为数值型日期变量进行存储。

我们利用变量名称逐个地在 R 语言中录入这些数据（目前来看，这是一项辛苦的工作），然后将其转化为数据框，并命名为 baby。在这个数据框中，每一列的数据类型必须是相同的，但不同的列可以存储不同类型的数据（见代码 2-34）。

代码 2-34
```
observation<-c(1:6)
birthday<-c("10/06/2010", "11/25/2010", "09/10/2010", "12/02/2010", "12/07/2010",
"11/01/2010")
gender<-c("M", "M", "F", "F", "F", "F")
weight<-c(8.3, 8.6, 7.8, 8.5, 8.0, 8.8)
height<-c(71, 69, 68, 70, 68, 68)
bloodtype<-c("A", "A", "O", "B", "A", "B")
breastmilk<-c(TRUE, TRUE, FALSE, FALSE, FALSE, FALSE)
baby<-data.frame(observation, birthday, gender, weight, height, bloodtype, breastmilk)
baby
  observation     birthday   gender   weight  height  bloodtype    breastmilk
1           1   10/06/2010        M      8.3      71          A          TRUE
2           2   11/25/2010        M      8.6      69          A          TRUE
3           3   09/10/2010        F      7.8      68          O         FALSE
4           4   12/02/2010        F      8.5      70          B         FALSE
5           5   12/07/2010        F      8.0      68          A         FALSE
6           6   11/01/2010        F      8.8      68          B         FALSE
is.data.frame(baby)
[1] TRUE
```

根据数据框的构造方式，访问数据框中的特定变量就不难操作。如选取观测值和体重的数据（见代码 2-35）：

代码 2-35
```
baby[,c(1,4)]
  observation weight
1           1    8.3
2           2    8.6
3           3    7.8
4           4    8.5
5           5    8.0
6           6    8.8
```

或者通过变量名称来获取（见代码 2-36）：

代码 2-36

```
baby[c("observation", "height")]
  observation height
1           1     71
2           2     69
3           3     68
4           4     70
5           5     68
6           6     68
```

也可以选取某些观测值的数据（见代码 2-37）：

代码 2-37

```
baby[c(1,3),]
  observation    birthday  gender  weight  height  bloodtype  breastmilk
1           1  10/06/2010       M     8.3      71          A        TRUE
3           3  09/10/2010       F     7.8      68          O       FALSE
```

以上选择的结果，都形成了一个新的数据框。在很多时候，我们需要选择数据框中的特定变量，并利用变量值来进行计算与绘图，这需要"$"符号的帮助，如代码 2-38 所示。

代码 2-38

```
baby$observation
[1] 1 2 3 4 5 6
baby$height
[1] 71 69 68 70 68 68
```

选择结果为向量形式，从而可以进行计算或绘图（见代码 2-39）。

代码 2-39

```
summary(baby$height)
 Min.   1st Qu.  Median   Mean   3rd Qu.   Max.
68.00     68.00   68.50  69.00     69.75  71.00
plot(baby$observation,baby$height,type="h",lwd=5,xlab="Observation",ylab="height
(cm)",ylim=c(60,75),main="6 个月婴儿的身高数据")
```

在绘图函数 plot() 中，以向量 baby$observation 中的每个分量作为横坐标，以 baby$height 的每个分量作为纵坐标进行制图（见图 2-2）。各种绘图函数会在后面的章节中详细介绍。

如果数据框本身的名称比较长，或者想要选取数据框中的变量个数较多时，采用数据框名称 $ 变量名称的方式可能比较烦琐。不妨成对地使用 attach() 和 detach() 函数来简化步骤（见代码 2-40）。[⊖]

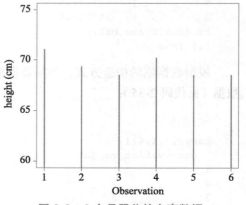

图 2-2　6 个月婴儿的身高数据

代码 2-40

```
attach(baby) # 添加数据框 baby 到 R 语言的查询路径
```

⊖　也可以使用函数 with() 来临时性地设置数据框为查询变量的默认出处。

```
max(height)
[1] 71
min(weight)
[1] 7.8
mode(breastmilk)
[1] "logical"
detach(baby)  # 解除添加
```

attach() 函数将数据框 "绑定"，detach() 函数将其 "松绑"，在两个命令之间，你可以方便地直接使用数据框中的变量名。注意一定要成对地使用这两个函数，否则可能会出现错误。

2.3.5　因子

因子（factors）是 R 语言中非常重要的对象，或者说向量对象（vector object）。现实中，我们接触到的数据有些可以直接进行加减乘除运算，并且计算结果是有意义的，但是，另一些数据则不是。例如，如果用 1 表示青年人，2 表示中年人，3 表示老年人，或者分别表示第一、第二、第三，则 1 + 2 + 3 的结果显然没有用处。在这种情况下，代表年龄结构的变量或代表名次先后的变量只具有分类意义。

因子主要用于管理离散的分类变量（discrete classification variables）。先看一个学生考试成绩的假想例子，如表 2-3 所示。其中，成绩评定等级方法为 A（90~100）、B（80~89）、C（70~79）、D（60~69），Course 代表课程性质，TYPE1 = 必修课，TYPE2 = 选修课。

表 2-3　学生的各科考试成绩

Subject	Score	Grade	Course
Math	95	A	TYPE1
Reading	80	B	TYPE2
History	68	D	TYPE2
Physics	75	C	TYPE2
Economics	83	B	TYPE1

在这些变量中，Score 是一个连续型的变量（continuous variable），而 Subject、Grade 和 Course 都是离散的类别变量（categorical variable），它们按照类别或组别进行划分。进一步，在类别变量中，Subject 和 Grade 又存在区别，Subject 是名义型的（nominal）类别变量，Grade 是有序型的（ordinal）类别变量。这是因为在 Grade 变量中，我们定义好了成绩的等级，从 A 到 D 等级递减；对于 Subject 变量，就课程本身而言，它们之间没有顺序关系，我们不关心它们的排序。Course 也是名义型的类别变量，需要注意的是，TYPE1 和 TYPE2 也不存在顺序关系。

因子对象就是管理这些类别变量的重要工具，事实上，在 R 语言中，因子就是指类别变量。使用命令 help(factor) 查看函数 factor() 的详细信息，其基本用法为：

```
factor(x = character(), levels, labels = levels, exclude = NA, ordered =
is.ordered(x), nmax = NA)
```

其中，x 是字符型向量，参数 levels 用来指定因子的水平值，参数 labels 用来指定水平值的名称，参数 exclude 用来指定与向量 x 对应的、需要剔除剔除的水平值，参数 ordered 表示是否对因子的水平值进行排序，参数 nmax 表示水平值的上界。

为了进一步了解因子函数，先看代码 2-41。

代码 2-41
```
grade<-c("A","B","D","C","B")
gradef<-factor(grade)
gradef
[1] A B D C B
Levels: A B C D
class(gradef)
[1] "factor"
mode(gradef)
[1] "numeric"
str(gradef)
Factor w/ 4 levels "A","B","C","D": 1 2 4 3 2
```

变量 grade 是长度为 5 的字符型向量，经过 factor() 函数赋值后，变量 gradef 是长度为 5、类型为因子的对象，它有 4 个水平（levels），并默认地按字母顺序排列分别为 A、B、C、D。mode() 函数和 str() 函数显示，factor() 函数将变量 grade 存储为数值型的向量（1，2，4，3，2），即存在对应关系 A = 1、B = 2、C = 3、D = 4。

因子的一个重要属性就是 levels 属性，它简单明了地揭示了因子中的类别。在 factor() 函数中，levels 为可选项。对于字符型的向量（如 grade），因子函数将按照字母顺序生成因子的水平，因此，levels 默认值是按字母顺序排列的向量中互不相同的值。但是，你可以按照自己的喜好排列因子的水平。请看下面的例子，为了便于比较，我们把前面的代码复制到此处（见代码 2-42）。

代码 2-42
```
gradef<-factor(grade)
gradef
[1] A B D C B
Levels: A B C D
str(gradef)
Factor w/ 4 levels "A","B","C","D": 1 2 4 3 2
```

对于变量 gradef 而言，factor() 函数默认地按字母顺序排列各个水平，从而有对应关系：A = 1、B = 2、C = 3、D = 4。

然而，我们可能希望看到，越是好的成绩，对应的赋值应该越高（这样处理后，在进行统计分析时更加符合一般性的思维习惯），即对应关系是 A = 4、B = 3、C = 2、D = 1。此时，可以这样操作（见代码 2-43）。

代码 2-43
```
gradef2<-factor(grade, levels=c("D","C","B","A"))
gradef2
[1] A B D C B
Levels: D C B A
str(gradef2)
Factor w/ 4 levels "D","C","B","A": 4 3 1 2 3
```

需要注意的是，请务必确保 levels 参数中所指定的水平与向量中出现的数据相匹配，如果你不这样操作，就可能出现麻烦（缺失值 NA），如代码 2-44 所示。

代码 2-44

```
gradef3<-factor(grade, levels=c("E","C","B","A"))
gradef3
[1] A    B    <NA>    C    B
Levels: E C B A
```

`factor()` 函数中的 `labels` 参数是因子的标签向量，如代码 2-45 所示。

代码 2-45

```
gradef4<-factor(grade,levels=c("D","C","B","A"),
labels=c("Lucky","Not-Bad","Good","Excellent"))
gradef4
[1] Excellent    Good    Lucky    Not-Bad    Good
Levels: Lucky Not-Bad Good Excellent
str(gradef4)
Factor w/ 4 levels "Lucky","Not-Bad",..: 4 3 1 2 3
```

请注意代码 2-45，我们改变了默认的水平排列方式，同时标记了因子，即 A=Excellent=4、B=Good=3、C=Not-Bad=2、D=Lucky=1。

事实上，Grade 是一个有序型变量，如果要标示出有序型变量，要使用参数 ordered，如代码 2-46 所示。

代码 2-46

```
gradef5<-factor(grade,levels=c("D","C","B","A"),ordered=TRUE)
gradef5
[1] A B D C B
Levels: D < C < B < A
str(gradef5)
Ord.factor w/ 4 levels "D"<"C"<"B"<"A": 4 3 1 2 3
```

这样，学生成绩的 Grade 就成为一个有序型变量，并且对水平的排序符合成绩越高存储值越高的特点。

最后，利用因子非常有助于统计分析。例如，我们想要知道，在这五门课程中，以等级 Grade 为标志分组的成绩 Score 的平均值。可以利用函数 `tapply()`，如代码 2-47 所示。[⊖]

代码 2-47

```
tapply(score,grade,mean)
A    B    C    D
95.0 81.5 78.0 65.0
```

可以看到，在等级为 B 的分组中，两门课（Reading 和 Economics）的平均成绩为 81.5。这仅是一个非常简单的例子，设想一下，当我们有 50 门甚至更多的课程时，因子的作用就更加明显。

作为练习，使用课程性质 Course 变量来作为分组标志，请读者计算必修课和选修课的平均成绩。

最后，我们想要声明的是，因子在回归分析和绘图中有着重要的应用，这在后面的内容中将会涉及。

⊖　`tapply()` 等函数将在后面的章节中进行介绍。

2.3.6 列表

列表是 R 语言中一种复杂的数据结构，它可以包含向量、矩阵、数组、数据框，甚至是其他的列表。换言之，列表允许包含不同类型的元素。

准确地讲，列表是由一些对象的有序结合所构建的对象，其中的每个对象称为列表的分量（components），它们的长度和类型可以不相同。使用命令 help(list) 查看详细信息，其用法与矩阵函数相似。list() 函数可以创建一个列表（见代码 2-48）。

首先，创建学生姓名和考试科目两个字符型向量 student 和 subject。

代码 2-48

```
student<-c("John","Peter")
subject<-c("Math","Reading","History","Physics","Economics")
```

其次，使用 list() 函数建立一个列表 listOne，列表中的元素为 student 和 subject 两个对象，这两个对象的长度是不相同的。分别对它们进行命名：subjectNames 和 studentNames（见代码 2-49）。

代码 2-49

```
listOne<-list(subjectNames=subject,studentNames=student)
listOne
$subjectNames
[1] "Math"     "Reading"   "History"   "Physics"   "Economics"

$studentNames
[1] "John"   "Peter"
```

最后，我们创建一个学生考试成绩的矩阵（见代码 2-50）。

代码 2-50

```
score<-matrix(c(95,80,68,75,83,80,77,78,90,75),nrow=5,ncol=2,dimnames=listOne)
score
            studentNames
subjectNames    John       Peter
      Math       95          80
    Reading      80          77
    History      68          78
    Physics      75          90
  Economics      83          75
```

可以看到，在指定矩阵 score 的维度名称时，使用列表 listOne 对象非常方便。最后，我们再创建一个新的列表 listTwo，使其包括更多的元素。在此之前，先生成一个数据框 x（见代码 2-51）。

代码 2-51

```
x<-data.rame(score,gradeJohn=factor(c("A","B","D","C","B")),gradePeter=factor(c("B",
"C","B","C","C")))
x
          John    Peter    gradeJohn    gradePeter
Math        95       80         A            B
Reading     80       77         B            C
History     68       78         D            B
Physics     75       90         C            C
Economics   83       75         B            C
```

```
listTwo<-list(title="THE EXAM RESULTS",listOne,x)
listTwo
$title
[1] "THE EXAM RESULTS"

[[2]]
[[2]]$subjectNames
[1] "Math"      "Reading"   "History"   "Physics"   "Economics"

[[2]]$studentNames
[1] "John"  "Peter"

[[3]]
              John      Peter      gradeJohn      gradePeter
Math           95        80            A              B
Reading        80        77            B              C
History        68        78            D              B
Physics        75        90            C              C
Economics      83        75            B              C
```

在 listTwo 中，首先包含了一个名称为 title 的字符串，其内容为"THE EXAM RESULTS"；其次，包含了之前所创建的列表 listOne；最后，还包含了一个数据框 x。

从列表 listTwo，也可以知晓如何访问列表中的元素。可以用符号"$"，也可以用双重方括号，如 listTwo[[3]] 的访问结果是数据框 x。

作为练习，分别使用 listTwo[[2]]、listTwo[[2]]$subjectNames、listTwo $subjectNames 三个命令，比较一下访问列表的结果，从中你发现了什么有趣的现象？

2.3.7 时间序列

时间序列是一类特殊的向量或矩阵，在实践中经常会遇到。时间序列对象可以由函数 ts() 来创建。使用命令 help(ts) 查看其基本用法为：

```
ts(data = NA, start = 1, end = numeric(), frequency = 1, deltat = 1, ts.eps =
getOption("ts.eps"), class = , names = )
```

其中，参数 data 是一个向量或者一个矩阵；参数 start 表示时间序列的起始时间，可以是一个数字，如 2010，也可以是一对整数所构成的向量，如 c(2010,3)，其含义将在下面的例子中解释；参数 frequency 表示时间序列观测值的频率；参数 deltat 表示两个时间序列观测值之间的间隔，我们只能在参数 frequency 和 deltat 两者中取其中一个；参数 ts.eps 表示比较时间序列时的误差限，如果两个时间序列之间的频率小于该参数指定的值，则认为这些序列的频率相等；参数 class 表示对象的类型，一元的时间序列默认值是 ts，多元的时间序列默认值是 c("mts","ts")；参数 names 可以指定多元时间序列中每个序列的名称。

下面我们来看几个代表性的例子（见代码 2-52）。

代码 2-52
```
ts1<-ts(1:10,2010)
ts1
Time Series:
Start = 2010
End = 2019
Frequency = 1
 [1]  1  2  3  4  5  6  7  8  9 10
```

在上面的例子中，开始时间为 2010 年，我们生成的是一个简单的一元时间序列 ts1，频率为 1，实际时间为 2010 ～ 2019 年（见代码 2-53）。

代码 2-53

```
ts2<-ts(1:36,frequency=12,start=c(2010,6))
ts2
       Jan   Feb   Mar   Apr   May   Jun   Jul   Aug   Sep   Oct   Nov   Dec
2010                                   1     2     3     4     5     6     7
2011     8     9    10    11    12    13    14    15    16    17    18    19
2012    20    21    22    23    24    25    26    27    28    29    30    31
2013    32    33    34    35    36
```

在代码 2-53 中，我们设定频率为 12，即 12 个月，从 2010 年的第 6 个位置即 6 月开始，一共生成 36 个值。

如果将频率改为 4，则显示的是季度数据。读者可以进行尝试。

代码 2-54

```
ts3<-ts(matrix(rnorm(24),8,3),start=c(2010,1),frequency=4)
ts3
               Series 1        Series 2        Series 3
2010   Q1    0.07468237      0.95664072      0.09662845
2010   Q2   -0.50665586     -0.85616985     -0.14698736
2010   Q3    1.29350869     -0.14406725      2.34986716
2010   Q4   -1.33250095     -0.08068046      0.60385730
2011   Q1   -1.04227759      0.98107827      0.58707585
2011   Q2   -0.88345199     -1.34143481      0.19971035
2011   Q3    1.58866045     -1.01415292      2.82776982
2011   Q4   -1.46760639     -0.14843379     -0.09094403
```

在代码 2-54 中，我们创建了多元的时间序列，设置 8 行 3 列的矩阵，频率为 4，表示季度，起始时间为 2010 年第 1 个季度。函数 ts() 自动生成每个序列的名称，分别为 Series 1、Series 2、Series 3。我们也可以进行命名，只要添加参数 names 即可（见代码 2-55）。

代码 2-55

```
ts3<-ts(matrix(rnorm(24),8,3),start=c(2010,1),frequency=4,names=c("A","B","C"))
ts3
               A               B               C
2010   Q1    0.1504935       0.9431601       1.858018181
2010   Q2    2.1823525      -1.5722179       0.001780401
2010   Q3    0.2186269      -0.5511906      -0.311768536
2010   Q4    0.6508285      -0.4386425      -2.171202568
2011   Q1   -0.3702673       0.5005784      -0.859351284
2011   Q2   -1.2555984       1.3302565       1.080539966
2011   Q3   -1.1041914      -0.5980155       1.492070441
2011   Q4   -1.5641240      -0.4875556       0.203569390
```

2.4 数据载入

2.4.1 R 语言中的测试数据集

R 语言以及各种扩展软件包中有很多自带的测试数据集。这些数据通常是作为 R 语言中对各种函数进行说明的范例来使用的。在学习 R 语言的初级阶段，了解这些数据并根据范例来理解相关命令绝对是重要的。

使用函数 data()，可以得到包 datasets 中可用数据集的一个列表。请在 R 语言界面中输入函数 data()，就可以查看到 R 语言的基础包中自带的数据集的相关信息。

在加载一个新的软件包后，例如输入命令 library(car)，再用函数 data()，看看得到的结果有什么不一样？使用命令 data(package="car") 可以获得相同的结果。

如果输入命令 data(package=.packages(all.available=TRUE))，则可以获得当前环境下所有可供使用的软件包中的数据集。

如果想要了解这些测试数据集的具体内容，如数据来源、变量定义等，可以使用函数 help()。如使用 help(volcano)，可以查阅火山数据的相关说明和应用范例，而直接在界面中输入 volcano 可以看到具体数据。

2.4.2 从外部文件读取数据

在本节内容中，我们将要使用到以下命令或扩展包来读取外部数据：⊖

（1）函数 read.csv()；

（2）函数 read.table()；

（3）扩展包 gdata 中的 read.xls() 函数；

（4）扩展包 RODBC 中的相关函数；

（5）扩展包 foreign 中的相关函数。

读者可以使用 R 语言帮助手册中的 R Data Import/Export 来进一步学习。⊖

数据通常以各种各样的格式被存储，通过有效的方式获取并保存这些数据，是判断数据处理工具有效性的重要评价标准。为了完成这样的工作，R 语言提供了一系列函数。外部数据可以来源于各种文件，也可以是数据库、网页等。

许多情况下，数据是以 Excel 电子表格存储的，并且，我们通常会选择在 Excel 电子表格中对数据进行一定程度的整理，然后再将其导入 R 语言。因此，首先来看如何从 Excel 电子表格中导入数据。

假设在 Excel 电子表格中已经保存了一些数据（见图 2-3）。6 个月龄的婴儿体检数据看上去非常像数据框，首行是变量名称，每一列是带有变量名称的向量，这些向量可以是数值型、字符型、逻辑型的等。数据框也正是 R 语言中最常用的数据结构。尽管数据框容许缺失值，但是在这个例子中不考虑这种情况。

正如我们将要看到的，当这些数据被读入 R 语言后，其结果为数据框。

	A	B	C	D	E	F	G
1	name	birthday	gender	weight	height	breastmilk	
2	A	10/06/2010	M	8.3	71	TRUE	
3	B	11/25/2010	M	8.6	69	TRUE	
4	C	09/10/2010	F	7.8	68	FALSE	
5	D	12/02/2010	F	8.5	70	FALSE	
6	E	12/07/2010	F	8	68	FALSE	
7	F	11/01/2010	F	8.8	68	FALSE	

1. 函数 read.csv()

向 R 语言中导入数据最简单的方法是使用

图 2-3　保存在 Excel 电子表格中的 6 月龄婴儿的体检数据

⊖ 在 R 语言中，读取数据的一个基础函数是 scan()，我们将在第 3 章中结合文本的读取来解释这个函数。
⊖ 不断更新的扩展包为我们读取外部数据提供了更多更好的选择，例如，扩展包 readr、readxl 等。对这些扩展包的使用需要一定的基础知识。当读者对本节所介绍的基本函数有一定了解之后，学习新的扩展包就易如反掌。

文本文件，特别是 csv 文件。csv 是指逗号分隔值（Comma-Separated Values）。csv 文件以纯文本形式存储表格数据（数字和文本），其中的每一条记录由字段组成，字段之间的最常见分隔符为逗号。csv 文件的好处是几乎所有的数据处理程序都支持以 csv 文件为导出文件格式，因此在不同的数据处理程序中都可使用。

对于 Excel 电子表格，我们需要首先将电子表格转化为 csv 格式。这个操作非常简单，在 Excel 中，选择"文件"选项，单击"另存为"标签，然后从"保存类型"中选择 csv 格式并进行保存即可。需要注意的是，保留第一行作为表头。假设我们将上面表格中的数据保存在 D 盘。使用命令 `help(read.csv)` 查看函数 `read.csv()` 的基本用法为：

```
read.csv(file, header = TRUE, sep = ",", quote = "\"", dec = ".", fill = TRUE,
comment.char = "", ...)
```

其中，

`file` 就是要导入的文件名。可以在双引号下直接输入文件保存路径，即以字符串方式输入文件名。当使用这种方法时，请注意使用正斜杠或者双反斜杠来正确表达文件保存路径。

`header` 表示首行是否为字段名，默认为 `TRUE`。

`sep` 为字段的分隔符，默认为逗号。

`quote` 用于指定字符串的分隔符。

`dec` 用来指定表示小数点的字符。

`fill` 表示文件中是否忽略了行尾的字段。

`comment.char` 表示注释符。默认符号"#"作为注释符，如果文件中没有注释，采用默认的 `comment.char = ""` 即可。

我们已经把婴儿体检数据以 csv 格式保存，现在把它读入 R 语言（见代码 2-56）。

代码 2-56

```
Baby<-read.csv("D:/Baby.csv") #请注意表示文件路径的正斜杠
Baby
     Name      birthday     gender     weight     height    breastmilk
1    A        10/06/2010    M          8.3        71        TRUE
2    B        11/25/2010    M          8.6        69        TRUE
3    C        09/10/2010    F          7.8        68        FALSE
4    D        12/02/2010    F          8.5        70        FALSE
5    E        12/07/2010    F          8.0        68        FALSE
6    F        11/01/2010    F          8.8        68        FALSE
str(Baby)
'data.frame'      : 6 obs. of  6 variables:
$ name       : Factor w/ 6 levels "A","B","C","D",..: 1 2 3 4 5 6
$ birthday   : Factor w/ 6 levels "09/10/2010",..: 2 4 1 5 6 3
$ gender     : Factor w/ 2 levels "F","M": 2 2 1 1 1 1
$ weight     : num  8.3 8.6 7.8 8.5 8 8.8
$ height     : int  71 69 68 70 68 68
$ breastmilk : logi  TRUE TRUE FALSE FALSE FALSE FALSE
```

从结果中看到，在使用 `read.csv()` 函数时，返回的结果是一个数据框，但是，在默认的情况下，该函数会将字符串转换成为因子，例如对变量 `birthday`。但是该变量表示的是婴儿的出生日期。在后面的章节中我们将看到，在 R 语言中输入日期数据时，最好以字符串形式输入。为此，我们可以设置 read.csv() 函数中参数 stringsAsFactors=FALSE，如代码 2-57 所示，读者可以比较前后两个命令的差异。

代码 2-57
```
Baby<-read.csv("D:/Baby.csv",stringsAsFactors=FALSE)
str(Baby)
'data.frame'    : 6 obs. of  6 variables:
$ name       : chr   "A" "B" "C" "D" ...
$ birthday   : chr   "10/06/2010" "11/25/2010" "09/10/2010" ...
$ gender     : chr   "M" "M" "F" "F" ...
$ weight     : num   8.3 8.6 7.8 8.5 8 8.8
$ height     : int   71 69 68 70 68 68
$ breastmilk : logi  TRUE TRUE FALSE FALSE FALSE FALSE
```

2. 函数 read.table()

使用函数 read.csv() 是处理以逗号为分隔符的文本文件（表格数据）的一种方式。不过，除了逗号之外，还有其他分割符号，如制表符、空格等。

与函数 read.csv() 相似，函数 read.csv2() 默认以分号"；"为分隔符，函数 read.delim() 默认以制表符"\t"为分隔符。

事实上，以上三个函数都可以看作是函数 read.table() 的特殊形式。由于在实际中会遇到各种各样的问题，函数 read.table() 使用更多的参数来控制文本（数据）的导入过程。使用命令 help(read.table) 查看函数 read.table() 基本用法为：

```
read.table(file, header = FALSE, sep = "", quote = "\"'", dec = ".", numerals =
c("allow.loss", "warn.loss", "no.loss"), row.names, col.names, as.is = !stringsAsFactors,
na.strings = "NA", colClasses = NA, nrows = -1, skip = 0, check.names = TRUE, fill =
!blank.lines.skip, strip.white = FALSE, blank.lines.skip = TRUE, comment.char = "#",
allowEscapes = FALSE, flush = FALSE, stringsAsFactors = default.stringsAsFactors(),
fileEncoding = "", encoding = "unknown", text, skipNul = FALSE)
```

其中，一些参数在函数 read.csv() 中已经介绍过，对于新的参数解释如下：

（1）header 表示首行是否为字段名，默认为 FALSE。注意，这与函数 read.csv() 不同，在函数 read.csv() 中，参数 header 的默认值为 TRUE。

为了看清楚参数 header 的含义，比较以下两个命令的结果。

首先，设置 header 参数为 TRUE，参数 sep 设置为逗号分隔符。得到的结果与使用函数 read.csv() 一样（见代码 2-58）。

代码 2-58
```
Baby<-read.table("D:/Baby.csv",header=TRUE,sep=",")
Baby
    name   birthday   gender   weight   height   breastmilk
1    A   10/06/2010      M       8.3      71        TRUE
2    B   11/25/2010      M       8.6      69        TRUE
3    C   09/10/2010      F       7.8      68        FALSE
4    D   12/02/2010      F       8.5      70        FALSE
5    E   12/07/2010      F       8.0      68        FALSE
6    F   11/01/2010      F       8.8      68        FALSE
```

接着，更改参数 header 为 FALSE，得到结果如下（见代码 2-59）：

代码 2-59

```
Baby<-read.table("D:/Baby.csv",header=FALSE,sep=",")
       V1         V2       V3       V4      V5         V6
1     name   birthday   gender   weight  height  breastmilk
2        A 10/06/2010        M      8.3      71        TRUE
3        B 11/25/2010        M      8.6      69        TRUE
4        C 09/10/2010        F      7.8      68       FALSE
5        D 12/02/2010        F      8.5      70       FALSE
6        E 12/07/2010        F      8.0      68       FALSE
7        F 11/01/2010        F      8.8      68       FALSE
str(Baby)
'data.frame'    : 7 obs. of  6 variables:
$ V1  : Factor w/ 7 levels "A","B","C","D",..: 7 1 2 3 4 5
$ V2  : Factor w/ 7 levels "09/10/2010",..: 7 2 4 1 5 6 3
$ V3  : Factor w/ 3 levels "F","gender","M": 2 3 3 1 1 1 1
$ V4  : Factor w/ 7 levels "7.8","8","8.3",..: 7 3 5 1 4 2
$ V5  : Factor w/ 5 levels "68","69","70",..: 5 4 2 1 3 1
$ V6  : Factor w/ 3 levels "breastmilk","FALSE",..: 1 3 3
```

也就是说，当参数 header 为 FALSE，使用函数 read.table() 读取数据时，会把第一行作为第一个观测值，而非变量名称，并同时为每一列制定变量名称为 V1、V2、V3 等。然而，这样一来，所有的数据都变成了因子。

（2）col.names 的作用是以指定的名称来代替首行中的变量名称（列名称）。参数 row.names 的作用相似。当数据没有首行的变量名称时，可以通过该参数来指定。⊖ 这种情况对参数 row.names 也是一样的。

（3）quote 用于指定字符串分隔符，如 \、"、' 等。

（4）na.strings 用于指定缺损值，默认值为 NA。

（5）strip.white 表示是否去除字符串字段首尾的空白。

（6）blank.lines.skip 表示是否忽略空白行，默认为 TRUE。

（7）colClasses 用于指定每个列的数据类型。

（8）stringsAsFactors 用于设定是否将字符串转化为因子，根据前面的例子，建议使用 FALSE。

（9）comment.char 的默认值为井号"#"，表示以井号开头的行的内容都会被忽略掉，因此，我们可以在数据文件中放心地添加井号以及相应的注释内容。

如果婴儿体检数据被保存在纯文本文件中，也可以使用函数 read.table() 进行读入，分隔符设置为默认的空白符（空格、制表符、换行符等）。

假设我们把上面 6 个月龄婴儿体检数据的 Excel 文件以"文本文件（制表符分割）"另存为一个文本文件，命名为 Baby.txt。打开这个文本文件后，数据看上去类似于如图 2-4 所示的样子。

在文件中，一个最大的特征是每一栏的内容并不完全对齐，例如，在图 2-4 中，breastmilk 下面事实上是 name 的数据。不过，这并不是一个问题，反而是灵活存储数据的一个方式。类似于上图中的

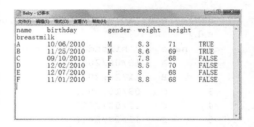

图 2-4 以制表符分割的文本文件

⊖ 或者在读取数据后，使用函数 names() 来指定变量名称。

数据文件通常被称为表格数据文件，它具有下面几个特征。

第一，表格数据的每一行对应着一条记录。

第二，每条记录中，不同的字段由一个分隔符来隔开，例如，这里使用的是制表符来分割。

第三，每条记录中，都包含相同数量的字段。例如，在这个文本文件中，每一条记录都有 6 个字段。

在给定上面三个特征的背景下，表格数据文件的每一栏的内容是否完全对齐并不重要，我们可以通过分隔符来加以识别。

我们可以通过下面的命令来读取数据，参数 sep="\t" 表明以制表符来分割字段（见代码 2-60）。

代码 2-60

```
Baby<-read.table("D:/Baby.txt",header=TRUE,sep="\t",stringsAsFactors=FALSE)
    name    birthday    gender    weight    height    breastmilk
1    A    10/06/2010    M    8.3    71    TRUE
2    B    11/25/2010    M    8.6    69    TRUE
3    C    09/10/2010    F    7.8    68    FALSE
4    D    12/02/2010    F    8.5    70    FALSE
5    E    12/07/2010    F    8.0    68    FALSE
6    F    11/01/2010    F    8.8    68    FALSE
```

此外，如果以纯文本保存的数据具有如图 2-5 所示的格式，即首行比第二行缺少一个字段，R 语言在读取数据时会认为，第一行为变量名称，而第一列为观测值名称，即数据框的行名称（见代码 2-61）。

```
        name        birthday gender weight   height  breastmilk
1st     A           10/06/2010    M    8.3    71      TRUE
2nd     B           11/25/2010    M    8.6    69      TRUE
3rd     C           09/10/2010    F    7.8    68      FALSE
4th     D           12/02/2010    F    8.5    70      FALSE
5th     E           12/07/2010    F    8      68      FALSE
6th     F           11/01/2010    F    8.8    68      FALSE
```

图 2-5　首行比第二行缺一个字段的数据格式

代码 2-61

```
Baby2<-read.table("D:/Baby2.txt",header=TRUE)
Baby2X
    name    birthday    gender    weight    height    breastmilk
1st    A    10/06/2010    M    8.3    71    ZTRUE
2nd    B    11/25/2010    M    8.6    69    TRUE
3rd    C    09/10/2010    F    7.8    68    FALSE
4th    D    12/02/2010    F    8.5    70    FALSE
5th    E    12/07/2010    F    8.0    68    FALSE
6th    F    11/01/2010    F    8.8    68    FALSE
row.names(Baby2)
[1] "1st" "2nd" "3rd" "4th" "5th" "6th"
```

3. 使用扩展包 gdata 中的 read.xls() 函数

R 语言的核心版本不提供直接从 Excel 电子表格中读取数据的函数。例如，函数 read.table() 就无法直接读取 Excel 电子表格，而必须首先将电子表格转化为诸如 csv 的格式。

对此，我们可以使用扩展包 gdata 中的 read.xls() 函数。安装并加载该扩展包后，使用命令 help(read.xls) 查看函数 read.xls() 的基本用法为：

```
read.xls(xls,sheet=1,verbose=FALSE,pattern,na.strings=c("NA","#DIV/0!"), ...,
method=c("csv","tsv","tab"), perl="perl")
```

其中，参数 xls 为电子表格文件路径，参数 sheet 为电子表单的名称或编号。使用以下命令将会得到如前面一样的结果。

代码 2-62
```
Baby<-read.xls("D:/Baby.xls",stringsAsFactors=FALSE)
```

4. 使用扩展包 RODBC 中的相关函数来读取数据

我们还可以使用扩展包 RODBC 中的相关函数来读取 Excel 电子表格中的数据。扩展包 RODBC 可以用来连接到 ODBC 数据库，这是 R 语言中连接数据库（如 MySQL、Oracle 等）的众多扩展包中的一个。Excel 可以被视为一个数据库。

假设在 D 盘根目录下保存着一个名为 RODBC 的 Excel 电子表格文件，该文件中有两张表单，分别为 NUMBER1 和 NUMBER2，我们需要的数据储存在 NUMBER2 中，如图 2-6 所示。

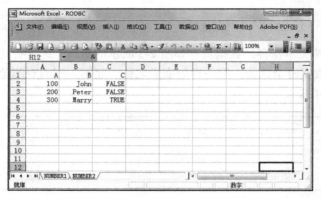

图 2-6　Excel 文件 RODBC 与表单

代码 2-63
```
mydata<-odbcConnectExcel(file.choose())
sqlTables(mydata)
    TABLE_CAT    TABLE_SCHEM    TABLE_NAME    TABLE_TYPE    REMARKS
1   D:\\RODBC          <NA>      NUMBER1$    SYSTEM TABLE      <NA>
2   D:\\RODBC          <NA>      NUMBER2$    SYSTEM TABLE      <NA>
NUMBER2<-sqlFetch(mydata,"NUMBER2")
odbcClose(mydata)  #关闭接口
NUMBER2
      A        B    C
1  100     John    0
2  200    Peter    0
3  300    Marry    1
class(NUMBER2)
[1] "data.frame"
```

在代码 2-63 中，我们首先使用函数 odbcConnectExcel() 打开文件连接，[⊖]并使用函

⊖　注意：函数 odbcConnectExcel() 仅在 32 位 Windows 系统下使用。

数 file.choose()在弹出窗口中选择文件，当然也可以选择输入文件路径。

其次，我们使用命令 sqlTables(mydata)将接口文件的信息显示出来，从 TABLE_NAME 一栏中可以看出，文件中有两个表单。

再次，使用命令 NUMBER2<-sqlFetch(mydata,"NUMBER2")将文件中的表单 NUMBER2 赋值给对象 NUMBER2，并查看其中的内容，对象 NUMBER2 是一个数据框。

需要注意的是，在最后，我们需要使用函数 odbcClose()来关闭接口。

除了上面介绍的两个扩展包中的相关函数可以读取 Excel 电子表格之外，还有其他的扩展包提供了可用的函数。例如扩展包 XLConnect、xlsx、RExcel 等。读者可以查阅相关资料（如单击 R 语言的帮助手册中的"R Data Import/Export"标签）进行学习和探索。注意不同的扩展包适用于不同的 Excel 版本。

5. 使用扩展包 foreign 载入其他统计软件录入的数据

数据保存的方式多种多样。随着 SAS、STATA、SPSS 等统计软件的广泛应用，许多数据文件将以这些软件所指定的格式来保存。为了将这些数据导入到 R 语言中，我们可以通过一个广泛使用的扩展包 foreign 所提供的相关函数来实现。在安装和加载该扩展包后，使用命令 help(package=foreign)来查看该扩展包的帮助文档。

假设我们在 D 盘根目录下保存了一个 Stata 数据文件，名称为 weight.dta。这个文件在 Stata 中打开后的样式如图 2-7 所示。

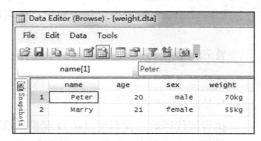

图 2-7　Stata 中的数据表单 weight.dta

为了将这个文件导入 R 语言中，我们使用扩展包 foreign 中的函数 read.dta()。使用命令 help(read.dta)查看这个函数的基本用法为：

```
read.dta(file, convert.dates = TRUE, convert.factors = TRUE, missing.type = FALSE, convert.underscore = FALSE, warn.missing.labels = TRUE)
```

这个函数的基本用法如代码 2-64 所示。函数中的其他主要参数含义可以参考帮助文件。实际上，使用该函数是非常容易的。

代码 2-64

```
weight<-read.dta("D:/weight.dta")
weight
      name    age     sex    weight
1    Peter     20    male      70kg
2    Marry     21  female      55kg
```

2.5　数据输出

当在 R 语言中获得一些有用的信息时（如数据框、回归分析结果等），我们希望将其输出成为以指定格式保存的一份文件，以供日后使用。本节主要介绍将数据框输出保存到本地目录的常用函数。假设我们在 R 语言中创建了一个名为 wt 的数据框如下：

```
> wt
```

```
      names     age     Weight
1     Peter     20         65
2     Marry     22         50
3     John      19         60
```

1. 使用函数 write.table() 导出数据

函数 write.table() 可以将数据框 wt 输出保存为 txt 格式或 csv 格式的文件。使用 help(write.table) 查看该函数的基本用法为：

```
write.table(x, file = "", append = FALSE, quote = TRUE, sep = " ", eol = "\n", na =
"NA", dec = ".", row.names = TRUE, col.names = TRUE, qmethod = c("escape", "double"),
fileEncoding = "")
```

其中，

x 是所要输出的数据集；

file 指定了文件的路径，例如，我们将要把数据框 wt 保存至 D:/wt.txt；

当值为 TRUE 时，quote 会为字符型变量添加双引号；

sep 用来指定分隔符，write.table() 函数默认的分隔符为空格；

row.names 用来指定是否输出行的名称，col.names 用来指定是否输出列的名称。

首先来看代码 2-65：

代码 2-65

```
write.table(wt,"D:/wt.txt")
```

执行该代码后，我们可以在 D 盘根目录下找到 wt.txt 文件，打开该文件后如图 2-8 所示。

从图 2-8 中可以看到，由于我们在代码 2-66 中默认地使用了 quote=TRUE，因此每一个字符都被加上了双引号（数据框的行名称和列名称都是字符串）。当然，我们可以选择 quote=FALSE。

也可以将数据框 wt 保存为 csv 文件。先看代码 2-66：

代码 2-66

```
write.table(wt,"D:/wt.csv",sep=",",quote=FALSE)
```

执行该代码后，我们可以在 D 盘根目录下找到 wt.csv 文件，打开该文件后如图 2-9 所示。

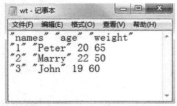

图 2-8　write.table() 函数输出的 txt 文件

	A	B	C	D	E
1	names	age	weight		
2	1	Peter	20	65	
3	2	Marry	22	50	
4	3	John	19	60	
5					

图 2-9　write.table() 函数输出的 csv 文件

从图中可以看到，尽管所有的数据都在文件中，但是列名称和其所对应的数据是错位的。使用以下命令可以纠正这一现象，如代码 2-67 所示。

代码 2-67

```
write.table(wt,"D:/wt.csv",sep=",",quote=FALSE, col.names=NA)
```

在 write.table() 函数中，col.names=NA 表示在列名称前空出一个位置。如果不需要输出行的名称或者列的名称，只需要设置 row.names=FALSE 或 col.names=FALSE 即可。

此外，函数 write.table() 还有两个变形，即函数 write.csv() 和 write.csv2()。函数 write.csv() 的默认分隔符为逗号，且不能更改，小数点的符号为点号 "."。函数 write.csv2() 的默认分隔符为分号，且不能更改，小数点的符号为逗号 ","。

还需要注意的是，在函数 write.csv() 中，当 row.names=TRUE 时（默认值），col.names 将被自动设定为 NA，即列名称前空出一个位置。如果 row.names=FALSE 时，col.names 将被自动设定为 TRUE。这样做的目的是为了保持数据输出时的格式正确。如果参数设置不正确，将会出现报错信息。读者可以比较下面两个命令的输出结果细微差异（见代码 2-68）。

代码 2-68

```
write.csv(wt,"D:/wt.csv",row.names=TRUE)
write.csv(wt,"D:/wt.csv",row.names=FALSE)
```

2. 使用函数 sink() 输出信息

函数 sink() 非常有用，其基本功能是将 R 语言的执行结果记录下来（日志记录），输出到一个外部文件。使用 help(sink) 查看该函数的基本用法为：

```
ink(file = NULL, append = FALSE, type = c("output", "message"), split = FALSE)
```

其中，

file 为记录信息的文件名称。如果不添加文件名而仅使用 sink()，则表示停止向外输出信息。

append 表示是否将输出信息添加到已有文件，如果为 FALSE，则会覆写文件内容。

首先来看一个简单的例子，如代码 2-69 所示。

代码 2-69

```
sink("D:/sinkwt.txt")
wt
sink()
```

第一行命令表示，在 D 盘根目录下创建一个文件，名称为 sinkwt.txt。在执行这行命令后，原本将显示在屏幕终端上的所有后续输出结果都转向到文件 sinkwt.txt 中。也就是说，在执行这一命令后，屏幕终端上只有输入而没有输出结果。

第二行命令为 wt，如果不使用 sink() 函数，则这行命令 wt 的结果就会在屏幕（控制台）中显示数据框 wt 中的内容，但是，此处键入 wt 后，输出结果被转向到文件 sinkwt.txt 中。

第三行命令为 sink()，在执行此命令后，接下来在控制台中所操作的所有动作和信息就会重新恢复到屏幕终端上。

在上面的代码中，我们实际上仅仅记录了命令 wt 的返回结果，即数据框 wt 中的数据内容。如果打开 sinkwt.txt 文件，我们将会看到类似于图 2-8 所记录的信息。这样一来，使用函数 sink() 所产生的效果与函数 write.table() 相似。

然而，sink() 函数事实上可以记录所有我们想要记录的内容。接着代码 2-69，我们使用 sink() 函数来记录后续针对数据框 wt 的操作结果（见代码 2-70）。

代码 2-70

```
sink("D:/sinkewt.txt",append=TRUE)
wt$sex<-c("male","female","male")
wt
str(wt$sex)
sink()
```

在代码 2-70 中，我们首先使用参数 append=TRUE 来表示将新的信息添加到原有的文件。其次，我们向数据框 wt 中添加了表示性别的新变量 sex，然后查看 wt 的内容和新变量的结构属性。最后，使用 sink() 关闭信息输出。在 D 盘中打开文件后，可以看到对应的命令输出结果，如图 2-10 所示。

此外，还有许多扩展包中的相关函数可以对信息或数据进行输出，例如扩展包 XLConnect 等。读者可以查找资料进行学习。

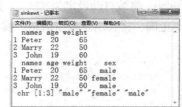

图 2-10　使用 sink() 函数继续向文件添加输出信息

2.6　数据管理

2.6.1　通过下标访问数据

R 语言中的对象包含了许多元素（信息），可以想象这些元素在对象中被有序地排列，每一个元素都有一个特定位置。例如，矩阵的构造就是其元素在二维空间中的有序放置。

R 语言提供了下标系统来访问对象中的特定元素，或者说提取子集，其操作非常简便，访问效率也非常高。

1. 访问向量中的元素

让我们从最简单的例子开始，如代码 2-71 所示。

代码 2-71

```
x<-seq(1,100,2)
x[10]
[1] 19
```

令 x 为向量，其元素为 1 ～ 100 之间的所有奇数。x[10] 的意思是取向量 x 中位于第 10 个位置上的奇数，即 19。

这里的单层中括号"[ ]"表示从原始集合中获取一个或多个元素，从而返回一个原始集合的子集。

这种数据访问操作可以非常方便地进行拓展，从而显示出通过下标访问的强大功能。例如：

（1）获取向量 x 中第 1 个到第 5 个奇数（见代码 2-72）。

代码 2-72

```
x[1:5]
[1] 1 3 5 7 9
```

（2）获取向量 *x* 中偶数位置的奇数（见代码 2-73）。

代码 2-73

```
even<-seq(2,length(x),2)
x[even]
 [1]   3   7 11 15 19 23 27 31 35 39 43 47 51 55 59 63 67
[18] 71 75 79 83 87 91 95 99
```

在这个例子中，我们首先将所要提取的下标位置赋值给变量 even，然后使用 x[even] 实现了向量元素的提取。

（3）获取向量 *x* 中第 1 到第 10 个、第 20 个、第 40 个到 45 个位置上的元素，注意逗号 "," 的使用方法（见代码 2-74）。

代码 2-74

```
x[c(1:10,20,40:45)]
 [1]   1   3   5   7   9 11 13 15 17 19 39 79 81 83 85 87 89
```

（4）获取向量 *x* 中除去第 5 个到 45 个位置上的元素，注意负号 "-" 的使用方法（见代码 2-75）。

代码 2-75

```
x[-c(5:45)]
[1]   1   3   5   7 91 93 95 97 99
```

（5）获取向量 *x* 中大于 81 的元素（见代码 2-76）。

代码 2-76

```
x>81
 [1] FALSE FALSE FALSE FALSE FALSE FALSE FALSE FALSE
 [9] FALSE FALSE FALSE FALSE FALSE FALSE FALSE FALSE
[17] FALSE FALSE FALSE FALSE FALSE FALSE FALSE FALSE
[25] FALSE FALSE FALSE FALSE FALSE FALSE FALSE FALSE
[33] FALSE FALSE FALSE FALSE FALSE FALSE FALSE FALSE
[41] FALSE  TRUE  TRUE  TRUE  TRUE  TRUE  TRUE  TRUE
[49]  TRUE  TRUE
x[x>81]
[1] 83 85 87 89 91 93 95 97 99
which(x>81)
[1] 42 43 44 45 46 47 48 49 50
```

与上面几个使用数值型下标的例子不同，这个例子解释了逻辑型下标的使用方法。逻辑表达式 x>81 返回的结果是一个逻辑型向量，其中 TRUE 替代了向量 *x* 中大于 81 的元素，FALSE 替代了其他元素。x[x>81] 表明，我们可以使用 x>81 这个逻辑型向量作为下标，提取相应的子集。

which() 函数提供了被提取元素的索引号，从结果看，向量 *x* 中大于 81 的元素位于第 42 到第 50 位置上。

利用数据访问功能，我们还可以对对象进行修改。例如，提取向量 *x* 的第 1 到第 5 个元素之后，修改新的向量 *y* 中的第 2 个元素为 0（见代码 2-77）。

代码 2-77
```
y<-x[1:5]
y
[1] 1 3 5 7 9
y[2]<-0
y
[1] 1 0 5 7 9
```

作为一个练习，请读者尝试提取向量 *x* 中的第 20 到 30 个元素，然后将新提取的向量中的后 5 个元素修改为 0。

2. 访问矩阵的子集

对于矩阵而言，可以运用类似的方法进行数据访问。

（1）访问矩阵 *x* 的第 1 行第 3 列（见代码 2-78）。

代码 2-78
```
x<-matrix(c(1:20),4,5)
x
      [,1] [,2] [,3] [,4] [,5]
[1,]    1    5    9   13   17
[2,]    2    6   10   14   18
[3,]    3    7   11   15   19
[4,]    4    8   12   16   20
x[1,3]
[1] 9
```

（2）访问矩阵 *x* 的某一行或某一列（见代码 2-79）。

代码 2-79
```
x[2,]
[1]  2  6 10 14 18
x[,3]
[1]  9 10 11 12
is.vector(x[,3])
[1] TRUE
```

从上面的结果看，当访问矩阵 *x* 的某一个行或某一列时，得到的是一个没有维度属性的向量。为了保留返回结果的维度属性，可以使用参数 drop=FALSE（注意必须大写），如代码 2-80 所示。

代码 2-80
```
x[,3,drop=FALSE]
      [,1]
[1,]    9
[2,]   10
[3,]   11
[4,]   12
is.matrix(x[,3,drop=FALSE])
[1] TRUE
```

（3）访问矩阵 *x* 除第 2 行和第 2 列之外的其余数据（见代码 2-81）。

代码 2-81
```
x[-2,-2]
```

```
      [,1] [,2] [,3] [,4]
[1,]    1    9   13   17
[2,]    3   11   15   19
[3,]    4   12   16   20
```

（4）访问矩阵 *x* 的所有行以及第 1 列和第 2 列（见代码 2-82）。

代码 2-82

```
x[,c(1,2)]
      [,1] [,2]
[1,]    1    5
[2,]    2    6
[3,]    3    7
[4,]    4    8
```

如果对矩阵的行和列进行命名，我们还可以通过字符型下标实现对矩阵数据的访问。

（5）访问矩阵 *x* 的 A 行和 b 列的元素（见代码 2-83）。

代码 2-83

```
rownames(x)<-c(LETTERS[1:4])
colnames(x)<-c(letters[1:5])
x
    a    b    c    d    e
A   1    5    9   13   17
B   2    6   10   14   18
C   3    7   11   15   19
D   4    8   12   16   20
x["A","b"]
[1] 5
```

3. 访问数组的子集

数组是矩阵的层叠组合，是二维空间向三维空间的拓展，对数组包含的数据进行访问也非常容易。

例如，对数组 *x* 中两个矩阵的第 1 行和第 1 列进行访问（见代码 2-84）。

代码 2-84

```
x<-array(c(1:30), dim=c(5,3,2))
x[c(1,2),c(1,2),c(1,2)]
, , 1

      [,1] [,2]
[1,]    1    6
[2,]    2    7

, , 2

      [,1] [,2]
[1,]   16   21
[2,]   17   22
```

4. 访问数据框的子集

数据框可以容纳不同类型的数据。在下面的例子中，数据框 *x* 中有三位学生的姓名和他们的数学考试成绩，并规定 90 分以上为优秀。

命令 x[c("names","scores")] 提取了姓名和成绩这两列，组合成一个新的数据框。

命令 x[2] 提取了第 2 列，形成一个新的数据框，这由 is.data.frame(x[2]) 返回的结果证明。

命令 x[[2]] 与命令 x[2] 不同，x[[2]] 只提取了第 2 列的观测值，即数据框中第 2 列向量的元素，其结果是一个向量。双层方括号的含义和作用在列表的数据提取过程中将会更加清晰地展现出来，如代码 2-85 所示。

代码 2-85

```
x
    names scores excellent
1    TOM     80     FALSE
2   PETER    90      TRUE
3   ALICE    92      TRUE
x[c("names","scores")]
    names scores
1    TOM     80
2   PETER    90
3   ALICE    92
x[2]
    scores
1      80
2      90
3      92
is.data.frame(x[2])
[1] TRUE
x[[2]]
[1] 80 90 92
is.data.frame(x[[2]])
[1] FALSE
is.vector(x[[2]])
[1] TRUE
```

对于数据框和列表而言，可以使用"数据框名 $ 变量名"来提取对应的列，其作用与双方括号 [[]] 相同，如代码 2-86 所示。

代码 2-86

```
x$scores
[1] 80 90 92
is.vector(x$scores)
[1] TRUE
```

5. 访问列表的子集

建立一个列表，如代码 2-87 所示。

代码 2-87

```
x<-list(vectorA=c(1:5),matrixB=matrix(1:10,2,5),dataframeC=data.frame(scores=
c(90,80),names=c("TOM","PETER")))
x
$vectorA
[1] 1 2 3 4 5

$matrixB
    [,1] [,2] [,3] [,4] [,5]
```

```
[1,]    1    3    5    7    9
[2,]    2    4    6    8   10

$dataframeC
    scores names
1       90    TOM
2       80  PETER
```

对于列表而言，其元素可以是任何内容，例如此处的列表 **x** 中包括了向量，矩阵和数据框。这意味着，对于列表 **x** 而言，其一级元素首先是向量 vectorA、矩阵 matrixB 和数据框 dataframeC，在每一个一级元素下面，还有二级元素，如矩阵 matrixB 中的某个数据。

因此，如果对象是矩阵，那么在数据访问过程中，则使用一级下标即可。而当访问的对象是列表时，需要使用到两级下标，仅仅使用单层方括号 [] 难以确定数据位置。此时，使用双层方括号 [[]] 就可以表示数据的层级关系。例如，使用命令 x[1,2] 和 x[,2] 均会出现维度报错。

命令 x[2] 在此处表示提取了列表中的第 2 个元素，即矩阵 matrixB。这与命令 x[[2]] 等价。如果想要访问矩阵 matrixB 中第 1 行第 3 列的元素，可以使用 x[[2]][1,3]。但使用命令 x[2][1,3] 仍旧会出现报错。

命令 x$matrixB[1,3] 与 x[[2]][1,3] 返回的结果是一样的。

代码 2-88

```
x[1,2]
Error in x[1, 2] : incorrect number of dimensions
x[,2]
Error in x[, 2] : incorrect number of dimensions
x[2]
$matrixB
     [,1] [,2] [,3] [,4] [,5]
[1,]    1    3    5    7    9
[2,]    2    4    6    8   10
x[[2]]
     [,1] [,2] [,3] [,4] [,5]
[1,]    1    3    5    7    9
[2,]    2    4    6    8   10
x[[2]][1,3]
[1] 5
x[2][1,3]
Error in x[2][1, 3] : incorrect number of dimensions
x$matrixB[1,3]
[1] 5
```

2.6.2　用 subset() 函数提取子集

相对于以上通过下标访问数据和对数据进行删选的方法，用 subset() 函数进行数据的筛选可能更加灵活。使用命令 help(subset) 查看其基本用法为：

subset(x, subset, select, drop = FALSE, ...)

其中，x 可以是向量、矩阵和数据框。参数 subset 为一逻辑表达式，即所选数据满足的条件。参数 select 表示所要选取的列。

以测试数据集 mtcars 为例，说明 subset() 函数的用途。数据集 mtcars 是一个数据框，其中的数据反映了对不同品牌汽车的性能测试结果，包括了 11 个变量，32 个观测值。使用命令 help(mtcars) 可以查看详细内容。

使用如代码 2-89 所示的命令，可以看到 mtcars 每一列所代表的变量名称，如 hp 为马力，wt 为重量，gear 为前进挡的数量等。

代码 2-89
```
colnames(mtcars)
 [1] "mpg"  "cyl"  "disp" "hp" "drat" "wt"  "qsec" "vs"  "am"  "gear"
[11] "carb"
```

（1）选取数据框 mtcars 中前进挡数量大于等于 5 的所有观测值（见代码 2-90）。

代码 2-90
```
subset(mtcars,gear>=5)
```

（2）选取数据框 mtcars 中前进挡数量大于等于 5 的所有观测值，但只需要马力和重量两个变量（见代码 2-91）。

代码 2-91
```
subset(mtcars,gear>=5,select=c("hp","wt"))
                hp  wt
Porsche 914-2   91 2.140
Lotus Europa   113 1.513
Ford Pantera L 264 3.170
Ferrari Dino   175 2.770
Maserati Bora  335 3.570
```

在这个例子中，参数 selecet 的用法是直观易懂的。

（3）选取数据框 mtcars 中前进挡数量大于等于 5，并且气缸数量大于 6 的所有观测值，但只需要马力和重量两个变量（见代码 2-92）。

代码 2-92
```
subset(mtcars,gear>=5 & cyl>6,select=c("hp","wt"))
                hp  wt
Ford Pantera L 264 3.17
Maserati Bora  335 3.57
```

（4）选取数据框 mtcars 中气缸数量等于 4 的所有观测值，但需要剔除马力这一个变量之外是所有变量（见代码 2-93）。

代码 2-93
```
subset(mtcars,cyl==6,select=-hp)
```

在提取子集等运算过程中，我们常常会用到逻辑运算符号，如代码 2-92 中的"＞="等符号，为了便于使用，我们将常用的逻辑运算符号归纳在表 2-4 中。

表 2-4 常用的逻辑运算符号

逻辑运算符	含义
<	小于
<=	小于或等于
>	大于
>=	大于或等于
==	严格等于

（续）

逻辑运算符	含义
!=	不等于
!x	非 x
x | y	x 或 y
x & y	x 和 y
isTRUE(x)	是否为 x

2.6.3 数据排序

排序是数据处理的重要步骤之一。在这一部分内容中，我们主要介绍以下几个常用的函数：sort() 函数、order() 函数、arrange() 函数和 rank() 函数。

1. 使用函数 sort() 对向量进行排序

我们从易到难，首先来看如何对向量中的元素进行排序。使用函数 sort() 对向量进行排序，从命令 help(sort) 获取其基本用法为：

sort(x, decreasing = FALSE, ...)

其中，参数 x 是所要排序的向量，默认的排序方式为递增。

下面的命令对数据集 mtcars 中的汽车重量这一变量从低到高进行排序，如果要按照递减方式排序，设置参数 decreasing=TRUE 即可（见代码 2-94）。

代码 2-94

```
sort(mtcars$wt)
 [1]    1.513    1.615    1.835    1.935    2.140    2.200    2.320    2.465    2.620
[10]    2.770    2.780    2.875    3.150    3.170    3.190    3.215    3.435    3.440
[19]    3.440    3.440    3.460    3.520    3.570    3.570    3.730    3.780    3.840
[28]    3.845    4.070    5.250    5.345    5.424
```

对字符型向量也可以进行排序，结果为按照字母顺序进行递增或递减的排序，如代码 2-95 所示：

代码 2-95

```
x<-c("six","ten","three","five","nine")
sort(x)
[1] "five"  "nine"  "six"   "ten"   "three"
sort(x,decreasing=TRUE)
[1] "three" "ten"   "six"   "nine"  "five"
y<-c("six",NA,"three",NA,"nine")
sort(y)
[1] "nine"  "six"   "three"
sort(y,na.last=TRUE)
[1] "nine"  "six"   "three" NA    NA
sort(y,na.last=FALSE)
[1] NA    NA    "nine"  "six"   "three"
```

sort() 函数还可以处理缺失值问题。如果向量中有缺失值，如上面代码中的 y，用 sort() 函数排序时，处理缺失值的参数 na.last 默认值为 NA，即移除 y 中的缺失值。如果设定 na.last=TRUE，则将缺失值排在最后，如果设定 na.last=FALSE，则将缺失值排在最前面。

如果添加参数 index.return=TRUE，则函数 sort() 返回的结果中将包括向量元素的索引，如代码 2-96 所示：

代码 2-96
```
sort(x,index.return=TRUE)
$x
[1] "five"  "nine"  "six"   "ten"   "three"
$ix
[1] 4 5 1 2 3
```

我们也可以使用函数 order() 对向量进行排序。使用命令 help(order) 查看其基本用法为：

order(..., na.last = TRUE, decreasing = FALSE)

与前面一样，参数 na.last 对缺失值 NA 进行处理，当其为 FALSE 时，把缺失值放在最前面，当为 TRUE 时，把缺失值放在最后面，当 na.last=NA 时，将删除缺失值。

需要注意的是，函数 order() 返回的结果是向量中元素的索引，即返回的是元素的索引在排序后的位置。延续上面的例子，可以看到如代码 2-97 所示的结果：

代码 2-97
```
x<-c("six","ten","three","five","nine")
order(x)
[1] 4 5 1 2 3
```

函数 order() 这种排序方式尽管从返回的结果上看不那么直观，但是在数据处理和编程时却非常有用。正如我们将看到的，如果想要对数据框按照某一变量值（某一列）进行排序，可以使用 R 语言基础包中的函数 order()。

2. 使用函数 order() 和 arrange() 对数据框进行排序

数据框中通常包含多列（多个变量）。我们可以对数据框按照一个或多个变量进行排序。例如，对数据框 mtcars 按照 wt 这一列递增排序，可以使用以下命令，为了节省空间，我们截取结果的第 1 到 5 行和第 1 到 6 列（见代码 2-98）。

代码 2-98
```
mtcars[order(mtcars$wt),][1:5,1:6]
                mpg   cyl   disp    hp    drat    wt
Lotus Europa    30.4    4    95.1   113    3.77   1.513
Honda Civic     30.4    4    75.7    52    4.93   1.615
Toyota Corolla  33.9    4    71.1    65    4.22   1.835
Fiat X1-9       27.3    4    79.0    66    4.08   1.935
Porsche 914-2   26.0    4   120.3    91    4.43   2.140
```

如果要基于多列（多个变量）进行排序，使用 order() 函数也是十分简便的。请看下面的例子。order() 函数首先按照气缸数量（cyl）排序，然后再按照每加仑里程数（mpg）排序。为了节省空间，此处仅显示 1 至 15 行、1 至 6 列（见代码 2-99）。

代码 2-99
```
index<-with(mtcars,order(cyl,mpg))
mtcars[index,][1:15,1:6]
                mpg   cyl   disp    hp    drat    wt
Volvo 142E      21.4    4   121.0   109    4.11   2.780
```

```
Toyota Corona      21.5    4    120.1    97    3.70    2.465
Datsun 710         22.8    4    108.0    93    3.85    2.320
Merc 230           22.8    4    140.8    95    3.92    3.150
Merc 240D          24.4    4    146.7    62    3.69    3.190
Porsche 914-2      26.0    4    120.3    91    4.43    2.140
Fiat X1-9          27.3    4     79.0    66    4.08    1.935
Honda Civic        30.4    4     75.7    52    4.93    1.615
Lotus Europa       30.4    4     95.1   113    3.77    1.513
Fiat 128           32.4    4     78.7    66    4.08    2.200
Toyota Corolla     33.9    4     71.1    65    4.22    1.835
Merc 280C          17.8    6    167.6   123    3.92    3.440
Valiant            18.1    6    225.0   105    2.76    3.460
Merc 280           19.2    6    167.6   123    3.92    3.440
Ferrari Dino       19.7    6    145.0   175    3.62    2.770
```

对数据框进行排序，还可以使用扩展包 plyr 中的函数 arrange()，相对于函数 order()，函数 arrange() 使用起来更加容易。加载扩展包 plyr 后，使用 help(arrange) 命令查看其基本用法为：

arrange(df, ...)

参数 df 为所要排序的数据框，... 代表所要排序的一个或多个关键变量。

对该函数的一个应用如代码 2-100 所示。

代码 2-100

```
arrange(mtcars,wt)[1:5,1:6]
      Mpg    cyl    disp     hp    drat      wt
1     30.4    4     95.1    113    3.77    1.513
2     30.4    4     75.7     52    4.93    1.615
3     33.9    4     71.1     65    4.22    1.835
4     27.3    4     79.0     66    4.08    1.935
5     26.0    4    120.3     91    4.43    2.140
```

不过，函数 arrange() 返回的结果中并没有显示观测值的名称，即原始数据框中的行名称。如果确实需要显示行的名称，则可以通过以下命令来实现（见代码 2-101）。

代码 2-101

```
y<-cbind(names=rownames(mtcars),mtcars)
arrange(y,wt)[1:5,1:7]
            names        mpg   cyl    disp     hp    drat      wt
1    Lotus Europa       30.4    4     95.1    113    3.77    1.513
2    Honda Civic        30.4    4     75.7     52    4.93    1.615
3    Toyota Corolla     33.9    4     71.1     65    4.22    1.835
4    Fiat X1-9          27.3    4     79.0     66    4.08    1.935
5    Porsche 914-2      26.0    4    120.3     91    4.43    2.140
```

如果要按照变量 wt 的降序排列，只需要在 wt 前面加上 "-" 即可（见代码 2-102）。

代码 2-102

```
arrange(mtcars,-wt)[1:5,1:6]
      Mpg   cyl    disp     hp    drat      wt
1    10.4    8    460.0    215    3.00    5.424
2    14.7    8    440.0    230    3.23    5.345
3    10.4    8    472.0    205    2.93    5.250
4    16.4    8    275.8    180    3.07    4.070
5    19.2    8    400.0    175    3.08    3.845
```

3. 使用函数 rank() 进行排序

rank() 函数是求秩的函数，其回归结果是向量中对应元素的"排序"，如代码 2-103 所示。

代码 2-103

```
set.seed(100)
z<-round(rnorm(10,0,1),2)
z
 [1] -0.50 0.13 -0.08 0.89 0.12 0.32 -0.58 0.71 -0.83 -0.36
rank(z)
 [1]  3  7  5 10  6  8  2  9  1  4
```

从结果上看，按照递增的规则，–0.50 在这 10 个数字中排在第 3 位。其他数字的排序以此类推。

2.6.4　数据合并

在处理数据的实战中，数据文件通常存放在不同的文件中，因此我们需要把两个或两个以上数据集合并成为一个数据集。简单的情况是向数据集添加新的一列或一行，这可以通过函数 cbind() 或 rbind() 来实现。复杂的情况要求我们通过数据集之间的关键词匹配来进行数据的合并。例如，我们想把下面两个数据框合并成为一个数据框，操作如代码 2-104 所示。

代码 2-104

```
d1<-data.frame(name=c("A","B","C"),math=c(90,87,64),english=c(93,89,87))
d1
    name   math   english
1    A      90       93
2    B      87       89
3    C      64       87
d2<-data.frame(name=c("A","B","C"),chinese=c(80,83,89),history=c(75,74,90))
d2
    name  chinese  history
1    A      80       75
2    B      83       74
3    C      89       90
```

我们可以使用函数 merge() 来完成这一任务。使用 help(merge) 查看其基本用法为：

merge(x, y, ...)

其中，x 和 y 为数据框，或者是要合并的其他对象。

函数 merge() 最简单的合并功能是提取两个数据集指间的交集。对于上面两个数据框而言，简单的合并命令将得到如代码 2-105 所示的结果。

代码 2-105

```
merge(d1,d2)
    name   math   english   chinese   history
1    A      90       93        80        75
2    B      87       89        83        74
3    C      64       87        89        90
```

上面两个数据框 d1 和 d2 的合并过程非常简单，原因在于这两个数据框的结构是一样的。不过我们通常还会遇到其他情况。例如，有如代码 2-106 所示的两个数据框。

代码 2-106

```
d1<-data.frame(name=c("A","B","C","D"),class=1:4,math=c(90,87,64,75),english=
c(93,89,87,80))
d1
      name    class    math    english
1      A       1       90       93
2      B       2       87       89
3      C       3       64       87
4      D       4       75       80
d2<-data.frame(name=c("A","B","C","E"),class=2:5,chinese=c(80,83,89,79),histor
y=c(75,74,90,88))
d2
      name    class    chinese    history
1      A       2        80         75
2      B       3        83         74
3      C       4        89         90
4      E       5        79         88
```

对于这两个数据框, 有两列的名称 (两个变量名称) 是相同的, 即 name 和 class。根据 name, d1 中的 A、B、C 可以与 d2 中的 A、B、C 相匹配。但是, 即便这样匹配后, d1 中的 A、B、C 分别对应 class 的 1、2、3, d2 中的 A、B、C 分别对应 class 的 2、3、4, 即没有形成匹配项。由于各个考试科目中的成绩都是不一样的, 所以, 如果仍旧使用命令 merge(d1,d2), 就会出现如代码 2-107 所示的信息。

代码 2-107

```
merge(d1,d2)
[1] name      class     math      english chinese history
<0 rows> (or 0-length row.names)
```

也就是说, 这两个数据集没有完全匹配项, 因此合并后的结果是没有一行可以匹配。那么, 我们要如何对这两个数据框进行合并呢?

函数 merge() 提供有这样四种选择。

第一, 按照两个数据框中完全匹配的项目进行合并。这在刚才已经看到。

第二, 不考虑匹配, 将两个数据框中的所有数据行都保留下来。

第三, 保留第一个数据框 x 中的所有行, 并将第二个数据框 y 中的匹配项保留下来。

第四, 保留第二个数据框 y 中的所有行, 并将第一个数据框 x 中的匹配项保留下来。

无疑, 这些选项需要提供额外的参数。针对数据框的函数 merge() 的基本用法为:

```
merge(x, y, by = intersect(names(x), names(y)), by.x = by, by.y = by, all = FALSE,
all.x = all, all.y = all, sort = TRUE, suffixes = c(".x",".y"), incomparables = NULL,
...)
```

其中,

x 和 y 为需要合并的数据框。

by 用来指定使用数据框中哪个列名称 (变量名) 来进行合并。默认情况下是两个数据框中相同的列名称 (变量名), 即变量名的交集。

all 为逻辑值, 当取 TRUE 时, 表示上面的第二种情况, 即不考虑匹配, 将两个数据框中的所有数据行都保留下来。当取 FALSE 时, 表示上面的第一种情况, 即按照两个数据框中完全匹配的项目进行合并。注意默认值为 FALSE。

当参数 sort 取 TRUE 时，表示会对由参数 by 指定的列进行排序。

如果两个数据框中存在多个相同的列名称，参数 suffixes 用来指定除由参数 by 指定的列名称之外的具有相同列名的后缀。这在后面的例子中将会看得非常清楚。

参数 incomparables 用来控制由参数 by 指定的变量中有哪些元素不进行合并。

由于上面提到的四种情形中的第一种已经分析过，我们接下来依次看后面三种情况。首先是完全合并的情形（见代码 2-108）。

代码 2-108

```
merge(d1,d2,all=TRUE)
    name class math english chinese history
1   A     1    90   93      NA      NA
2   A     2    NA   NA      80      75
3   B     2    87   89      NA      NA
4   B     3    NA   NA      83      74
5   C     3    64   87      NA      NA
6   C     4    NA   NA      89      90
7   D     4    75   80      NA      NA
8   E     5    NA   NA      79      88
```

对 d1 和 d2 进行完全合并，缺失值为 NA。由合并结果也可以看出，每一行都有缺失值，因此，完全匹配的结果是没有一行是匹配的。

由于这两个数据框中有两列的列名称是相同的，即 name 和 class，因此参数 by 的默认设置为同时对两列的名称进行匹配。但是，我们也可以指定通过 name 或 class 来进行匹配，然后合并（见代码 2-109）。

代码 2-109

```
merge(d1,d2,by="name",all=FALSE,suffixes = c(".d1",".d2"))
    Name class.d1  math english class.d2 chinese history
1   A      1       90   93      2        80      75
2   B      2       87   89      3        83      74
3   C      3       64   87      4        89      90
```

我们仅根据 name 来进行匹配合并，两个数据框中 name 列中能够匹配的有 A、B、C 三位学生。需要注意的是，由于两个数据框中还有另外一个变量名 class 是相同的，为了进行有效的区分，我们可以为 class 添加后缀名，class.d1、class.d2 分别表示数据来自 d1 和 d2 这两个数据框。

接下来看合并的第三种情况，即保留第一个数据框 *x* 中的所有行，并将第二个数据框 *y* 中的匹配项保留下来（见代码 2-110）。

代码 2-110

```
merge(d1,d2,by="name",all.x=TRUE,suffixes = c(".d1",".d2"))
    Name class.d1  math english class.d2 chinese history
1   A      1       90   93      2        80      75
2   B      2       87   89      3        83      74
3   C      3       64   87      4        89      90
4   D      4       75   80      NA       NA      NA
```

至于第四种情况，即保留第二个数据框 *y* 中的所有行，并将第一个数据框 *x* 中的匹配项保留下来，留给读者来操作完成。

参数 incomparables 使用的一个例子如代码 2-111 所示，我们不对 name 中的元素 A 进行匹配合并。

代码 2-111

```
merge(d1,d2,by="name",all=FALSE,suffixes = c(".d1",".d2"),
incomparables="A")
    Name    class.d1    math    english    class.d2    chinese    history
1      B          2      87         89           3         83         74
2      C          3      64         87           4         89         90
```

2.6.5 扩展包 reshape2 重塑数据

数据框是最常用的数据结构，这与数据通常以表格形式进行呈现是相一致的。[注]对于像 Excel 这样的电子表格，我们会经常使用数据透视表功能。数据透视表实际上是将原始数据进行重新分组和聚集，从而完成相应的（分组）计算等任务。经过重新分组和聚合的数据将展示出不同于原始数据那样的格式，这就是重塑数据的结果。

为了展示数据重塑的功能，我们不妨使用数据集 longley。longley 为数据框，包含了 1947 ～ 1962 年一些重要的宏观经济变量如 GNP、失业人数等数据。为了更加有效地说明，我们只取 longley 中的前三行和 GNP、Unemployed 和 Year 三个变量（见代码 2-112）。

代码 2-112

```
longley[1:3,c("GNP","Unemployed","Year")]
        GNP    Unemployed    Year
1947  234.29      235.60     1947
1948  259.43      232.50     1948
1949  258.05      368.20     1949
```

类似于上面返回结果的数据格式通常被称为是宽格式（wide format）的数据，其特征是数据集的每一列表示不同的变量或者说分组。

另一种数据格式被称为长格式（long format）的数据，其特征如代码 2-113 所示：

代码 2-113

```
    \variable      value
1       GNP       234.29
2       GNP       259.43
3       GNP       258.05
4  Unemployed     235.60
5  Unemployed     232.50
6  Unemployed     368.20
7      Year      1947.00
8      Year      1948.00
9      Year      1949.00
```

长格式的数据实际上是按照变量名和变量值这两个标准来对宽格式数据所进行的"堆叠"式重塑，在视觉效果上，这样的数据格式的"长度"更长，即有更多的行。

宽格式数据和长格式数据都各有用途，并且可以相互转化。这需要用到扩展包 reshape2 中的相关函数：函数 melt() 把数据从宽格式变为长格式（melt，融合），函数 dcast() 和函数 acast() 将长格式变为宽格式（cast，重铸），前者是针对数据框，后者是针对数组。

　⊖　在后面介绍绘图扩展包 ggplot2 时，其更是要求数据结构必须为数据框。

我们首先看函数 `melt()`，使用 `help(melt)` 查看其基本用法为：

```
melt(data, ..., na.rm = FALSE, value.name = "value")
```

其中，

`data` 是所要融合的数据。

`...` 为其他参数，包括 `id.vars`、`measure.vars`、`variable.name` 等，分别用于指定标识变量、所需融合的变量、融合后的新变量名称等。

`value.name` 用来指定融合后的数据的名称，默认值为 `value`。

请看一个例子（见代码 2-114）。

代码 2-114

```
x<-longley[1:3,]
y<-melt(x,id.vars="Year",measure.vars=c("GNP","Unemployed"),variable.name="New",
value.name="data")
y
    Year        New  data
1 1947         GNP 234.29
2 1948         GNP 259.43
3 1949         GNP 258.05
4 1947  Unemployed 235.60
5 1948  Unemployed 232.50
6 1949  Unemployed 368.20
```

现在，我们获得了一个长格式的数据，当然，这个长格式的数据还可以还原为宽格式的。这可以使用针对数据框的重铸函数 `dcast()`。使用命令 `help(dcast)` 查看其基本用法为：

```
dcast(data, formula, fun.aggregate = NULL, ..., margins = NULL, subset = NULL,
fill = NULL, drop = TRUE, value.var = guess_value(data))
```

其中，

`data` 为所要重铸的数据。

`formula` 为重铸数据时所使用的公式，例如 `varible_x~varible_y`，也可以使用多个变量，例如 `varible_x+varible_y~ varible_z`。

`fun.aggregate` 用于指定相关的公式，使得在数据重铸时计算如加总 sum、均值 mean 等。这项功能会在基本统计分析这一章中解释。

继续前面的例子，我们对 **y** 进行重铸。从下面的结果中可以看到，我们再次获得了正确的宽格式数据（见代码 2-115）。

代码 2-115

```
dcast(y,Year~New)
Using data as value column: use value.var to override.
  Year    GNP  Unemployed
1 1947  234.29     235.60
2 1948  259.43     232.50
3 1949  258.05     368.20
```

进一步地，假设我们有如下的一个长格式的数据框，我们可以使用更加复杂的公式来重铸数据框。

例如，我们使用了公式 `id+name~course`，通过加号（+）来组合多个变量，而在每个维度之间用波浪符号（~）分割开。如果公式中有多个波浪符号，则返回的结果是一个多维的数组（见代码 2-116）。

代码 2-116

```
x
      id      name     course      Value
1  1.00      John        math         85
2  1.00      John     english         77
3  2.00     Peter        math         90
4  2.00     Peter     english         84
5  3.00     Alice        math         84
6  3.00     Alice     english         75
dcast(x,id+name~course)
      id        name     english      math
1      1 John          77            85
2      2 Peter         84            90
3      3 Alice         75            84
```

2.6.6 日期数据的处理

在很多场合需要使用到日期数据，特别是涉及时间序列的数据。R 语言向我们提供了处理日期的内置函数 as.Date() 函数。使用命令 help(as.Date) 获得函数的基本用法为：

as.Date(x, format = "", ...)

与其他软件一样，R 语言对日期数据有特殊的处理方式，如果在 R 语言中按以下方式输入日期，实际上是获得了一组四则运算的计算结果（见代码 2-117）。

代码 2-117

```
date1<-2010/10/10
date1
[1] 20.1
date2<-2010-10-10
date2
[1] 1990
```

日期数据通常以字符串输入到 R 语言中，然后转化为以数值形式储存的变量。as.Date() 就是实现这种转化的函数之一。一个简单的例子如下，我们将字符串变量 x 通过 as.Date() 转化成为以数值形式存储的日期类变量 y（见代码 2-118）。

代码 2-118

```
x<-"2010-10-10"
print(y<-as.Date(x))
[1] "2010-10-10"
class(x)
[1] "character"
class(y)
[1] "Date"
mode(y)
[1] "numeric"
```

R 语言遵照 ISO 8601 国际标准，将默认的日期格式设置为"yyyy-mm-dd"。函数 as.Date() 中的 format 参数的作用，就是把格式各异的日期表达式转化为标准的、易于处理的日期格式。format 中的参数为字符串，代码和对应值见表 2-5，其作用是指明被转化日期的表达方式，如果不进行设定，则将采用默认格式或报错，如代码 2-119 所示：

代码 2-119

```
as.Date("2010 10 10")
Error in charToDate(x) :
    character string is not in a standard unambiguous format
as.Date("2010 10 10", format = "%Y %m %d")
[1] "2010-10-10"
```

表 2-5　R 语言中的日期代码

代码	对应值
%d	十进制的"天"
%a	英文缩写的"星期"
%A	英文全称的"星期"
%m	十进制的"月"
%b	英文缩写的"月"
%B	英文全称的"月"
%y	两位数的"年"
%Y	四位数的"年"

使用表 2-5 中的对应代码，对日期进行转换将易如反掌。R 语言还提供一些内置的函数，用以返回当前与时区、日期、时间相关的有用信息。[⊖] 例如，作者写下这段话的时间是在 2015 年 5 月 19 日星期二的晚上 11 点左右（见代码 2-120）。

代码 2-120

```
date()
[1] "Tue May 19 22:47:17 2015"
Sys.time()
[1] "2015-05-19 22:48:22 CST"
Sys.Date()
[1] "2015-05-19"
```

在实践中，我们往往还可以从日期中提取更多有用的信息。例如，在查询企业库存情况时，某些商品受到季节因素影响很大，提取所储存商品的季度信息就显得非常重要。假设变量 x 代表了商品入库的时间，函数 quarters() 显示了商品入库的所属季度（见代码 2-121）。

代码 2-121

```
x<-as.Date(c("2000-01-09","2000-03-03","2000-05-19","2000-11-28")
)
quarters(x)
[1] "Q1" "Q1" "Q2" "Q4"
```

其他类似的函数，如 weekdays() 函数返回日期为星期几的信息，months() 函数返回日期为哪一个月的信息。

⊖　对时区的表达一般有四种方式，分别是：格林尼治标准时间（Greenwich Mean Time，GMT），世界标准时间（Coordinated Universal Time，UTC），夏日节约时间（Daylight Saving Time，DST）；CST 的含义较多，可以表示美国、澳大利亚、中国、古巴四个国家的标准时间（Central Standard Time (USA)、Central Standard Time (Australia)、China Standard Time、Cuba Standard Time）。

对于商品库存而言，另一个重要的信息是商品在仓库中存放了多少时间。difftime()函数可以计算两个日期之间的时间间隔。使用命令 help(difftime) 查看其基本用法是：

```
difftime(time1, time2, tz, units = c("auto", "secs", "mins", "hours", "days", "weeks"))
```

其中，time1 和 time2 可以简单理解为想要计算时间差的两个日期，tz 表示时区，units 指定了时间间隔计算结果的单位。

假设变量 y 代表了商品的出库时间，difftime(y,x) 返回默认的时间间隔（以天数计，计算结果与直接在命令行中使用 $y - x$ 相同），如代码 2-122 所示。

代码 2-122
```
x<-as.Date(c("2000-01-09","2000-03-03","2000-05-19","2000-11-28")
)
y<-as.Date(c("2000-01-19","2000-03-23","2000-07-09","2000-12-28")
)
difftime(y, x)
Time differences in days
[1] 10 20 51 30
difftime(y, x, units="hours")
Time differences in hours
[1]  240  480 1224  720
```

通过函数 julian() 也可以求得两个日期之间的差，读者可以尝试一下。

我们已经了解如何将字符串转变成为日期。有时候，我们要一次性生成一个时间序列，例如其中要包括 10 个日期数据。想要达到这种目的，我们可以借助 as.Date() 函数，或者 seq() 函数。请看下面这个例子，如代码 2-123 所示。

代码 2-123
```
as.Date(1:10, origin="2010-10-10")
 [1]"2010-10-11" "2010-10-12" "2010-10-13" "2010-10-14" "2010-10-15"
 [6]"2010-10-16" "2010-10-17" "2010-10-18" "2010-10-19" "2010-10-20"
seq(as.Date("2010-10-10"),by="month",length.out=10)
 [1]"2010-10-10" "2010-11-10" "2010-12-10" "2011-01-10" "2011-02-10"
 [6]"2011-03-10" "2011-04-10" "2011-05-10" "2011-06-10" "2011-07-10"
```

在使用 seq() 函数时，时间间隔可以通过参数 by 控制，可以是 day、week、month 或 year，甚至可以更为灵活，如间隔 2 个月，或者间隔任意的天数等，如代码 2-124 所示。

代码 2-124
```
seq(from=as.Date("2010-10-10"),to=as.Date("2010-10-25"),by="5 day")
[1] "2010-10-10" "2010-10-15" "2010-10-20" "2010-10-25"
seq(from=as.Date("2010-10-10"),to=as.Date("2011-10-25"),by="3 months")
[1] "2010-10-10" "2011-01-10" "2011-04-10" "2011-07-10" "2011-10-10"-.5
```

如果手头上已经有一些日期变量，我们可以通过 format() 函数将这些日期值输出为特定的格式，从而为进一步使用这些数据提供条件。使用命令 help(format) 查看其基本用法为：

```
format(x, ...)
```

函数形式看上去非常简单，其中 x 是 R 语言中的对象。就当前而言，我们关心的是日期变量。... 表示各种参数，目前我们关心的一个参数是 format，即输出的日期格式。请看下面的例子（见代码 2-125）。

代码 2-125

```
x<-as.Date("2010-10-10")
format(x,format="%B %d %Y, %A")
[1] "October 10 2010, Sunday"
format(x,format="%B/%d/%Y")
[1] "October /10/2010"
```

2.7　本章涉及的常用命令

为了便于读者学习，提高 R 语言的使用效率，我们将本章涉及的常用命令概括在表 2-6 中。

表 2-6　本章涉及的常用命令

命令	功能
arrange()、order()、sort()	数据排序
array()、data.frame()、factor()、list()、matrix()	生成数组、数据框、因子、列表和矩阵
as.Date()	将字符串转化为日期
attach()、detach()	绑定与松绑数据
attributes()、class()、mode()、str()	查看对象的属性、类、模式、结构
cbind()、rbind()	数据合并
colnames()、names()、rownames()	命名
data()	查看所有测试数据集
date() Sys.time() Sys.Date()	返回当前的时间和日期
dcast()、melt()	数据融合、重铸
length()	查看长度
merge()	合并数据
read.csv() read.table() read.xls()	读取外部文件中的数据
seq()	生成序列
subset()	提取子集

第3章
Chapter3

字符串的处理

3.1 字符串

在对海量的信息进行处理时，数字和文本的重要性是相当的，对文本进行处理，就需要使用到字符串（strings）。尽管 R 语言在文本处理方面并不是最出色的（例如 Perl 语言的文本处理能力非常强大），但是 R 语言具有很强的扩展能力，其中，扩展包 stringr 是目前最为常用的文本处理工具之一。

代码 3-1

```
x<-c("Tom","and","Jerry")
x
[1] "Tom"    "and"    "Jerry"
mode(x)
[1] "character"
y<-c("Tom and Jerry")
y
[1] "Tom and Jerry"
mode(y)
[1] "character"
```

在代码 3-1 中，*x* 和 *y* 都是字符型的向量。但是这两个向量具有不同的特征。代码 3-2 中的 nchar() 函数计算了字符串中的字符数。

对向量 *x* 而言，包含三个字符串，这三个字符串中分别包含 3、3、5 个字符。对向量 *y* 而言，包含一个字符串，这个字符串中包含了 13 个字符（注意空格也计算为字符数量）。

注意向量长度和字符串长度的区别，如命令 length(x) 返回的结果表明向量 *x* 的程度为 3，而命令 length(y) 返回的结果表明向量 *y* 的长度为 1。

代码 3-2

```
nchar(x)
```

```
[1] 3 3 5
nchar(y)
[1] 13
length(x)
[1] 3
length(y)
[1] 1
```

R 语言的基础包中提供了处理文本的函数。尽管这些函数功能强大，但是对初学者而言具有一定的难度，一个重要的原因是基础包中的文本处理函数难于记忆。相比较而言，R 语言的扩展包所提供的文本处理函数处理效率要高得多，例如扩展包 `stringr` 就在基础包函数的基础上，对函数名称及其参数进行了统一。然而，万丈高楼平地起，我们首先还是从基础包开始分析。

另外一个值得注意的问题是，我们这里主要讨论的是纯文本文件，即文件中包含的内容大多数是字符串。不同于文本文件，表格式文本文件通常是行列规整的数据文件，对这一类文件的读取，需要使用到 `read.table()`、`read.csv()` 等函数，这已经在第 2 章中解释过。

3.2 文本文件的读写

我们可以直接在命令行中输入简单的文本，正如我们之前所做的。但是，较长的文本通常被保存在单独的文件中，这时我们就需要从外部读入这些文本。

R 语言中读取文本文件的主要函数是 `readLines()` 和 `scan()`，R 语言会将全部读入的文本保存在一个字符型的向量里。

使用命令 `help(readLines)` 查看函数 `readLines()` 的基本用法为：

```
readLines(con = stdin(), n = -1L, ok = TRUE, warn = TRUE, encoding = "unknown",
skipNul = FALSE)
```

其中，参数 `con` 是指连接（connection）对象，最常见的连接对象就是一个文件。`n` 为整数，设置读取的最大行数，默认的负值表示读取文件至末尾。`encoding` 是指读入文本的编码方式。

假设有一个文本文件，其保存路径为 "D:\names.txt"，其内容如图 3-1 所示。

现在读取其中的文本，注意 R 语言中表示文件路径时的正斜杠的使用，具体操作如代码 3-3 所示。

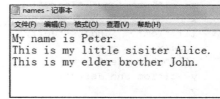

图 3-1 文本的内容

代码 3-3
```
readLines("D:/names.txt")
[1] "My name is Peter."              "This is my little sister Alice."
[3] "This is my elder brother John."
```

如果只需要读两行，则设定 `n = 2` 即可，如代码 3-4 所示。

代码 3-4
```
readLines("D:/names.txt",n=2)
[1] "My name is Peter."              "This is my little sisiter Alice."
```

函数 `scan()` 可以实现更加灵活的文本读取。使用命令 `help(scan)` 查看其基本用法为：

```
scan(file = "", what = double(), nmax = -1, n = -1, sep = "", quote = if(identical
(sep, "\n")) "" else "'\"", dec = ".", skip = 0, nlines = 0, na.strings = "NA", flush =
FALSE, fill = FALSE, strip.white = FALSE, quiet = FALSE, blank.lines.skip = TRUE, multi.
line = TRUE, comment.char = "", allowEscapes = FALSE, fileEncoding = "", encoding =
"unknown", text, skipNul = FALSE)
```

其中，参数 file 为文件的路径，what 为读取数据的类型，如逻辑型、整数型、数值型、负数型、字符型、字节型和列表。数据的类型可以参考表 2-1。注意，scan() 函数可以嵌套地使用 list() 函数。

当参数 sep = "\n" 时，每一行文本作为向量的一个元素读取；当参数为 sep = "." 时，每一句文本作为向量的一个元素读取；当参数 sep 为默认值时，每个单词将作为字符向量的一个元素读取，如代码 3-5 所示。

代码 3-5

```
scan(file="D:/names.txt",what=character(),sep="\n")
Read 3 items
[1] "My name is Peter."                "This is my little sisiter Alice."
[3] "This is my elder brother John."
```

很多情况下，一个文件中既包含文本，也包含对应的数据。此时，利用 scan() 函数来进行读取也是非常方便的。假设在 D 盘根目录下存放了 scandata 这样一份 txt 文件，其内容如图 3-2 所示：

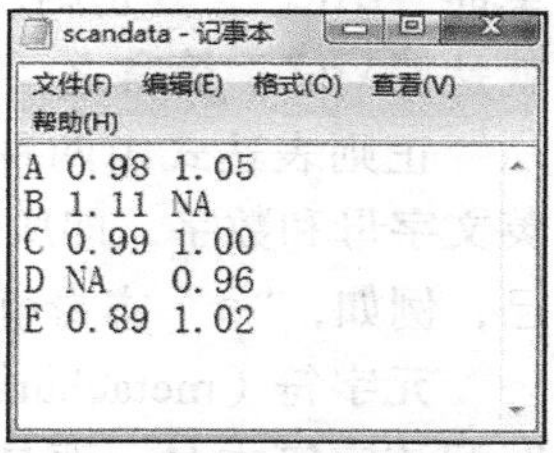
scandata - 记事本
文件(F) 编辑(E) 格式(O) 查看(V) 帮助(H)
A 0.98 1.05
B 1.11 NA
C 0.99 1.00
D NA 0.96
E 0.89 1.02

图 3-2　文本的内容（以 scandata 为例）

由于文件中既有文本又有数字，因此，如果像代码 3-5 那样处理，则会得到如代码 3-6 所示的结果。

代码 3-6

```
scan(file="D:/scandata.txt",what=character(),sep="\n")
Read 5 items
[1] "A 0.98 1.05" "B 1.11 NA"   "C 0.99 1.00" "D NA   0.96"
[5] "E 0.89 1.02"
```

从结果中看，如果将文件的内容都视为文本，则函数 scan() 读取了五行文本，这样的话，我们就无法将所需要的文本和数字区分开来。为此，我们要在 scan() 函数中嵌套地使用 list() 函数，如代码 3-7 所示。

代码 3-7

```
m<-scan(file="D:/scandata.txt",what=list(names="",x=1,y=10))
Read 5 records
m
$names
[1] "A" "B" "C" "D" "E"

$x
[1] 0.98 1.11 0.99   NA 0.89

$y
[1] 1.05   NA 1.00 0.96 1.02

str(m)
List of 3
 $ names: chr [1:5] "A" "B" "C" "D" ...
 $ x    : num [1:5] 0.98 1.11 0.99 NA 0.89
 $ y    : num [1:5] 1.05 NA 1 0.96 1.02
```

其中，what 指定一个列表，在 list() 函数中，指定 names 为第一列的名称，并且该列被指定为字符型，用双引号 "" 表示 names 变量为字符型。同理，*x* 和 *y* 为第二列和第三列的名称，等号后的数字可以任意给定，表示 *x* 和 *y* 是数值型。

正如我们所预期的，上面的代码将文本读取后，存入一个列表 *m* 中，由于列表可以容纳不同的元素，我们就将文本和数字区分开了。同时，上面的代码还为每一列进行了命名。这样就方便后续操作中对相关变量的提取。

3.3　正则表达式

对文本进行处理时，通常需要寻找文本中某种令我们感兴趣的模式（pattern）。

简单地说，正则表达式（regular expressions，也称作常规表示法）就是用来描述、匹配符合某个模式的字符串的"规定"表达式。

使用正则表达式能够非常有效地进行文本处理。举例来说，如果想要查找一段文本中的单词"and"，其正则表达式就是"and"；如果想要替换这段文本中的空格，其正则表达式就是"\s"。简言之，正则表达式就是描述文本的某种模式的计算机语言。

正则表达式由两种字符类型组成：普通字符和元字符。普通字符包括了所有的大小写英文字母和数字，即所有的英文大小写字母和数字本身就是正则表达式，可用于匹配它们自己，例如，"a"本身就是"a"的正则表达式，它可以匹配自己。

元字符（metacharacter）是一类特殊的字符，这些字符在正则表达式中不能用来描述或匹配该字符本身，而是被指定用来表示其他含义。例如，在正则表达式中，美元符号 $ 并不表示其本身，而是一个定位表达式，表示匹配字符串的结束位置。像这样的元字符还有很多，我们将一些常用的元字符归纳在表 3-1 中。

表 3-1　正则表达式中的常用元字符

字符	含义
点号 .	点号 . 用来匹配换行符以外的任何单个字符
方括号 []	方括号 [] 表示选择方括号中的任意一个字符； 如 [a-z] 表示 a 到 z 中的任意一个小写字符；如 [1-10] 表示 1 到 10 中的任意一个数字，其中，破折号 – 表示值域
圆括号 ()	表示将同一模式放在一起
大括号 {}	大括号用来表示放置在其前面的字符或表达式的重复次数，如连续三次出现的字符串 ABC，可以用 (abc){3}； {n} 表示匹配前面的字符 n 次； {n,} 表示匹配前面的字符至少 n 次； {n,m} 表示匹配前面的字符在 n 次和 m 次之间
脱字符 ^	定位表达式； 如果放置在表达式的开始处，则表示匹配字符串的开始位置； 如果放置在方括号 [] 内部的开始处，如 [^...]，则表示非方括号内的任一字符。
美元符号 $	定位表达式，表示匹配字符串的结束位置
加号 +	表示匹配前面的字符出现 1 次或更多次
问号 ?	表示匹配前面的字符出现 0 次或 1 次
星号 *	表示匹配前面的字符出现 0 次或更多次
竖线符号 |	表示可选项，即在 | 前后的表达式中任选一个

（续）

字符	含义
\d	表示数字 0—9
\D	表示非数字
\s	表示空白字符，包括空格、制表符、换行符等
\S	表示非空白字符
\w	表示字（字母和数字）
\W	表示非字
\<	表示以空白字符开始的文本
\>	表示以空白字符结束的文本

在使用正则表达式时，需要注意一些重要的规则。

第一，既然元字符不能用于匹配自身，那么，如何对元字符进行匹配呢？例如，文本中出现了"（"这样的元字符，现在想要对该字符进行匹配，应该如何操作呢？此时，我们需要使用引用符号（也称换码符号），在 R 语言中，我们必须使用双反斜杠，即"\\"作为引用符号。例如，对"（"就要使用表达式"\\（"。

第二，正则表达式符号运算的顺序。使用圆括号"（）"括起来的表达式最优先，其次是控制重复次数的符号，如"{}""+""*"等，接着就是连接运算符（本质上就是放在一起的几个字符，如"xyz"），最后是表示可选项的符号，即"|"。

举例来说，"abc|xyz"可以用来匹配"abc"或者"xyz"，但是"abc|xyz{3}"匹配的是"abc"或者"xyzzz"。

3.4　用基础包中的函数处理字符

在 R 语言的基础包中，有各种处理字符的函数，对于初学者而言，他们面临的一个困难是这些函数的名称并不统一，当初学者需要使用时会遇到一些麻烦。表 3-2 列出了基础包中常用的字符处理函数及其用途。

表 3-2　基础包中的字符处理函数

函数	用途
as.character()	将其他类型的对象转换成字符
nchar()	计算字符串长度，即字符串中的字符个数
tolower() toupper() casefold()	大小写转换，tolower() 转换为小写，toupper() 转换为大写；casefold() 通过设置参数，可以同时实现两种功能
chartr()	字符替换，即用指定的新字符去替换字符串中的旧字符，注意新旧字符有字符个数限制
strsplit()	字符串分割
substr() substring()	提取字符串的子串
grep()、grepl()、regexpr()、gregexpr()	搜索某个模式的子串
Sub()、gsub()	搜索并替换

3.4.1 用 paste() 函数连接字符串

有时候，我们想把不同的字符串组成一个新的字符串，例如把若干个单词组成一个完整的句子。

paste() 函数可以将零散的字符串组合成你所想要的新字符串，也可以将字符串和其他对象（如数值型向量）进行组合，形成新的字符串，换句话说，paste() 函数对非字符串向量是兼容的。

使用命令 help(paste) 函数查看详细信息，其基本用法是：

```
paste(..., sep = " ", collapse = NULL)
```

其中，

... 表示一个或多个 R 语言对象，这些对象将被转化为字符型的向量，也就是说，paste() 函数会将对象首先处理成为字符串，然后再相互组合。

sep 表示用于连接字符的自定义分隔符，例如空格、$、=、¥等，默认选项为空格。

collapse 参数为可选项。当不使用该参数时，paste() 函数按照 sep 参数指定的分隔符组合字符串，当指定 collapse 参数时，会按照该参数值在之前组合的字符串基础上，再通过 collapse 参数值进行分隔，并形成单独的一个长字符串，而非向量。

paste() 函数的一个特例是 paste0() 函数，函数 paste0(..., collapse) 等价于 paste(..., sep = "", collapse)。也就是说，当采用默认的空格分隔符连接字符时，函数 paste0() 是函数 paste() 的简化命令。

下面看几个代表性的例子。

（1）将字符变量 x、y、z 连接成一个字符串，如代码 3-8 所示。

代码 3-8
```
x<-"Today"; y<-"is"; z<-"Monday"
paste(x,y,z)
[1] "Today is Monday"
```

（2）连接字符向量，按元素一一对应的方式连接，长度较短的向量被重复使用，注意，这里的分隔符参数 sep=" is " 中的 is 前后各个有一个空格，如代码 3-9 所示。

代码 3-9
```
x<-"Today"
y<-c("Monday","Tuesday","Wednesday")
paste(x,y,sep=" is ")
[1] "Today is Monday"    "Today is Tuesday"    "Today is Wednesday"
```

（3）字符串和数值向量连接，如代码 3-10 所示。

代码 3-10
```
temperature<-c(20.5,30.3,33.1)
paste("Air temperature = ",temperature)
[1] "Air temperature =  20.5" "Air temperature =  30.3"
[3] "Air temperature =  33.1"
```

（4）使用 collapse 参数。注意，使用 collapse 参数后，下面这个例子中 y 是长度为 1 的一个长字符串，如代码 3-11 所示。

代码 3-11
```
x<-paste(LETTERS[1:6],letters[1:6],sep="&")
x
[1] "A&a" "B&b" "C&c" "D&d" "E&e" "F&f"
length(x)
[1] 6
y<-paste(LETTERS[1:6],letters[1:6],sep="&",collapse="--")
y
[1] "A&a--B&b--C&c--D&d--E&e--F&f"
length(y)
[1] 1
```

3.4.2 用 strsplit() 函数拆分字符串

与连接字符串相反，有时我们需要拆分字符串。例如，当前有一个表示某个观测值起止年份的字符串"1990 ～ 2000"，我们想要将其拆开，分别获得两个字符型变量，即"1990"和"2000"，以做分析使用。

strsplit() 函数可以实现对字符串的拆分。使用命令 help(strsplit) 查看其基本用法为：

strsplit(x, split, fixed = FALSE, perl = FALSE, useBytes = FALSE)

其中，

x 是字符串向量，strsplit() 函数将依次对向量中的每个元素进行拆分。

split 指定处在拆分位置上的字符串，即在哪个字符串处进行拆分。参数 fixed 表示是用普通文本匹配还是用正则表达式精确匹配。默认情况下，参数使用正则表达式匹配。

perl 表示使用 perl 语言中的正则表达式，默认值为 FALSE。

useBytes 表示是否按字节进行匹配，默认值为 FALSE，表示按照字符而不是字节进行匹配。

请看如代码 3-12 所示的例子。

代码 3-12
```
year<-c("1990-1995","1996-2000","2001-2005")
splityear<-strsplit(year,split="-")
splityear
[[1]]
[1] "1990" "1995"

[[2]]
[1] "1996" "2000"

[[3]]
[1] "2001" "2005"
```

注意，strsplit() 函数返回的是列表，因此，要对拆分结果进行访问，必须使用到列表的相应索引方法。例如，对列表的第二个元素进行访问（见代码 3-13）。

代码 3-13
```
splityear[[1]]
[1] "1990" "1995"
length(splityear[[1]])
[1] 2
```

我们也可以使用 unlist() 函数将列表转换为字符串向量（见代码 3-14）。

代码 3-14
```
unlist(splityear)
[1] "1990" "1995" "1996" "2000" "2001" "2005"
```

由于 strsplit 函数可以使用正则表达式来进行字符串的拆分，所以极大地提高了拆分字符的有效性。例如，在如代码 3-15 所示的例子中，字符串变量 year 中的数值 1990 和 1995 之间有一个空格，1995 和 2000 之间有三个空格，2000 和 2005 之间有两个空格，2005 和 2010 之间有一个空格。

代码 3-15
```
year<-c("1990 1995   2000  2005 2010")
year
[1] "1990 1995   2000  2005 2010"
```

如果使用空格作为拆分字符，则结果为（见代码 3-16）：

代码 3-16
```
strsplit(year," ")
[[1]]
[1] "1990" "1995" ""       ""       "2000" ""       "2005" "2010"
```

结果中出现了我们不想得到的多余空格字符。对此，使用正则表达式 " +"，即表示匹配一个或多个空格字符，得到的结果就去掉了多余的空格字符，即得到的结果是非空字符。这样的匹配方式显然是富有效率的（见代码 3-17）。

代码 3-17
```
strsplit(year," +")
[[1]]
[1] "1990" "1995" "2000" "2005" "2010"
```

3.4.3 搜索和替换

1. 搜索

搜索和替换是常用的文本编辑功能。

在字符串的搜索和匹配方面，R 语言使用了正则表达式匹配来完成任务。R 语言提供的函数有 grep()、grepl()、regexpr()、gregexpr() 和 regexec()。

函数 grep() 在字符串向量中查找一个正则表达式 pattern，[○]并返回包括这个 pattern 的字符串的索引向量。使用命令 help(grep) 查看其基本用法为：

```
grep(pattern, x, ignore.case = FALSE, perl = FALSE, value = FALSE, fixed =
FALSE, useBytes = FALSE, invert = FALSE)
```

其中，参数 pattern 是所要查找的字符串，参数 x 是字符串向量。

如果想要忽略文本的大小写差异，设置参数 ignore.case=TRUE 即可。

如果想要获取带有匹配字符串的全称而非索引号，即字符串向量的哪个具体的元素匹配了表达式 pattern，使用 value=TRUE 即可。参数 fixed 的含义与前面的一致。

　　○　grep 是 Global Regular Expression Print 的缩写。

如果想要获取非匹配字符串，即反向选择，设置参数 invert = TRUE 即可。

grep() 函数的一个重要用途是根据名称从数据框中提取感兴趣的变量或观测值。

利用数据集 mtcars，假设我们现在需要单列出奔驰车的所有数据。我们知道奔驰车带有字符串"Merc"，问题转化为找到带有字符串"Merc"的数据在 mtcars 中的第几行（尽管在这个例子中，我们可以通过逐行数数来确定这些数据位于的行数）。注意我们在命令中对元字符"^"的使用（见代码 3-18）。

代码 3-18

```
attach(mtcars)
x<-rownames(mtcars)
y<-grep("^Merc",x)
y
[1]  8  9 10 11 12 13 14
z<-grep("^Merc",x,value=TRUE)
z
[1] "Merc 240D"   "Merc 230"   "Merc 280"   "Merc 280C"   "Merc 450SE"
[6] "Merc 450SL"  "Merc 450SLC"
mtcars[y,1:2]
                  mpg  cyl
Merc 240D        24.4   4
Merc 230         22.8   4
Merc 280         19.2   6
Merc 280C        17.8   6
Merc 450SE       16.4   8
Merc 450SL       17.3   8
Merc 450SLC      15.2   8
detach(mtcars)
```

从上面的结果中看到，函数 grep() 返回了数据集 mtcars 行名称 *x* 向量中含有"Merc"字符串的索引。利用这个结果，我们可以将含有奔驰车型的数据子集提取出来。

如果要忽略大小写，则使用参数 ignore.case（见代码 3-19）。

代码 3-19

```
grep("^merc",x,value=TRUE, ignore.case=TRUE)
[1] "Merc 240D"   "Merc 230"   "Merc 280"   "Merc 280C"   "Merc 450SE"
[6] "Merc 450SL"  "Merc 450SLC"
```

函数 grepl() 返回的是一个逻辑值（见代码 3-20）。

代码 3-20

```
z<-grepl("Merc",x)
z
 [1] FALSE FALSE FALSE FALSE FALSE FALSE FALSE  TRUE  TRUE  TRUE
[11]  TRUE  TRUE  TRUE  TRUE FALSE FALSE FALSE FALSE FALSE FALSE
[21] FALSE FALSE FALSE FALSE FALSE FALSE FALSE FALSE FALSE FALSE
[31] FALSE FALSE
```

与函数 grep() 和 grepl() 不同，函数 regexpr(),gregexpr() 和 regexec() 在搜索字符串时，返回的结果中包含了字符串匹配的具体位置和字符串的长度等信息。其基本用法如下：

```
regexpr(pattern, text, ignore.case = FALSE, perl = FALSE, fixed = FALSE, useBytes =
FALSE)
```

```
gregexpr(pattern, text, ignore.case = FALSE, perl = FALSE, fixed = FALSE, useBytes =
FALSE)
regexec(pattern, text, ignore.case = FALSE, fixed = FALSE, useBytes = FALSE)
```

仍旧使用上面的数据集，可以观察到函数返回结果的差异（见代码3-21）。

代码3-21

```
regexpr("Merc",x)
 [1] -1 -1 -1 -1 -1 -1 -1  1  1  1  1  1  1  1 -1 -1 -1 -1 -1 -1
[21] -1 -1 -1 -1 -1 -1 -1 -1 -1 -1 -1 -1
attr(,"match.length")
 [1] -1 -1 -1 -1 -1 -1 -1  4  4  4  4  4  4  4 -1 -1 -1 -1 -1 -1
[21] -1 -1 -1 -1 -1 -1 -1 -1 -1 -1 -1 -1
attr(,"useBytes")
[1] TRUE
```

在返回结构中，-1表示没有匹配上，1表示匹配上。而在attr()函数的返回结果中，一个属性显示了匹配上的字符串的长度，如字符串"Merc"的字符个数为4。另一个属性显示了是否按字节进行匹配。

函数gregexpr()以列表的形式返回每一个元素的匹配情况。函数regexec()的返回结果基本与函数gregexpr()相似，但是少了attr(,"useBytes")这个属性值。读者使用这两个命令即可了解详情。

2. 替换

在字符串的替换方面，R语言基础包提供了sub()和gsub()这两个函数。这两个函数的差别在于，sub()函数仅仅替换第一个匹配到的字符串，而gsub()函数会将所有匹配到的字符串都替换掉。换句话说，sub()函数实现了单次（并且是第一次）替换，gsub()函数实现了全部替换。

使用命令help(sub)和help(gsub)查看两个函数的基本用法为：

```
sub(pattern, replacement, x, ignore.case = FALSE, perl = FALSE,
fixed = FALSE, useBytes = FALSE)

gsub(pattern, replacement, x, ignore.case = FALSE, perl = FALSE,
fixed = FALSE, useBytes = FALSE)
```

其中，

pattern是所要匹配的字符串（如果fixed=TRUE）或正则表达式。

replacement是替换字符串。

x是字符向量。

利用数据集mtcars，假设我们现在需要把奔驰车的英文名称Merc替换成全部大写的MERC。由于观测值中有多款奔驰车型，因此，我们需要使用函数gsub()。由于观测值较多，我们截取了前20个观测值。从代码3-22中我们可以看到，函数gsub()轻松地完成了替换任务。

代码3-22

```
attach(mtcars)
x<-rownames(mtcars)
x[1:20]
 [1]    "Mazda RX4"           "Mazda RX4 Wag"
```

```
[3]       "Datsun 710"           "Hornet 4 Drive"
[5]       "Hornet  Sportabout"   "Valiant"
[7]       "Duster 360"           "Merc 240D"
[9]       "Merc 230"             "Merc 280"
[11]      "Merc 280C"            "Merc 450SE"
[13]      "Merc 450SL"           "Merc 450SLC"
[15]      "Cadillac Fleetwood"   "Lincoln  Continental"
[17]      "Chrysler Imperial"    "Fiat 128"
[19]      "Honda Civic"          "Toyota Corolla"
gsub("Merc","MERC",x)[1:20]
[1]       "Mazda RX4"            "Mazda RX4 Wag"
[3]       "Datsun 710"           "Hornet 4 Drive"
[5]       "Hornet  Sportabout"   "Valiant"
[7]       "Duster 360"           "MERC 240D"
[9]       "MERC 230"             "MERC 280"
[11]      "MERC 280C"            "MERC 450SE"
[13]      "MERC 450SL"           "MERC 450SLC"
[15]      "Cadillac Fleetwood"   "Lincoln  Continental"
[17]      "Chrysler Imperial"    "Fiat 128"
[19]      "Honda Civic"          "Toyota Corolla"
detach(mtcars)
```

　　替代函数的一个重要应用是从文本中去掉（即用空白替换模式）某些特殊的字符，如美元符号，进而将文本数据转化为数值型数据。这在财务相关数据中具有广泛应用。

　　来看代码 3-23，假设我们从某份财务报表中获取了一个字符型向量，目的是将其转化为可用于计算的数值型向量。

代码 3-23
```
x<-c("$100,111.77","$105,281.99")
y<-gsub("[$,]","",x)
y
[1] "100111.77" "105281.99"
as.numeric(y)
[1] 100111.8 105282.0
```

　　为了构造一个数值型向量，首先要把字符型向量中的美元符号和逗号去除。正则表达式 [$,] 表示方括号中的美元字符和逗号字符。

3.4.4　用 substr() 和 substring() 函数提取字符串

　　与组合字符串相反，有时候，你遇到的问题是如何从字符串中提取有用的信息，substr() 函数和 substring() 函数可以做到这一点。

　　值得注意的是，substr() 函数和 substring() 函数都是根据字符串的位置来提取所需要的字符串，其本身并不使用正则表达式，但是，由于搜索文本的函数提供了位置信息，因此，将 substr() 函数和 substring() 函数与搜索文本的函数结合起来使用，会达到事半功倍的效果。

　　首先来看这两个函数的性质。使用命令 help(substr) 查看其基本用法为：

substr(x, start, stop)

　　其中，x 是字符向量，start 是提取信息的起点，stop 是终点。如此，substr() 函数返回的是字符向量 x 中起点和终点之间的子字符串。一个简单的例子如下，首先生成一个较长的字符串，如代码 3-24 所示。

代码 3-24
```
x<-paste(LETTERS[1:6],letters[1:6],sep="",collapse="")
x
[1] "AaBbCcDdEeFf"
nchar(x)
[1] 12
```

如果想要提取第一到第六个字符之间的字符串，使用如代码 3-25 所示的命令，结果显而易见。

代码 3-25
```
substr(x,1,6)
[1] "AaBbCc"
```

substr() 函数也可以用于赋值，延续上面的例子，操作如代码 3-26 所示。

代码 3-26
```
substr(x,1,4)<-"1111"
x
[1] "1111CcDdEeFf"
```

substr() 函数也可以处理字符串向量。在下面的这个例子中，通过 substr() 函数分别提取了字符向量 *z* 中 *x* 和 *y* 前四个字符元素，并返回为字符串向量（见代码 3-27）。

代码 3-27
```
x<-paste(LETTERS[1:6],letters[1:6],sep="",collapse="")
y<-paste(LETTERS[2:7],letters[2:7],sep="",collapse="")
z<-c(x,y)
substr(z,1,4)
[1] "AaBb" "BbCc"
```

如果一个字符串包含较多的字符，获取字符个数信息是比较有用的。在提取相关字符时，可以使用 nchar() 函数（见代码 3-28）。

代码 3-28
```
website<-c("www.google.com","www.yahoo.com","www.facebook.com")
substr(website,5,nchar(website)-4)
[1] "google"   "yahoo"    "facebook"
```

此外，substr() 函数还可以实现比较有意思的字符提取方式，请比较下面的几种情况，注意循环匹配问题。

（1）start=1，end=4，如代码 3-29 所示。

代码 3-29
```
substr(rep("123456", 4), 1,4)
[1] "1234" "1234" "1234" "1234"
```

（2）start=1，end=4:5，如代码 3-30 所示。

代码 3-30
```
substr(rep("123456", 4), 1,4:5)
[1] "1234"  "12345" "1234"  "12345"
```

（3）start=1:4，end=4，如代码 3-31 所示。

代码 3-31

```
substr(rep("123456", 4), 1:4,4)
[1] "1234" "234"  "34"   "4"
```

（4）start=1:4，end=4:5，如代码 3-32 所示。

代码 3-32

```
substr(rep("123456", 4), 1:4,4:5)
[1] "1234" "2345" "34"   "45"
```

在这里的第 4 个例子中，开始和结束位置的匹配关系是：

向量	1	2	3	4
Start	1	2	3	4
End	4	5	4	5

从这个例子中我们还可以看出，如果 substr() 函数提取的是单个字符串中的字符，那么运算符 ":" 是不起作用的（见代码 3-33）。

代码 3-33

```
x<-paste(LETTERS[1:6],letters[1:6],sep="",collapse="")
substr(x,1,1:3)
[1] "A"
```

运算符 ":" 针对的是 substr() 函数里的字符向量中每个分量的相应位置。例如，我们想要提取 *x* 中所有的单个字母，我们应该使用如代码 3-34 所示的命令。

代码 3-34

```
x<-paste(LETTERS[1:6],letters[1:6],sep="",collapse="")
n<-nchar(x)
substr(rep(x,n),1:n,1:n)
 [1] "A" "a" "B" "b" "C" "c" "D" "d" "E" "e" "F" "f"
```

在这个例子中，substr() 函数返回的结果与拆分字符串的结果相似。请读者使用拆分字符串的函数来完成相同的工作。

再次强调一下，从上面这两个例子中我们可以得到以下结果。

第一，如果 substr() 函数提取的是**单个字符串**中的字符，那么运算符号 ":" 不起作用，结果返回的是字符串。

第二，如果 substr() 函数提取的是**字符向量**中的对应字符，那么使用运算符号 ":" 时需要注意循环规则，结果返回的是字符向量。

第三，不论是针对单个字符串，还是字符向量，substr() 函数必须是按顺序地进行提取，无法跳跃地进行提取。例如，如果我们想要提取上面例子中字符串 *x* 的偶数位置上的字符元素，该如何操作？

接着上面的例子，我们可以这样做（见代码 3-35）。

代码 3-35

```
z<-substr(rep(x,n),1:n,1:n)
paste(z[seq(2,n,2)],sep="",collapse="")
[1] "abcdef"
```

在此，我们利用的是 substr() 函数对字符向量的运算。

我们还可以利用另外一个提取字符串的函数 substring()。函数 substring() 和函数 substr() 比较相似，但是它们的一个不同之处在于，使用函数 substring() 可以针对单个字符串来使用运算符号 "：" 。使用命令 help(substring) 查看其详细内容：

```
substring(text, first, last = 1000000L)
```

下面两个命令的结果是一样的，但是函数 substring() 更加简洁（见代码 3-36）。

代码 3-36

```
z<-substr(rep(x,n),1:n,1:n)
z
 [1] "A" "a" "B" "b" "C" "c" "D" "d" "E" "e" "F" "f"
q<-substring(x,1:n,1:n)
q
 [1] "A" "a" "B" "b" "C" "c" "D" "d" "E" "e" "F" "f"
```

再次写出函数 substr() 和函数 substring() 的用法：

```
substr(x, start, stop)
```

```
substring(text, first, last = 1000000L)
```

substr() 函数与 substring() 函数之间的差别在于：

substr() 函数返回结果的长度等于第一个参数的长度。也就是说，如果 x 是一个字符串，则返回结果的长度就是 1，如果 x 是长度为 n 的向量，则返回结果的长度就是 n。

substring() 函数返回的结果的长度等于三个参数（text、first、last）中最长向量的长度，短向量循环使用。

再举一例加以说明。在如代码 3-37 命令中，*x* 是长度为 1 的字符向量。substr() 函数应当返回长度为 1 的字符向量，其后面两个参数中，表明起始位置为 1，终止位置为 4。

substring() 函数应当执行短向量循环使用规则，由于三个参数中长度最长的向量为 c(4,5,6)，因此，第一个参数实际上为 c(x,x,x)，第二个向量实际上为 c(1,3,1)。从而最后的起止位置组合是 1—4，3—5，1—6。

代码 3-37

```
x<-paste(LETTERS[1:6],letters[1:6],sep="",collapse="")
length(x)
[1] 1
substr(x, c(1,3), c(4,5,6))
[1] "AaBb"
substring(x, c(1,3), c(4,5,6))
[1] "AaBb"    "BbC"     "AaBbCc"
```

3.5 用扩展包 stringr 中的函数处理字符

在 R 语言提供的基础包中，文本处理函数的名称和语法在记忆上存在一定的困难。为此，哈德利·威克姆（Hadley Wickham）专门编写了一个扩展包 stringr，这是一个处理字符的有效工具。扩展包 stringr 对字符处理函数进行打包，并对函数进行优化，如统一了函数名和参数，从而增强字符处理能力。这使得我们的工作效率大大提升。

安装软件包 stringr 后，使用命令 help(package="stringr") 可以查看该软件

包的完整说明文件，读者可以从帮助文件列表中找到所需要的函数。

我们首先在此举一列说明，读者可以与 R 语言基础包中的相关函数进行比较，然后对扩展包 stringr 中是相关函数的功能进行归纳解释。

有时候，我们需要把所感兴趣的字符提取出来，这在函数 substr() 中已经有过介绍。然而，函数 substr() 的功能有限，它只能提取字符向量中起点和终点之间的子字符串。如果我们对所要提取的字符的位置不甚了解，只知道具体的字符是什么，那么函数 substr() 就无能为力了。函数 str_extract() 能够胜任这一工作。

使用 help(str_extract) 查看函数的基本用法为：

str_extract(string, pattern)

其中，参数 pattern 为匹配的模式。

使用数据集 mtcars，现在我们需要做的是提取字符 Merc（见代码 3-38）。

代码 3-38

```
attach(mtcars)
brand<-rownames(mtcars)
str_extract(brand,pattern="Merc")
 [1] NA    NA    NA    NA    NA    NA    NA    "Merc" "Merc" "Merc" "Merc"
[12] "Merc" "Merc" "Merc" NA    NA    NA    NA    NA    NA    NA    NA
[23] NA    NA    NA    NA    NA    NA    NA    NA    NA
detach(mtcars)
```

提取出来的数据（这里是字符向量）可以另作他用，例如，可以在作图时作为数据点的名称使用，如这里强调奔驰品牌的车型数据。

对于扩展包 stringr 中的主要函数，我们将其归纳在下面的表格中。从表格 3-3 中可以看出，相关函数的名称简洁，便于记忆，同时其用法也比较简单。

表 3-3　扩展包 **stringr** 中的主要函数

函数	用法	功能
str_c()	str_c(..., sep = "", collapse = NULL)	合并字符串
str_detect()	str_detect(string, pattern)	查找字符串中是否有匹配的模式
str_dup()	str_dup(string, times)	重复字符串
str_extract()	str_extract(string, pattern)	提取字符串中与模式匹配的文本，返回的是一个向量
str_length()	str_length(string)	返回字符串的长度
str_locate()	str_locate(string, pattern)	定位字符串中首次与模式匹配的位置
str_match()	str_match(string, pattern)	提取字符串中首次与模式匹配的内容，返回的一个矩阵
str_pad()	str_pad(string, width, side = c("left", "right", "both"), pad = " ")	添加空白
str_replace()	str_replace(string, pattern, replacement)	替换字符串中第一次与模式匹配的内容
str_split()	str_split(string, pattern, n = Inf)	将字符拆分
str_sub()	str_sub(string, start = 1L, end = -1L)	提取字符串的字串
str_trim()	str_trim(string, side = c("both", "left", "right"))	去掉字符串开头和结尾的空格
str_wrap()	str_wrap(string, width = 80, indent = 0, exdent = 0)	将字符串进行某种形式的换行处理，从而形成整齐的段落

下面我们使用如代码 3-39 所示的例子来对上述函数进行解释。

代码 3-39
```
x<-c("apple","12345","banana","999-999","orange","twoappples","two apples")
x
[1] "apple"      "12345"      "banana"      "999-999"      "orange"
[6] "twoappples"  "two apples"
str_locate(x,"[a-z]+")
     start end
[1,]    1    5
[2,]   NA   NA
[3,]    1    6
[4,]   NA   NA
[5,]    1    6
[6,]    1   10
[7,]    1    3
```

正则表达式 [a-z]+ 表示 1 次或多次出现的任意字母。从结果我们可以看出，函数 str_locate() 匹配了首次出现的字母，并返回其某个字符串中的位置。例如，x 中的第一个字符串为 apple，其中，第一个字母的位置为 1，最后一个字符的位置为 5。对于 x 中的数字或其他字符（包括空格），则不进行匹配。注意，函数 str_locate() 匹配的是首次出现的模式，"首次" 的含义体现为，在 x 中，最后一个字符串为 two apples，其中在两个单词之间，还包括一个空格，此时，首次出现的字符串为 two，其次是空格，再次是 apple。从返回结果看，函数 str_locate() 对匹配字符串 two apples 的匹配是 two。

函数 str_match() 提取了字符串中首次与模式匹配的内容，返回的是一个矩阵（见代码 3-40）。其中 "首次" 的含义与前面一致。而函数 str_extract() 返回的是一个字符向量（见代码 3-41）。

代码 3-40
```
str_match(x,"[a-z]+")
     [,1]
[1,] "apple"
[2,] NA
[3,] "banana"
[4,] NA
[5,] "orange"
[6,] "twoappples"
[7,] "two"
```

代码 3-41
```
str_extract(x,"[a-z]+")
[1] "apple"      NA          "banana"      NA          "orange"
[6] "twoappples" "two"
```

第4章
Chapter4

基本统计分析

获取数据后，我们应当了解相关数据的一些基本统计特征，这样的了解对于利用数据作图，或者进行深入的统计分析而言都是非常重要的前置步骤。

在本章中，我们将利用 R 语言中的各种常用函数来进行数据的基本统计分析。

4.1 数据的基本统计特征

4.1.1 数据的"集中"特征

数据的集中特征主要包括了：均值、中位数和分位数，下面我们依次来分析这些特征。

我们使用的是测试数据集 USArrests，该数据集中包括了美国 50 个州的暴力犯罪数据，我们取其中的变量 Murder，即 10 万人中的谋杀犯罪者的逮捕数量作为研究对象（见代码 4-1）。

代码 4-1

```
M<-USArrests$Murder
M
 [1]  13.2   10.0    8.1    8.8    9.0    7.9    3.3    5.9   15.4   17.4    5.3
[12]   2.6   10.4    7.2    2.2    6.0    9.7   15.4    2.1   11.3    4.4   12.1
[23]   2.7   16.1    9.0    6.0    4.3   12.2    2.1    7.4   11.4   11.1   13.0
[34]   0.8    7.3    6.6    4.9    6.3    3.4   14.4    3.8   13.2   12.7    3.2
[45]   2.2    8.5    4.0    5.7    2.6    6.8
mean(M)
[1] 7.788
median(M)
[1] 7.25
quantile(M)
    0%     25%     50%     75%    100%
 0.800   4.075   7.250  11.250  17.400
```

```
length(M[M>=mean(M)])
[1] 23
summary(M)
    Min.  1st Qu.  Median     Mean  3rd Qu.      Max.
   0.800    4.075   7.250    7.788   11.250    17.400
```

从结果中我们可以看到，M 的均值为 7.788，中位数为 7.25，25% 和 75% 的分位数分别为 4.075 和 11.250。

在这 50 个州中，有 23 个州的逮捕数量超过了均值。请读者计算一下，有多少个州的逮捕数量超过了 75% 的分位点数。

函数 summary() 返回了数据 M 的概括性信息，这里的结果与函数 quantile() 返回的结果在事实上是一样的。

4.1.2 数据的"离散"特征

数据的离散特征主要包括：极差、方差、标准差、分位差等（见代码 4-2）。

代码 4-2

```
range(M)
x[2]-x[1]
[1] 16.6
var(M)
[1] 18.97047
sd(M)
[1] 4.35551
y<-quantile(M)
y[4]-y[2]
   75%
7.175
```

在代码 4-2 中，函数 range() 返回了数据的最大值和最小值，两者相减即为极差 16.6。数据的方差为 18.970 47，标准差为 4.355 51。数据的四分位差为 7.715。

4.2 分布函数与创建随机数

在进行统计分析时，我们常常用到分布函数，例如最常用的是正态分布函数。在 R 语言的基础包 stats 中，就提供了许多常用的统计函数。

在计算变量的统计分布方面，R 语言提供了四类分布函数，它们分别为：概率密度函数（density）、累积分布函数（probability）、分位数（quantile）和随机数（random）。以正态分布为例，函数 dnorm()、pnorm()、qnorm() 和 rnorm() 分别表示正态分布的概率密度函数、正态分布的累积分布函数、正态分布的分位数函数和正态分布的随机数生成函数。其他的分布函数用法类似，都是以 d、p、q 和 r 字母开头，然后紧接着分布函数的名称，如二项分布 binom、指数分布 exp、几何分布 geom 等。

4.2.1 概率密度函数

拿到一组数据后，除了查看数据的集中或离散特征，用以描述数据的比较全面的方法是估算概率密度函数（probability density function，PDF）。这可以使用函数 density() 来实现（见代码 4-3）。

代码 4-3

```
density(M)
Call:
        density.default(x = M)
Data: M (50 obs.);       Bandwidth 'bw' = 1.793
          x                     y
Min.    :-4.578      Min.    :5.639e-05
1st Qu. : 2.261      1st Qu. :5.526e-03
Median  : 9.100      Median  :3.592e-02
Mean    : 9.100      Mean    :3.652e-02
3rd Qu. : 15.939     3rd Qu. :6.364e-02
Max.    : 22.778     Max.    :7.908e-02
```

从返回的结果看，x 代表了实际的值，y 代表了估计的密度。但是这样的结果并不是那么直观，因此，我们尝试将这些信息通过图形表达出来。如代码 4-4 所示的命令使用了绘图函数 plot()。我们可以暂时不用去理解绘图函数。绘图的结果比直接使用密度函数返回的结果要直观得多（见图 4-1）。

代码 4-4

```
plot(density(M))
```

4.2.2　生成随机数

有时候，我们需要生成随机数，这些随机数一般有不同的用途，例如用来评估模型的有效性，或者用于说明性的例子。R 语言提供了可以生成随机数的各种函数。

我们以正态分布为例来进行说明。使用命令 help(rnorm) 查看正态分布随机数生成函数的基本用法为：

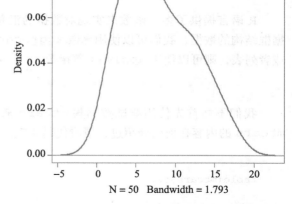

图 4-1　使用绘图函数 plot( ) 绘制密度图

```
rnorm(n, mean = 0, sd = 1)
```

其中，n 为所需要生成的随机数的个数，mean 为均值，默认为 0，sd 为标准差，默认为 1。

在下面的例子中（见代码 4-5），我们首先生成了 5 个标准整体分布的随机数，然后自定义了标准差和均值，最后，我们生成了 500 个随机数，并绘制了密度图（见图 4-2）来加以直观展示，读者可以与标准的正态分布图形相比较。

代码 4-5

```
rnorm(5)
[1] -0.4384506 -0.7202216  0.2309445 -1.1577295  0.2470760
rnorm(5,mean=10,sd=1.5)
[1]  9.667309 10.274362 10.625985 11.598103 11.455303
x<-rnorm(500,mean=10,sd=1.5)
plot(density(x))
```

如果要生成的随机数可重复使用，可以使用命令 set.seed()。如代码 4-6 所示，令 set.seed(101)，然后生成 3 个随机数，如果此时再运行命令 rnorm(3)，返回的结果与此前不一样。如果要生成的随机数与之前一样，则首先应运行命令 set.seed(101)，然后再执行命令 rnorm(3)。

代码 4-6

```
set.seed(101)
rnorm(3)
[1] -0.3260365  0.5524619 -0.6749438
rnorm(3)
[1] 0.2143595 0.3107692 1.1739663
set.seed(101)
rnorm(3)
[1] -0.3260365  0.5524619 -0.6749438
```

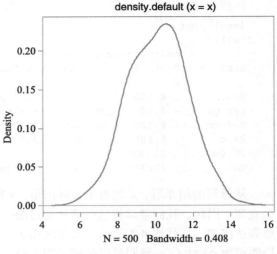

图 4-2　随机数的概率密度图

4.3　数据汇总

R 语言提供了多个函数来实现对数据的汇总分析。常用的函数如 table()。如果是数据框结构的数据，我们可以使用函数 aggregate() 和函数 by()；如果是更加复杂的数据或者列表，则可以使用 apply() 等函数。

4.3.1　用函数 table() 统计频数

我们不妨首先使用测试数据集 mtcars 来看一下 table() 函数的基本作用。数据集 mtcars 的内容在前面介绍过，请看代码 4-7。

代码 4-7

```
table(mtcars$cyl)

 4  6  8
11  7 14
```

变量 cyl 是不同型号汽车的气缸数量，在 mtcars 数据集中，一共有 32 款不同型号的汽车。从 table() 函数返回的结果中可以看出，拥有 4、6、8 个气缸的汽车分别为 11、7 和 14 辆。table() 的主要功能是统计观测值出现的频数。

使用命令 help(table) 查看其基本用法为：

```
table(..., exclude = if (useNA == "no") c(NA, NaN), useNA = c("no", "ifany",
"always"), dnn = list.names(...), deparse.level = 1)
```

其中，... 表示一个或多个能够被理解为因子的对象，因此适合于考察类别型变量的统计分布。请再看一个例子（见代码 4-8）。

代码 4-8

```
cyl<-mtcars$cyl
gear<-mtcars$gear
table(cyl,gear)
      gear
```

```
cyl      3     4     5
  4      1     8     2
  6      2     4     1
  8     12     0     2
```

在上面的代码中，我们首先创建两个变量 cyl 和 gear，分别代表汽车的气缸数量和挡位数量。使用函数 table() 返回的结果是两个变量的交叉频数情况。例如，4 气缸和 3 挡位的汽车只有一款车型。从结果中还可以看出，8 气缸、3 挡位的车型似乎最为常见。

有时候，我们还想知道 table() 函数返回的表格中每一行或者每一列的加总值或合计值。这可以通过函数 addmargins() 来实现。继续上面的例子，我们可以通过以下方式来操作，其中数字 1 表示添加 1 行，以统计各列的合计值，数字 2 表示添加一列，以统计各行的合计值（见代码 4-9）。

代码 4-9
```
t<-table(cyl,gear)
addmargins(t,c(1,2))
     gear
cyl      3     4     5   Sum
  4      1     8     2    11
  6      2     4     1     7
  8     12     0     2    14
Sum     15    12     5    32
```

我们可以将 table() 函数的输出结果转换成为一个数据框，如代码 4-10 所示。转换成为数据框后，会自动生成一个变量 Freq，即频数。

代码 4-10
```
as.data.frame(table(cyl,gear))
  cyl gear Freq
1   4    3    1
2   6    3    2
3   8    3   12
4   4    4    8
5   6    4    4
6   8    4    0
7   4    5    2
8   6    5    1
9   8    5    2
```

函数 table() 返回的是一个频数表，但是有时我们需要的是一个比例表，即每一种情况出现的次数在总数中的比例。这可以通过函数 prop.table() 来实现（见代码 4-11）。

代码 4-11
```
t<-table(cyl,gear)
prop.table(t,1)
     gear
cyl             3               4               5
  4    0.09090909      0.72727273      0.18181818
  6    0.28571429      0.57142857      0.14285714
  8    0.85714286      0.00000000      0.14285714
```

函数 prop.table() 接受的对象是一个 table，其中数字 1 表示在计算比例时，按照每一行加总值等于 1 的方式来进行，如果选择数字 2，则表示按照每一列加总值等于 1 的方式来进行。

4.3.2 用函数 `aggregate()` 计算分组统计概要

函数 `table()` 能够显示的统计信息太少，很多情况下，我们还想知道在分组情况下变量的其他统计信息，如中位数、分位数等信息。这时，我们可以使用 `aggregate()` 函数。该函数首先按照指定的分组变量将数据拆分成为若干子集，然后计算每个子集的统计概要，最后再把这些统计概要以一种合意的方式显示出来。使用命令 `help(aggregate)` 查看其针对数据框的基本用法为：

```
aggregate(x, by, FUN, ..., simplify = TRUE)
```

其中，`x` 为数据框，参数 `by` 用于指定分组变量，分组变量的长度必须与数据框 `x` 中的变量长度相同，`by` 必须是分组变量的列表。`FUN` 可以是所要计算的统计特征，如均值、分位数等，也可以是自己编写的任意函数。

继续使用 `mtcars` 数据集，我们来看如代码 4-12 所示的这个例子。

代码 4-12

```
aggregate(mtcars$wt,by=list(cyl,gear),mean)
    Group.1    Group.2         x
1        4         3    2.465000
2        6         3    3.337500
3        8         3    4.104083
4        4         4    2.378125
5        6         4    3.093750
6        4         5    1.826500
7        6         5    2.770000
8        8         5    3.370000
```

从结果中可以看到，我们使用分组变量 `cyl` 和 `gear` 来对变量 `wt` 计算其每个组的均值。`Group.1` 和 `Group.2` 分别表示第一个分组变量 `cyl` 和第二个分组变量 `gear`。`x` 为所计算的均值。然而，用 `Group.1` 和 `Group.2` 来表示分组变量显得有些不太方便，我们最好将分组变量的名称显示地放在返回的结果中。这可以按照下面的方式来操作，注意，代码 4-13 返回的结果是一样的。

代码 4-13

```
aggregate(mtcars$wt,by=mtcars[c("cyl","gear")],mean)
aggregate(mtcars$wt,by=list(cyl=mtcars$cyl,gear=mtcars$gear),mean)
    cyl     gear          x
1     4        3    2.465000
2     6        3    3.337500
3     8        3    4.104083
4     4        4    2.378125
5     6        4    3.093750
6     4        5    1.826500
7     6        5    2.770000
8     8        5    3.370000
```

我们也可以以表达式（formula）的形式来使用 `aggregate()` 函数。其基本用法如下：

```
aggregate(formula, data, FUN, ..., subset, na.action = na.omit)
```

其中，参数 formula 是形如 y~x 的表达式，y 是数值型变量，x 是分组变量（如因子变量或者可以被处理为因子的变量）。在表达式 y~x 中，符号 ~ 的左右两边均可以是多个变量，正如代码 4-14 所示。

代码 4-14

```
aggregate(cbind(wt,disp)~cyl+gear,data=mtcars,mean)
   cyl    gear         wt          disp
1    4       3   2.465000    120.1000
2    6       3   3.337500    241.5000
3    8       3   4.104083    357.6167
4    4       4   2.378125    102.6250
5    6       4   3.093750    163.8000
6    4       5   1.826500    107.7000
7    6       5   2.770000    145.0000
8    8       5   3.370000    326.0000
```

如果要一次同时返回多个统计量，则可以按照如代码 4-15 所示的方式操作。

代码 4-15

```
myfunction<-function(x){c(mean=mean(x),max=max(x),min=min(x))}
aggregate(mtcars$wt,by=list(cyl=mtcars$cyl,gear=mtcars$gear),myfunction)
   cyl    gear       x.mean        x.max        x.min
1    4       3     2.465000     2.465000     2.465000
2    6       3     3.337500     3.460000     3.215000
3    8       3     4.104083     5.424000     3.435000
4    4       4     2.378125     3.190000     1.615000
5    6       4     3.093750     3.440000     2.620000
6    4       5     1.826500     2.140000     1.513000
7    6       5     2.770000     2.770000     2.770000
8    8       5     3.370000     3.570000     3.170000
```

4.3.3　用函数 by() 计算分组统计概要

函数 by() 的作用与 aggregate() 函数相似，它通过分组变量将数据框分割，然后计算相应的统计函数。使用命令 help(by) 查看其基本用法为：

```
by(data, INDICES, FUN, ..., simplify = TRUE)
```

其中，参数 data 为所要计算的数据，INDICES 是分组变量，FUN 为所要计算的统计函数。一个简单的例子如代码 4-16 所示，其返回的结果与使用 aggregate() 函数时返回的结果并无实质上的差别。为了节省空间，我们略去了几行结果。

代码 4-16

```
by(mtcars$wt,mtcars[c("cyl","gear")],mean)
cyl: 4
gear: 3
[1] 2.465
-----------------------------------------------------------
cyl: 6
gear: 3
[1] 3.3375
```

```
------------------------------------------------------------
... ...
cyl: 6
gear: 5
[1] 2.77
------------------------------------------------------------
cyl: 8
gear: 5
[1] 3.37
```

4.3.4　使用函数 `apply()` 进行分组统计

`apply` 是 R 语言基础包中的一个重要函数，在数据处理和分析中会经常使用到。`apply` 的中文意思就是"应用"。函数 `apply` 的功能是：应用指定的函数（applying a function）到数组或矩阵的维度上，返回的结果是以向量、数组或者列表形式呈现的计算结果。

函数 `apply()` 是针对数组或矩阵的，根据所设定的方程返回数组或矩阵按照行或者列所计算的结果。如果是数据框，则强制转换为数组或矩阵。使用命令 `help(apply)` 查看其基本用法为：

```
apply(X, MARGIN, FUN, ...)
```

其中，X 是数组（包括矩阵）。MARGIN 以向量的方式来指定所应用的函数到数组或矩阵的哪一或哪些维度，例如，对于矩阵而言，1 就代表行，2 就代表列，c(1,2) 就代表行和列。如果对象 X 具有已命名的维度，可以使用维度名称来进行指示。FUN 就是所指定的函数，例如 `mean`、`sd`、`summary`、`sort` 等。

继续使用 `mtcars` 数据集（尽管不是数组或矩阵），我们给出一个简单的例子（见代码4-17）。

代码 4-17
```
X<-cbind(mtcars$wt,mtcars$disp,mtcars$hp,mtcars$mpg)
apply(X,2,mean)
[1]    3.21725 230.72188 146.68750   20.09062
```

在代码 4-17 中，我们首先将 `wt`、`disp`、`hp` 和 `mpg` 放在一起，组成新的矩阵 X。然后计算每一列的平均值。

4.3.5　使用函数 `tapply()` 进行分组统计

函数 `tapply()` 同样可以按照分组变量来返回指定统计量的计算结果。使用命令 `help(tapply)` 查看其基本用法为：

```
tapply(X, INDEX, FUN = NULL, ..., simplify = TRUE)
```

其中，X 为数据，INDEX 为分组变量（因子），FUN 为所设定的方程。这些变量的含义与此前介绍的函数基本相同，我们给出一个简单的例子（见代码4-18）。

代码 4-18
```
tapply(mtcars$wt,list(cyl=mtcars$cyl,gear=mtcars$gear),mean)
     gear
cyl               3         4         5
  4        2.465000   2.378125   1.8265
```

| 6 | 3.337500 | 3.093750 | 2.7700 |
| 8 | 4.104083 | NA | 3.3700 |

事实上，函数 by() 是函数 tapply() 针对数据框的专门形式。

其他类似的函数还有 lapply()、sapply()、mapply()，读者可以尝试利用各种数据集来查看这些函数的用途。

4.4　使用扩展包中的函数进行基本统计分析

对于数据的统计描述，R 语言提供了较多的工具，一些扩展包提供的函数也是非常有效的。在此，我们介绍其中的常用函数。

（1）在扩展包 Hmisc 中，函数 describe() 返回基本的统计特征信息。读者可以查看代码 4-19 的返回结果。

代码 4-19

```
library(Hmisc)
describe(mtcars[c("wt","mpg")])
```

（2）在扩展包 psych 中，函数 describe() 返回基本的统计特征信息，包括了峰度、偏度等。读者可以查看代码 4-20 的返回结果。

代码 4-20

```
library(psych)
describe(mtcars[c("wt","mpg")])
```

在扩展包 psych 中，函数 describe.by() 能够返回分组计算统计量的结果。

（3）使用扩展包 reshape2 中的相关函数，生成统计分析结果。

在第 2 章中，我们介绍了使用扩展包 reshape2 中的相关函数来重塑数据，而重塑以后的数据也可以非常轻松并且灵活地（自定义）用来计算分组统计量。

我们将使用到函数 melt() 和函数 dcast()。让我们对这两种函数的用法进行再次回顾。首先，我们使用命令 help(melt) 查看函数 melt() 的基本用法：

```
melt(data, ..., na.rm = FALSE, value.name = "value")
```

其中，参数 data 是所要融合的数据；... 为其他参数，包括 id.vars、measure.vars、variable.name 等，分别用于指定标识变量、所需融合的变量、融合后的新变量名称等；参数 value.name 用来指定融合后的数据的名称，默认值为 value。

函数 dcast() 的功能是重铸数据，使用命令 help(dcast) 查看其基本用法为：

```
dcast(data, formula, fun.aggregate = NULL, ..., margins = NULL, subset = NULL,
fill = NULL, drop = TRUE, value.var = guess_value(data))
```

其中，dcast() 返回的结果是数据框，data 是指所使用的数据，formula 是指重铸数据时的表达式，fun.aggregate 是指所设定方程，如均值 mean 等。

根据以上对函数的分析，我们来看一个例子（见代码 4-21）。

代码 4-21

```
moltendata<-melt(mtcars,measure.vars=c("wt","disp"),id.vars=c("cyl","gear"))
```

```
head(moltendata)
    cyl    gear    variable    value
1    6      4          wt      2.620
2    6      4          wt      2.875
3    4      4          wt      2.320
4    6      3          wt      3.215
5    8      3          wt      3.440
6    6      3          wt      3.460
dcast(moltendata,cyl+gear~variable,mean)
    cyl    gear         wt         disp
1    4      3      2.465000    120.1000
2    4      4      2.378125    102.6250
3    4      5      1.826500    107.7000
4    6      3      3.337500    241.5000
5    6      4      3.093750    163.8000
6    6      5      2.770000    145.0000
7    8      3      4.104083    357.6167
8    8      5      3.370000    326.0000
```

第5章

Chapter5

基 本 绘 图

5.1 R 语言的绘图功能简介

R 语言拥有非常强大的绘图功能。在 R 语言中也有多种方法来进行绘图，比较流行的工具包有 graphics、lattice 和 ggplot2 等。

R 语言提供了基础图形包 graphics，其中包含大量的绘图函数，能够非常便利地实现个性化的绘图。使用命令 help(package="graphics") 查看详细的帮助文件，使用者可以根据帮助文件提供的相关描述找到所要绘制图形的函数。此外，使用 demo(graphics) 可以观看到一些经典绘图的演示以及相应的代码。⊖

在 R 语言中，绘图函数有高级和低级之分。高级绘图函数会创建一个新的图形，低级绘图函数则在此基础上对图形进行修饰，如添加线条、文本、图例等，并且低级绘图函数必须在启动高级绘图函数之后方能使用。低级绘图函数因而也可以被视为辅助作图函数。此外，R 语言还提供了绘图参数命令。

我们经常使用的高级绘图函数包括二元数据图（plot、pairs、coplot、matplot）、饼图（pie）、盒状图或箱线图（boxplot）、直方图（hist）、条形图（barplot）、Q-Q 图（qqnorm）、三元数据图（contour、persp、image）、热图（heatmap）等。

在高级绘图函数中，plot() 函数被称为通用成对数据绘图函数（Generic X-Y Plotting）。我们对图形的分析也从该函数开始。使用命令 help(plot) 查看其基本用法为：

```
plot(x, y, ...)
```

其中，x 和 y 是所要绘制的成对数据，如 x 为身高，y 为体重。... 表示其他各种参数，例如，可以更改曲线的类型、添加标题等，效果如图 5-1 所示。

⊖ 这些代码提供了一个很好的作图参考。

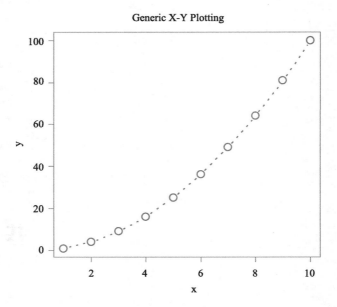

图 5-1　plot() 函数绘制的基本图形

绘制这张图的代码如 5-1 所示，除了 x 和 y 数据外，图中还添加了主标题（main）、自定义了绘图类型（type）、线型（lty）、绘图符号（pch）、符号大小（cex）、线宽（lwd）等参数。

代码 5-1

```
x<-1:10
y<-x^2
plot(x, y, main="Generic X-Y Plotting", type="b", lty=3,  pch=1, cex=2, lwd=3)
```

根据 R 语言自带数据集 women 中关于女性身高（英寸⊖）和体重（磅⊜）的 15 个样本数据，⊜用 plot() 函数，以不加其他任何参数的方式制作图形，输入如代码 5-2 所示的命令：

代码 5-2

```
women[1:5,]
  height weight
1     58    115
2     59    117
3     60    120
4     61    123
5     62    126
plot(women)
```

在基础图形上，我们可以通过向 plot() 函数添加各种常用的图形参数来修改图形，以此达到想要的效果，这在 R 语言中是非常方便操作的（见图 5-2）。

⊖　1 英寸 = 2.54 厘米。

⊜　1 磅 = 0.453 592 37 千克。

⊜　读者可以使用 help(women) 命令查看此数据集的详细说明，本书在正文中仅显示了该数据集的前 5 行记录。

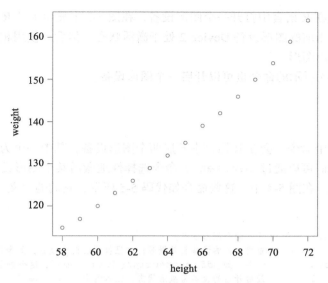

图 5-2　用 `plot()` 函数绘制女性的身高和体重

5.2　图形设备

R 语言可以通过各种绘图函数来绘制丰富多彩的图形。绘图函数会直接将图形结果输出到一个叫作图形或者绘图的"设备"（device）上。这里的设备不是指机器这样的硬件设置，而是指绘图的窗口或者文件。例如，你可以首先打开一个图形窗口，然后再进行绘图（见图 5-3），使用如代码 5-3 所示的命令。

代码 5-3

```
windows()
```

由此得出如图 5-3 所示的结果。

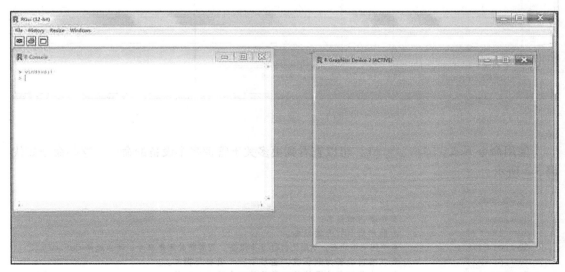

图 5-3　图形设备

这个命令可以在 R 语言中打开一个图形设备，在图 5-3 中显示为"R Graphics: Device 2 (ACTIVE)"，表明当前的图形设备 Device 2 处于激活状态。然后，使用相关绘图函数，就可以在这个设备中输出图形。

使用如代码 5-4 所示的命令也可以开启一个图形设备。

代码 5-4

```
x11()
```

同时使用这两个命令，会在 R 语言中开启两个图形设备，其中一个为激活状态，另一个则不是。对此，我们可以通过 dev.set() 命令选择性地激活某个图形设备，从而在这个被激活的设备上绘图。在图 5-4 中，这些命令如代码 5-5 所示，它们的含义分别是：

代码 5-5

```
windows(); x11()        # 开启两个图形设备。
dev.list()              # 查看打开的设备及其编号；这里仅开启两个设备，如果是多个不同类型的图形
windows windows            设备，如 pdf、postscript、jpeg、bmp 等，这个命令是非常有用的；注意，
      2         3          最后开启的设备为激活状态，在本例中是 Device 3。
plot(sin)               # 在处于激活状态的 Device 3 中绘制 sin 曲线图。
dev.set(2)              # 选择 Device 2 为激活设备。
windows
      2
plot(cos)               # 在 Device 3 中绘制 cos 曲线图。
```

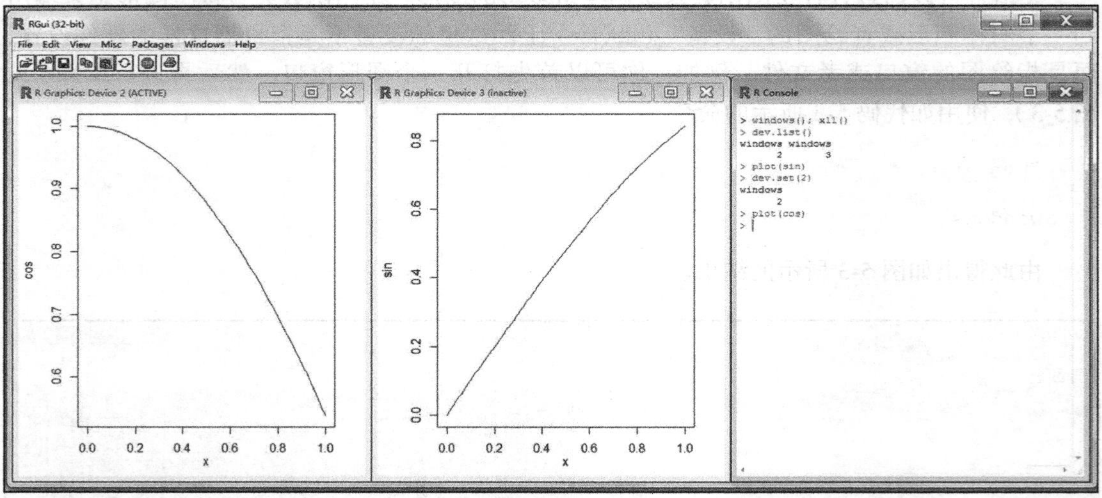

图 5-4　使用图形设备

使用命令 help(dev.cur)，可以查看到更多关于管理多个设备的命令。这些命令如代码 5-6 所示。

代码 5-6

```
dev.cur()               # 查看当前设备。
dev.list()              # 显示所有打开的设备。
dev.off()               # 关闭当前设备；如果已打开 3 个设备，而要想关闭第 2 个，可以选择 dev.off(2)。
dev.next()              # 以当前设备为默认值，显示下一个设备与编号。
dev.prev()              # 以当前设备为默认值，显示前一个设备与编号。
```

```
dev.new()              # 打开一个新设备。
graphics.off()         # 关闭所有图形设备。
```

此外，使用命令 help(device) 可以查看所有图形设备的列表（list of graphical devices）。

当绘图完成时，我们可能想把图形保存下来。R 语言提供了两种方式来保存图形：输入代码和使用图形界面。后者对初学者而言十分方便。

在 Windows 系统下，可以按照如下方式保存绘制完毕的图形：

（1）保持图形设备处于激活状态；

（2）在图形窗口中单击"File"，然后选择"Save as"，此时便可选择你需要保存的格式，如 pdf、jpeg 等。其他的图形类型有 Windows 图元文件、PNG 文件、BMP 文件、PostScript 文件等。

5.3 绘图区、图形区和边界

在一个图形设备中，区分绘图区（Plot Region）、图形区（Figure Region）、图形边界空白区（Margin）和图形外边界空白区（Outer Margin）是十分重要的。在后面分析图形参数时，还有更加详细的解释（见图 5-5）。

（1）环绕坐标轴的虚线框内的区域为绘图区，你所绘制的图形位于绘图区内；

（2）点画线包围的部分为图形区，包含绘图区；

（3）绘图区和图形区之间的空白部分即为图形边界的空白区域；

（4）在图形区之外由实线包围的区域为图形外边界的空白区。

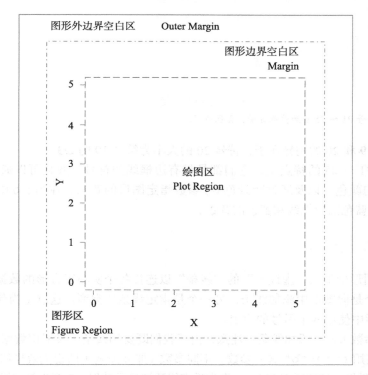

图 5-5　绘图区、图形区和边界

5.4 改变图形中的符号和线条

5.4.1 指定绘图时的符号

如果想要把上面女性的身高－体重图形中的数据点符号从空心圆圈更改为实心正方形，仅需添加 pch（plotting character 的缩写）参数，并选择符号相对应的数字 15，例如 pch=15。其他可选的符号如图 5-6 所示。使用命令 help(pch) 可以查询到更加详细的信息。

在这些符号中，需要注意的地方如下。

（1）对于符号 16 和 19，两者的差异在于，符号 19 是加边框的实心圆，而符号 16 仅是一个实心圆。因此，如果指定符号 16 和 19 的实心圆的大小相同（比如说都为 2.5，在 R 语言中的参数为 cex=2.5），那么对于符号 19 而言，当指定其边框线的宽度大于实心圆尺寸（比如线条宽度参数 lwd=5）时，符号 16 和 19 的差异就体现了出来，如图 5-6 最后一行所示。

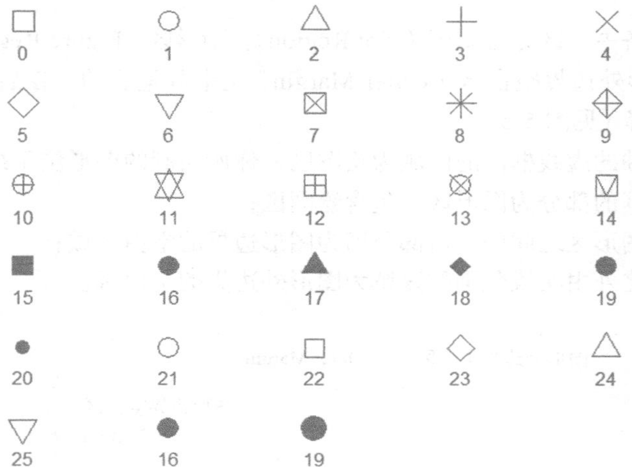

图 5-6 绘制数据点时的符号

注：原图中符号 21 ～ 25 应为黄色背景，蓝色边框。

（2）符号 19 和 20 的差异在于，符号 20 的大小为符号 19 的 2/3。

（3）符号 21 ～ 25 的特点是，它们都是带有边框线的符号，并且可以通过颜色 col 参数指定边框线的颜色，以及通过背景色 bg 参数指定图形的背景。在图 5-6 中，我们对符号 21 ～ 25 指定了蓝色的边框线和黄色的背景。

5.4.2 添加／改变线条

如果要在图形中加入"虚线型"的"线条"以连接各个实心正方形的数据点，需要使用两个参数，一个是向图形中添加线条，另一个是指定线条的类型。这就是为什么我们在本段文字的第一句话中使用两个引号的原因。

首先，用参数 type 添加线条。注意，由于我们既要用线条，又要用数据点符号来绘图，所以，在这里使用 type="b" 这一参数。不同参数（如 b、c 等）的视觉效果如图 5-7 及图 5-8 所示。其中，s 型和 S 型的区别在于，s 型为垂直线顶端显示数据，S 型为垂直线底端显示数据。

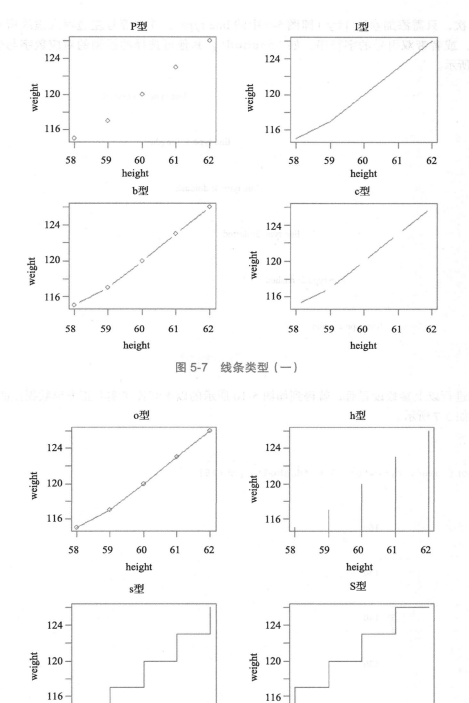

图 5-7　线条类型（一）

图 5-8　线条类型（二）

此外，如果不想绘制线条，例如你只想绘制坐标轴而不添加数据，选择 type="n" 即可。

　　其次，只需添加参数 `lty`（即图 5-9 中的 line type），并在等号左边写入虚线所对应的数字 2，或者带双引号的字符串，如 `"dashed"`。其他可选择的线型的对应数字与名称如图 5-9 所示。

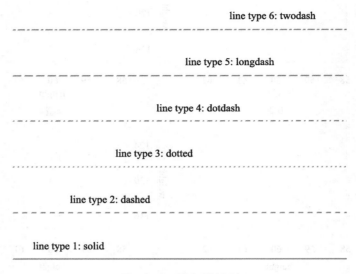

图 5-9　可选择的线型

　　在进行以上参数设置后，就得到如图 5-10 所示的以虚线连接实心正方形数据点的样式，其代码如 5-7 所示。

代码 5-7

```
plot(women, type="b", lty="dashed", pch=15)
```

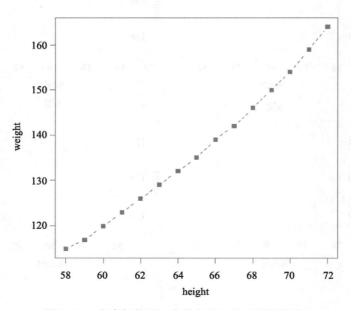

图 5-10　身高与体重：虚线与实心正方形数据点

5.5 添加图例

向图形中添加图例是经常用到的低级绘图函数。使用命令 help(legend) 查看其基本用法为：

```
legend(x, y = NULL, legend, fill = NULL, col = par("col"), border = "black", lty,
lwd, pch, angle = 45, density = NULL, bty = "o", bg = par("bg"), box.lwd = par("lwd"),
box.lty = par("lty"), box.col = par("fg"), pt.bg = NA, cex = 1, pt.cex = cex, pt.lwd =
lwd, xjust = 0, yjust = 1, x.intersp = 1, y.intersp = 1, adj = c(0, 0.5), text.width =
NULL, text.col = par("col"), text.font = NULL, merge = do.lines && has.pch, trace =
FALSE, plot = TRUE, ncol = 1, horiz = FALSE, title = NULL, inset = 0, xpd, title.col =
text.col, title.adj = 0.5, seg.len = 2)
```

尽管该函数看上去参数繁多，但使用起来比较方便。其中涉及的图形参数将在后面详细解释。在此，我们仅对其基本用法加以示例。

在 legend() 函数中，x 和 y 表示放置图例的坐标，legend 是所用使用的图例（见代码 5-8）。

代码 5-8
```
x <- seq(0, 2*pi, 0.1)
plot(x, sin(x), type="p", pch=20)
legend(x=5, y=0.5, legend="sin(x)",pch=20)
```

输出结果如图 5-11 所示。

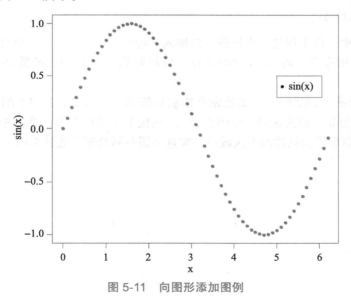

图 5-11　向图形添加图例

在此基础上，可以通过添加或改变图形参数而对图例进行进一步的设计，以达到更好的视觉效果。

5.6　图像分割函数 layout()

我们时常需要将多幅图形放在一起进行比较，如将两幅图形水平放置在一张图形中。这就涉及图形分割的问题。

函数 layout() 是实现图形分割的便利工具之一（通过 par() 函数中的相关参数设置也可以实现图形分割，详见对 par() 函数的解读）。使用命令 help(layout) 查看其基本用法为：

```
layout(mat, widths = rep.int(1, ncol(mat)), heights = rep.int(1, nrow(mat)),
respect = FALSE)
```

其中，参数 mat 是一个矩阵，用来设定在图形窗口（设备）中依照某一顺序来放置将要绘制的各幅图形。通过如代码 5-9 所示的例子，掌握 layout() 函数是非常方便的。

代码 5-9
```
mat <- matrix(1:4, 2, 2)
mat
     [,1] [,2]
[1,]    1    3
[2,]    2    4
x<-layout(mat)
x
[1] 4
layout.show(x)
y<-seq(0,2*pi,0.1)
plot(y,sin(y))
plot(y,cos(y))
plot(y,y^2)
plot(y,y^(1/2))
```

在上述命令中，首先创建一个矩阵，当输入 layout(mat) 后，R 语言就会开启一个新的图形设备。使用命令 layout.show(x)，可以看到 layout() 函数是如何分割图形设备的。

如图 5-12 所示，layout() 函数完全按照矩阵元素（1、2、3、4）的位置，将图形设备分割成为 4 个相等面积的区域（见图 5-12）。在接下来的四个绘图命令中，R 语言就将按照该顺序逐一将图形添加到这四个区域中，实现多图并列绘制（见图 5-13）。

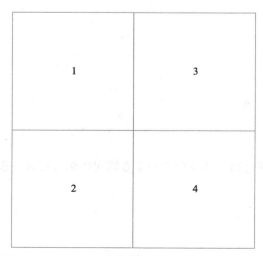

图 5-12　layout( ) 函数按照矩阵元素分割图形设备

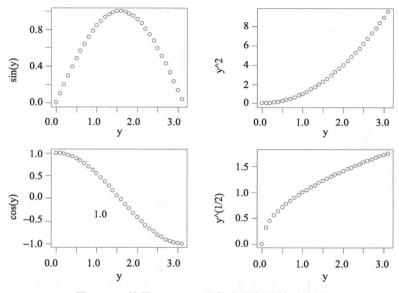

图 5-13　使用 layout( ) 函数实现多图并列绘制

layout( ) 函数还可以实现非对称的并列绘图功能，如代码 5-10 所示。

代码 5-10

```
mat <- matrix(c(1,1,2,3), 2, 2)
mat
     [,1] [,2]
[1,]    1    2
[2,]    1    3
layout(mat)
layout.show(3)
y<-seq(0,2*pi,0.1)
plot(y,sin(y))
plot(y,cos(y))
plot(y,y^2)
```

输出结果如图 5-14 所示。

layout( ) 还可以通过另一种方式来实现图形分割功能，即通过制定分割的宽度和高度，实现面积不等的图形分割，如代码 5-11 所示。

代码 5-11

```
mat<- matrix(1:4,2,2)
mat
     [,1] [,2]
[1,]    1    3
[2,]    2    4
x<-layout(mat, widths=c(1,2), heights=c(2,1))
x
[1] 4
layout.show(4)
```

如图 5-15 所示，从分割结果看，图形以在宽度上 1∶2 和在高度上 2∶1 的比例对图形设备进行分割。这种分割方式更加灵活，在实际应用中也比较常见。

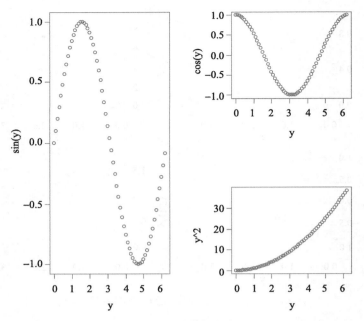

图 5-14　使用 layout( ) 函数实现非对称的并列图形绘制

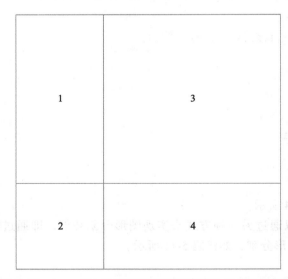

图 5-15　layout( ) 函数指定宽度和高度比例的图形分割

5.7　图形参数

在前面的例子中，我们已经展示了用 plot( ) 函数绘制图形的基本方法，这是一个非常简洁而有效率的命令。在 plot( ) 函数中，我们还看到了一些参数的用途。在后面的内容中，还有其他许多的绘图函数及其相应的参数。这些参数使得所绘制的图形符合我们的要求。由于对图形细节的要求非常多，例如改变图形中的字体和字体大小、自定义坐标轴的刻度、在同一图形设备中绘制多幅子图形等，读者可以料想到，R 语言中会有大量的参数用于对图形的修改。这个任务很大程度上可以由设定图形参数的 par() 函数来完成。

作为一个简单的例子，我们来看以下命令（见代码 5-12）。

代码 5-12

```
par("col")
[1] "black"
```

代码 5-12 表示，图形绘制色彩的默认值为黑色。当然，你可以通过改变参数的默认值来改变绘图颜色。基于这个例子，提醒读者在绘图时需要非常注意以下两点。

第一，每一幅图形都涉及大量的参数，如坐标轴、颜色、线型、边距等，如果在绘制图形时都需要使用者自己设定图形参数，这将是非常烦琐的工作。所以，在使用 R 语言进行绘图时，通常对图形参数设置了一整套的默认值，比如上面这个例子中的绘图颜色。一般来说，使用者都会接受这套默认值，对于不符合喜好的地方，可以进行个别参数的修改。正是因为如此，par() 函数包含了几十种绘图参数，它通过默认值的设置，节省了使用者的时间和精力。

第二，基于第一点，对 par() 函数中参数的修改产生的影响是全局性的。换句话说，如果改变绘图颜色为红色（通过命令 par(col="red")），就会影响到后续所有图形，除非使用者再次修改参数。因此，对于 par() 函数中全局性参数的修改，必须十分谨慎。在很多的绘图实践中，通常会选择在某个具体的绘图函数中修改绘图的局部参数。在后面的案例中，我们会看到如代码 5-13 所示的命令是十分有用的，在实践中也经常用到，尽管现在我们还不知道其具体含义。

代码 5-13

```
opar<-par(no.readonly=TRUE)
par(opar)
```

在接下来的内容中，我们首先将比较详细地解释各种图形参数的含义，然后结合实例，对一些常用的图形参数加以分析和展示。对读者而言，可以快速地阅读参数解释部分的内容，重点将是实例分析。

函数 par() 通过各种各样的参数来对图形进行修改，如坐标轴、颜色、字体、标题等。使用命令 help(par) 查看 par() 函数的用法。在 R 语言中，如果不加任何参数地执行命令 par()，将生成当前图形所有参数的列表。由于今后将经常用到这些参数，我们在此对这些图形参数逐一进行解释。不过在此之前，首先看一下 par() 函数的用法：

par(..., no.readonly=FALSE)

其中，... 表示各种参数，对于 no.readonly 的理解，需要结合以下内容。

5.7.1 par() 函数中的参数分类

在 par() 函数中，所有的参数可以分成以下三类。

第一类：只读参数，不能对其进行设置，只能发送请求命令，这些参数是：cin、cra、csi、cxy 和 din。只读参数用缩写 *R.O.* 表示。

第二类：只能通过 par() 函数进行调用的参数，包括：

```
"ask"
"fig", "fin"
"lheight"
```

```
"mai", "mar", "mex", "mfcol", "mfrow", "mfg"
"new"
"oma", "omd", "omi"
"pin", "plt", "ps", "pty"
"usr"
"xlog", "ylog"
"ylbias"
```

第三类：除上面两类之外，其余的参数都既可以在 par() 函数中使用，也可以在各种高级绘图函数（如 plot() 函数）中进行相应的设置或调整。

正如上面所述，不加任何参数地执行命令 par() 将生成当前图形所有参数的列表，而当执行命令 par(no.readonly=TRUE) 时，则返回所有可更改的参数列表。

5.7.2 par() 函数中的参数含义

在此介绍 par() 函数中主要参数的具体含义。读者可以先大致地浏览此处的内容，然后进入到下一部分，也可以先跳过此处的内容，在阅读后续内容遇到参数设置的相关问题时，再返回来了解相关参数的含义。

adj：对文字的对齐方式进行控制，adj=0 为左对齐，adj=0.5 为居中对齐，adj=1 为右对齐。默认值为 0.5。

ann：取逻辑值，默认值为 TRUE。ann 为 annotate 缩写，意为"给……做注解"。当 ann=FALSE 时，高级绘图函数会调用函数 plot.default，从而对坐标轴名称、图像名称不做任何注解。

ask：取逻辑值，默认值为 FALSE。当 ask=TRUE 时，R 语言会在绘制新的图形前暂停，直到用户确认绘制新图形为止。使用 par(ask=TRUE) 后，当你绘制新图形时，R 语言会提示以下信息，此时单击图形窗口，R 语言就会绘制下一个图形。

```
Waiting to confirm page change...
```

bg：指定绘图区的背景颜色，默认值为透明（transparent）。当通过函数 par() 调用背景参数时，另一参数 new 就被设定为 FALSE。使用函数 colors() 查看详细的颜色名称。尝试输入如 5-14 所示的代码。

代码 5-14

```
par(bg="skyblue")
plot(sin)
```

bty：控制图形边框的形状，取字符串，默认值为 "o"，当 bty="n" 时，则不绘制边框。其他边框可选类型为 "l" "7" "c" "u" "]"。尝试输入不同的 bty 参数值进行查看。

cex：控制绘图符号和文字的大小，默认值为 cex=1，cex 取大于或小于 1 的值表示放大若干倍或缩小为若干分之一。尝试用 par(cex=0.5)、par(cex=1.5) 进行比较。

cex.axis：控制坐标轴刻度数字的大小。

cex.lab：控制坐标轴标签文字的大小。

cex.main：控制标题文字的大小。

cex.sub：控制副标题文字的大小。

cin：cin 是一个只读参数（*R.O.*），不能修改，以英寸为单位，返回 width=0.15，height=0.20 的字体大小值。另一参数 cra 与其类似，但度量单位不同。

col：控制绘图的颜色。

col.axis：设定坐标轴刻度数字的颜色，默认为 black。

col.lab：设定坐标轴标签文字的颜色，默认为 black。

col.main：设置主标题文字的颜色，默认为 black。

col.sub：设置副标题文字的颜色，默认为 black。

cra：见 cin 的说明，默认值为 14.4 和 19.2，以像素度量。

crt：数值参数，默认值为 0，控制单个字符的旋转度数（character rotation），建议为 90° 的倍数。与 srt 不同的是，srt 可以控制整个字符串的旋转（string rotation）。需要注意的是，只有为数不多的图形设备支持该参数，postscript 可以支持该参数，但也不总是有效。

csi：csi 是只读参数（*R.O.*），返回默认的字符高度（英寸），参见 cin。

cxy：cxy 是只读参数（*R.O.*），按 (width,height) 返回默认的字符宽度和高度，par("cxy")=par("cin")/par("pin")，即以用户坐标轴单位（user coordinate units）进行标准化，参见 "pin"。

din：din 是只读参数（*R.O.*），按 (width, height) 返回默认的绘图设备的尺寸（英寸）。可以参见 dev.size() 函数，它将返回当前设备窗口调整后的尺寸。

family：字符的字体类型（字体族），默认值为 ""，表示使用绘图设备的默认字体。标准值分为有衬线（serif）、无衬线（sans）、等宽（mono）、符号字体（symbol）等，⊖ 另有 Hershey 字体族可供选择。

fg：默认值为 black，设置绘图的前景色（foreground），例如坐标轴刻度线、图形边框的颜色等。需要注意的是，如果使用例如 par(fg="red") 来设定前景色为红色，则后续添加的图形元素（如文本、线条等）也为红色，除非你对后续的图形元素另外指定颜色。

fig：数值型向量，形式为 c(x1, x2, y1, y2)，向量元素间必须满足 $x1 < x2$，$y1 < y2$。fig 控制当前绘图在图形设备中的所占区域。R 语言提供了对图形布局的多种方法，利用 fig 可以实现多图布局。fig 的参数采用了标准化设备坐标（normalized device coordinates，NDC）来定义图形的位置，简单地讲就是对应绘图区的比例值。其中，$x1$ 和 $y1$ 定义图形的起始位置，$x2$ 和 $y2$ 定义图形的结束位置。默认值为 (0, 1, 0, 1)，即一个图形设备上绘制一幅图形。当修改 fig 参数时，会自动开启新的绘图设备，当绘制多图时，即想要在原有图形设备中增加新的图形，需要与 new=TRUE 配合使用。参考如 5-15 所示代码，依次在图形设备的左下角和右上角绘制图形（见图 5-16）。

代码 5-15
```
par()$fig
[1] 0 1 0 1
par(fig=c(0,0.5,0,0.5))
plot(sin)
box("figure")
par(fig=c(0.5,1,0.5,1),new=TRUE)
```

⊖ 在西文字母体系中，衬线字体是指在字母笔画开始和结束的地方有额外的修饰，并且字母的笔画粗细有所不同。无衬线字体没有这些额外的修饰，并且字母的笔画粗细基本相同。

```
plot(cos)
box("figure")
box("outer")
```

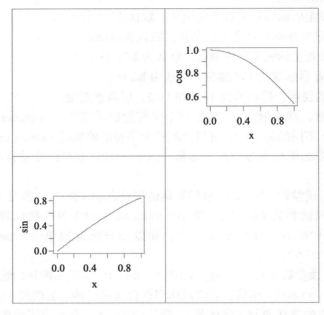

图 5-16　使用 `fig()` 函数实现多图布局

`fin`：`fin` 的功能与 `fig` 相似，度量单位为英寸，形式为 (width,height)。另参考 `din`，并比较以下结果（见代码 5-16）。

代码 5-16
```
par()$din
[1] 6.052082 6.041666
par()$fin
[1] 6.052082 6.041666
```

`font`：取整数，用于选择文本的字形，1 = 纯文本（plain text，默认），2 = 黑体（bold face），3 = 斜体（italic），4 = 黑色斜体（bold italic）。

`font.axis`：坐标轴刻度值的字体样式。

`font.lab`：坐标轴标签的字体样式。

`font.main`：主标题的字体样式。

`font.sub`：副标题的字体样式。

`lab`：数值型向量，形式为 c(x,y,len)，默认值为 c(5,5,7)。`lab` 参数用以控制 x 和 y 坐标轴刻度的数量（number of tickmarks），但这种控制是近似的，R 语言会根据数据做出调整。`len` 设置刻度线的长度，在 R 语言中尚未生效，尽管必须在使用 `lab` 参数时写上该参数，但指定任意值都不会产生影响。比较图 5-17 中不同参数设置对坐标轴刻度数量的影响。

`las`：控制坐标轴标签（刻度值）的方向，即坐标轴标签是否平行或垂直于坐标轴，取 0、1、2、3 中的一个值。0 = 总是平行于坐标轴（默认值），此时 x 轴和 y 轴的刻度值都平行于坐标轴放置。1 = 总是采用水平方向，此时 x 轴的刻度值采用水平方向放置，y 轴的刻度值也采用水平方向放置（实际上就是垂直于 y 轴）。2 = 总是垂直于坐标轴，此时 x 轴的刻度值垂直于 x 轴，y 轴的刻度值也垂直于 y 轴。3 = 总是竖直，此时 x 轴的刻度值垂直于 z 轴，y 轴的刻度值平行于坐标轴（从视觉效果上看，这实际上是垂直放置）。请仔细观察图 5-18 中坐标轴标签的变化。读者可根据自己的喜好挑选其中一种参数设置。las 参数也支持 mtext() 函数，在后面的内容中我们会对该函数进行详细分析。

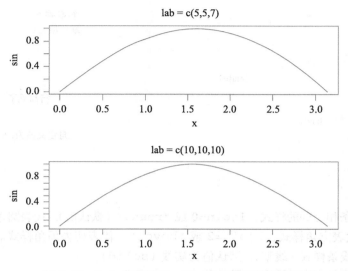

图 5-17 lab 参数控制 x 和 y 坐标轴刻度的数量

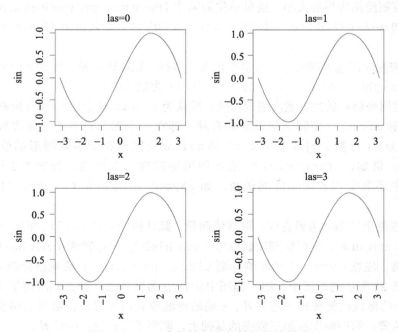

图 5-18 las 参数控制坐标轴标签的样式

lend：控制线条末端的端点样式，取整数或字符串，lend=0 或 "round"（默认值），表示端点样式为圆角；lend=1 或 "butt"，表示端点样式为截断；lend=2 或 "square"，表示末端延伸。注意观察图 5-19 中的差异，分别绘制三条线（灰色，加粗），黑色圆点表示线段的起点和终点，特别注意 lend=1 和 lend=2 之间的区别。

lheight：行高乘子，控制文本的行高，默认值为 1（见图 5-20）。

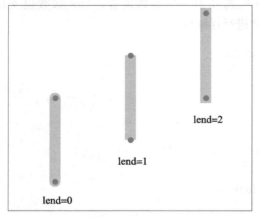

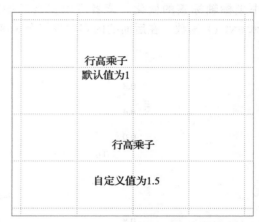

图 5-19　lend 参数控制线条末端的端点样式　　　图 5-20　lheight 参数控制文本的行高

ljoin：线条相交处的样式，ljoin=0 或 "round"（默认值），代表圆角样式；ljoin=1 或 "mitre"，代表方角样式；ljoin=2 或 "bevel"，代表切去顶角样式。

lty：控制线条样式（线型），默认值为实线（solid）。

lwd：控制线条宽度（线宽），默认值为 1。

mai：控制绘图边界的大小，度量单位为英寸（the margin size specified in inches），取数值向量，形如 mai=c(bottom, left, top, right)。默认值为 (1.02,0.82,0.82, 0.42)。

mar：控制绘图边界的大小，度量单位为文本行，取数值向量，形如 mar=c(bottom, left,top,right)。取 (5.1, 4.1, 4.1, 2.1) 为默认值。

mex：控制坐标轴的边界宽度缩放倍数；默认为 1。mex 对参数 mgp 有影响。

mfcol 和 mfrow：控制图像设备的布局，即在一个图形设备上绘制多幅图形。参数采取的形式为 c（行数，列数）。mfcol 和 mfrow 的区别在于多幅图形的绘图顺序是按列还是按行。例如，mfrow=c(2,2) 表示图形矩阵按行来创建，行数为 2 行，列数为 2 列。R 语言中还有实现相同功能的函数，如 layout 和 split.screen。另参考 fig 和 fin。

mgp：控制坐标轴的边界宽度，取数值向量，默认值为 c(3,1,0)，向量元素分别表示坐标轴标题（axis title）、坐标轴刻度线标签（axis labels）、坐标轴线（axis line）这三者距离绘图区的距离。注意：mgp[1] 会影响标题 title，mgp[2:3] 会影响坐标轴 axis。

在如图 5-21 所示的图形中，第一幅图中的 mgp 为默认值；第二幅图调整了坐标轴标题的位置，y 轴的标题已经弹出了边界外，x 轴的标题位置向下移动；第三幅调整了坐标轴刻度线标签的位置；第四幅图在第三幅图的基础上，调整了坐标轴线的位置。

new：取逻辑值，默认值为 FALSE。当 new=TRUE 时，新的高级绘图命令不会清空当前的绘图设备，所绘制的新的图形会被添加到原有图形上。添加这个参数在作图时非常有用处。

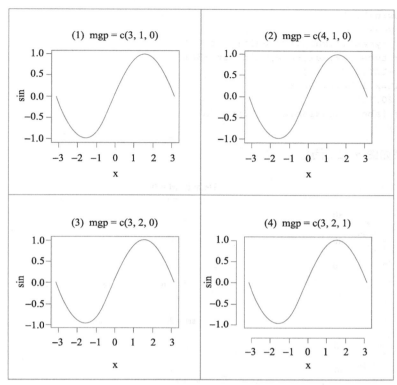

图 5-21　`mgp` 参数控制坐标轴的边界宽度

`oma`：数值向量，形式为 `c(bottom,left,top,right)`，控制外边界的宽度，度量单位采用文本行。另参见对参数 `mar` 的解释。在一页多图情况下，`oma` 容易与 `mar` 参数的效果相区分。

`omd`：数值向量，形式为 `c(x1,x2,y1,y2)`，默认值为 `c(0,1,0,1)`。`omd` 以标准化设备坐标给出以图形设备区（device region）某一比例度量的起始点坐标和终点坐标，从而确定图形区的位置。例如：`omd=c(0.1,1,0.2,1)` 表示，以设备区宽度的 10% 和高度的 20% 为起始点，以设备区宽度的 100% 和高度的 100% 为终点，确定图形区。

`omi`：参数效果与 `oma` 相同，但度量单位为英寸。

`pch`：绘图符号的形状。

`pin`：当前图形的宽度和高度，形式为 `c(width,height)`，度量单位为英寸。

`plt`：数值向量，形式为 `c(x1,x2,y1,y2)`，以坐标形式控制绘图区的大小，向量元素为当前图形区的比例值。

`pty`：字符型参数，控制绘图区的类型，`"s"` 代表正方形区域，`"m"` 代表生成最大的绘图区。

`srt`：控制字符串旋转的角度（当然也可以控制单个字符），仅支持函数 `text`。另参考对 `crt` 的解释。

请看下面的例子，我们对 x 轴的坐标轴标签进行旋转处理（见代码 5-17）。

代码 5-17

```
opar<-par(no.readonly=TRUE)
```

```
par(mfrow=c(2,1))
x<-1:10;y<-x^2
plot(x,y,type="l",main="Default: srt=0")
plot(x,y,type=»l»,xaxt=»n»,main=»srt=30»)
newxlab<-LETTERS[1:10]
axis(1,at=x,labels=FALSE)
z<-rep(-20,10)
text(x,z,labels=newxlab,srt=30,xpd=NA)
par(opar)
```

输出结果如图 5-22 所示。

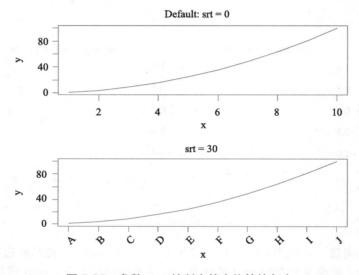

图 5-22　参数 str 控制字符串旋转的角度

tck：控制刻度线（tick marks）的长度，取绘图区宽或高的较小值的比例值。正值（取 0 到 1 之间）表示向绘图区内部画刻度线，负值表示向外部画刻度线。如果 tck=1，则实际上绘制了网格线。默认值为 NA，即不使用该参数，而实际使用 tcl 参数，相当于 tcl=-0.5。

tcl：控制刻度线的长度，取文本行高的比例值。正值表示向绘图区内部画刻度线，负值则相反。默认值为 tcl=-0.5，即向外部绘制文本行高一半的刻度线。

usr：数值向量，形式为 c(x1,x2,y1,y2)，表示绘图区内 x 轴的左右极限值和 y 轴的上下极限值。如果使用对数刻度，如 xlog=TRUE，则 x 轴的极限是 10 的相应幂次，即 10^par("usr")[1:2]，这对 y 轴也一样。

xaxp：形式为 c(x1,x2,n) 的向量，表示当 xlog=FALSE 时，x 轴的刻度线区间（最小值 x1 和最大值 x2）以及子区间的个数（n）。如果 xlog=TRUE，情况将变得复杂。

xaxs：x 轴的区间计算方式，可能的取值范围是 "r""i""e""s""d"。一般来讲，如果指定 xlim 的值，则计算方式将由 xlim 的取值范围决定。"r"（regular）首先对数值范围向两端各扩展 4%，然后在所扩展的数值区间中确定坐标值；"i"（internal）直接在原始的数据范围中设置坐标值；其他三个在 R 语言中目前还不支持。

xlog：取逻辑值，默认值为 FALSE。当 xlog=TRUE 时，表示 x 轴正在使用对数坐标轴，如代码 5-18 所示。

代码 5-18
```
plot(sin,pi,4*pi,log="x")
par()$xlog
[1] TRUE
```

yaxp：同 xaxp 类似。

yaxs：同 xaxs 类似。

一个对 xaxp、xaxs 与 yaxp、yaxs 的综合应用如代码 5-19 所示。

代码 5-19
```
par(mfrow=c(2,1))
plot(1:5,main="xaxs=\"r\",yaxs=\"r\"",xlim=c(0,6),ylim=c(0,6))
plot(1:5,main="xaxs=\"i\",yaxs=\"i\"",xaxs="i",yaxs="i",xlim=c(0,6),ylim=c(0,6))
```

输出结果如图 5-23 所示。

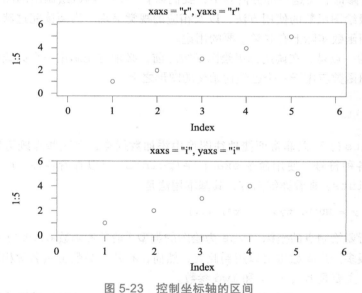

图 5-23　控制坐标轴的区间

xaxt：坐标轴样式，默认值为 s，即标准样式，当 xaxt="n" 时，表示不绘制坐标轴。

xpd：取逻辑值或 NA，如果 xpd=FALSE（默认值），所做的图形将被限制在绘图区内，出界部分被截去；如果 xpd=TRUE，所做的图形将被限制在图形区内，出界部分被截去；如果为 NA，图形将被限制在设备区（device region）内。

yaxt：参见 xaxt。

ylog：同 xlog 类似。

熟悉以上这些参数的含义，对于今后的绘图操作是非常有帮助的。同时，在进行绘图时，我们会经常利用 par() 函数的一个使用技巧。对于 par() 函数而言，如果你设置了一个参数值（当然，与默认值不同），则这种对图形参数的改变将一直有效，它不仅影响当前的图形，也会影响今后所绘制的图形。但是，很多时候你只是想把某个变更的参数值应用到某一幅特定的图形上，而不影响到下一幅图形。这时应该怎么办？请看代码 5-20。

代码 5-20

```
opar<-par(no.readonly=TRUE)
plot(sin,col="red")
par(opar)
plot(cos)
```

首先，将 par() 函数中所有可修改的（默认）参数赋值给 opar，然后，绘制 sin() 函数，但将线条的黑色默认色更改为红色。接着，我们想绘制 cos() 函数，但是需要线条使用默认的黑色，此时 par(opar) 命令将绘图的所有参数还原到系统默认的参数值。这种方式在绘图时经常被使用。

5.8 常用的低级绘图函数

在使用 plot() 等高级绘图函数绘制出一些图形后，我们通常还需要对图形加以注释（annotate）或者修饰。在这一部分内容中，我们以 plot() 函数绘制出的图形为基础，介绍一些常用的低级绘图函数的使用方法，以及相应的视觉呈现。当阅读完这部分内容后，你会发现，低级绘图函数实际上有非常重要的用途。

需要注意的一点是，在调用低级绘图函数之前，必须首先调用一个高级绘图函数，换句话说，低级绘图函数应用于一个已经初始化的图形之上。

5.8.1 用 points() 函数向图形中添加数据点

函数 points() 可以非常便捷地往图形中添加数据点，而这些点既可以连成线，也可以是自定义的各种符号。使用命令 example(points) 可以查看各种"点"的类型。使用命令 help(points) 查看详细内容，其基本用法是：

points(x, y = NULL, type = "p", ...)

x 和 y 是所要绘制点的坐标，type 为绘图的类型（请参考函数 plot() 中的相关参数）。此前解释过的很多图形参数也可以用到此处，然而，有几个参数虽然名称相同，但实际效果却有一些差异，主要是 bg、col 和 lwd 参数。

接下来看 points() 函数的实际用法，由于 points() 函数是低级绘图函数，所以应当先启动一个新图形（见代码 5-21）。

代码 5-21

```
par(mfrow=c(2,2))
plot(1:10,type="n")
x<-c(1,3,5,7,9)
y<-c(2,4,6,8,10)
points(x,y,type="b",pch=3)
plot(1:10,type="n")
points(x,y,pch="@")
plot(1:10,type="n")
points(c(4,6,8),c(5,5,5),pch=21,cex=5,bg="yellow",lwd=3)
plot(1:10,type="n")
points(c(4,6,8),c(5,5,5),pch=c(21,22,23),col=c("red","black","green"),cex=5,bg
="yellow",lwd=3)
```

输出结果如图 5-24 所示。

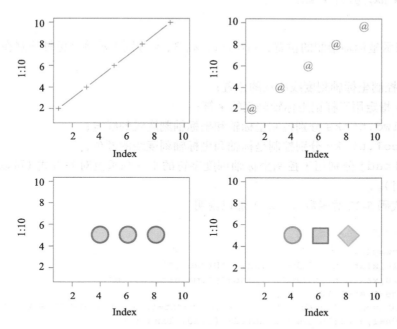

图 5-24　用 points() 函数绘制不同类型的数据点

注：请见文前彩插。

在图 5-24 中，左上角的第一幅图形在指定的坐标中绘制了数据点，点的类型 pch=3 为十字形，并且采用了点连线。

在右上角的第二幅图形中，pch="@"，即使用文本符号来刻画数据点。

在左下角的第三幅图形中，pch=21，即使用带边框的空心圆，而且，这个空心圆是可以填充颜色，其边框可以加粗。bg="yellow" 指定了空心圆的背景色（填充色）为黄色，lwd=3 指定了空心圆边框的粗细，cex=5 对符号进行了放大处理。与 par() 函数中的 bg 和 lwd 不同，points() 函数中的这两个参数对绘图符号有效。

在右下角的第四幅图形中，对不同的数据点使用了不同的符号，pch=c(21,22,23) 分别使用了空心圆、空心正方形和空心菱形，其填充颜色为黄色，其边框颜色为 col=c("red","black","green")。col 参数在这里是对符号边框有效，与 par() 函数中的 col 参数也有差异。在第四幅图形中，值得关注的地方是，我们可以对不同的数据点使用不同的符号，这在统计作图中是非常有用的，例如，根据数据的不同组别，使用不同的符号，这样既能看出全部数据的特征，也能看出每个组别中数据的特征。

5.8.2　用 axis() 函数绘制坐标轴

用 plot() 等高级绘图函数绘图时会自动生成坐标轴，但是，自动绘制的坐标轴可能并不是我们所想要得到效果。此时，通过 axis() 函数，可以绘制自定义的坐标轴。使用命令 help(axis) 查看其基本用法为：

```
axis(side, at = NULL, labels = TRUE, tick = TRUE, line = NA, pos = NA, outer =
```

```
FALSE, font = NA, lty = "solid", lwd = 1, lwd.ticks = lwd, col = NULL, col.ticks =
NULL, hadj = NA, padj = NA, ...)
```

其中，

side 表示坐标轴绘制的位置，side=1、2、3、4 分别表示将坐标轴绘制在下、左、上、右的位置；

at 用以控制坐标轴刻度线所在的位置；

labels 指定用于标记坐标轴刻度的字符；

lwd 和 lwd.ticks 分别控制坐标轴和坐标轴刻度线的线宽；

col 和 col.ticks 分别控制坐标轴和坐标轴刻度线的颜色；

hadj 和 padj 分别用于控制坐标轴刻度字符的水平和垂直对齐方式（可以参考 par() 函数中的 adj）。

可以用代码 5-22 对函数 axis() 加以说明。

代码 5-22

```
par(mfrow=c(2,2))
plot(1:10,xlab="x",ylab="y",main="Default")
plot(1:10,xaxt="n",xlab="x",ylab="y",main="at=1:10")
axis(side=1,at=1:10)
plot(1:10,xaxt="n",xlab="x",ylab="y",main="at=1:10,labels=LETTERS[1:10], \nline=1")
axis(side=1,at=1:10,labels=LETTERS[1:10],line=1)
plot(1:10,xaxt="n",xlab="x",ylab="y",main="at=1:10,labels=LETTERS[1:10], \nline=1, hadj=0, font=3")
axis(side=1,at=1:10,labels=LETTERS[1:10],line=1,hadj=0,font=3)
```

输出结果如图 5-25 所示。

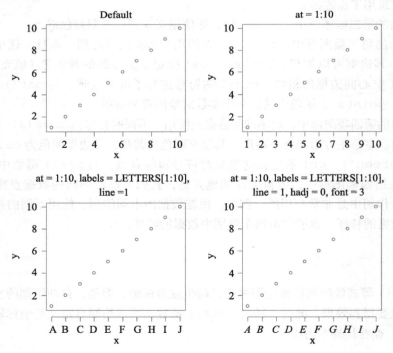

图 5-25　使用 **axis()** 函数绘制坐标轴

在图形 5-25 中，左上角的第一幅图形按默认方式绘制。在右上角的第二幅图形中，先不绘制 x 轴（用参数 xaxt="n" 控制），然后再通过 axis() 函数自定义 x 轴，坐标轴刻度线在 1:10 位置上标注。在左下角的第三幅图形中，标记坐标轴刻度的字符为 A:J 的英文大写字母，同时将 x 轴向下移动一行（用参数 line=1 控制）。在右下角的第四幅图形则在第三幅图形基础上，进一步控制了坐标轴刻度字符的水平对齐位置为左对齐，并控制字体为斜体。

对于其他位置上的坐标轴，可以通过相似的办法来进行调整。

□案例分析

在实际应用中，鉴于数据的特点，有时候会遇到需要绘制两条 y 轴的情况。请看下面这个例子。假设 SP 和 SQ 两只股票在 1996 ～ 2010 年的年平均价格数据（命名为 Stock）如表 5-1 所示。

表 5-1　股票 SP 和 SQ 的价格数据

Year	SP	SQ
1996	428.37	13.60
1997	412.20	14.76
1998	431.76	14.55
1999	434.12	14.71
2000	439.46	15.40
2001	434.50	15.11
2002	424.00	15.46
2003	400.30	15.90
2004	418.53	16.30
2005	410.70	16.10
2006	386.50	15.60
2007	404.81	16.10
2008	405.68	16.18
2009	411.90	16.04
2010	420.09	16.30

从这些数据中我们不难发现，由于价格差距太大，如果将它们绘制在一张简单的图形中，SQ 股票的价格变动情况将趋近于一条直线，很难观察它的实际变动幅度。用简单的方法绘制 SP 和 SQ 股票价格走势（见代码 5-23），输出结果如图 5-26 所示。

代码 5-23

```
plot(stock$year, stock$SP, type="b", pch=2, col="black", ylim=c(0,500),
xlab="Year", ylab="Stock Prices", main="Stock Prices: SP vs SQ")
    points(stock$year, stock$SQ, type="b", pch=16, col="red")
    legend(1998, 100, c("SP", "SQ"), col=c("black", "red"), text.col=c("black",
"red"), pch=c(2,16))
```

解决以上问题的方法是绘制左右两个不同刻度的 y 轴，从而可以进行直观比较。基本步骤如下。

（1）绘制 SP 股票的价格图（见代码 5-24）。

代码 5-24

```
plot(stock$Year, stock$SP, type="b", pch=2, col="black", ylim=c(0,1.2*max(stock$SP)),
xlab="Year", ylab="Stock Prices", main="Stock Prices: SP vs SQ")
```

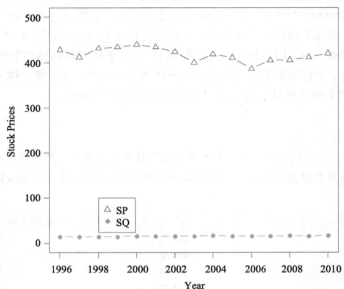

图 5-26　用简单的方法绘制 SP 和 SQ 股票价格走势

注：依照代码 5-23，图中 SQ 线应为红色。

Y 轴的刻度取值在 0 到股票 SP 最大值的 1.2 倍的区间范围里，[⊖] R 语言将自动进行调整。

（2）使用 par(new=T) 命令，告诉 R 语言在第一张图形上进行覆盖（见代码 5-25）。

代码 5-25

```
par(new=T)
```

（3）绘制 SQ 股票的价格图，但是不更改坐标轴（见代码 5-26）。

代码 5-26

```
plot(stock$Year, stock$SQ, type="b", pch=16, col="red", ylim=c(0, 1.2*max(stock$SQ)),
axes=F, xlab="", ylab="")
```

参数 axes=F 告诉 R 语言不要绘制坐标轴，同时，xlab="" 和 ylab="" 告诉 R 语言不要添加坐标轴的标题（title for the x axis）。股票 SQ 的 y 轴的刻度取值在 0 到股票 SQ 最大值的 1.2 倍的区间范围里，[⊖] R 语言将自动进行调整。

（4）创建一个新的 y 轴（见代码 5-27）。

代码 5-27

```
axis(4, pretty(c(0, 1.2*max(stock$SQ))), col='red', lwd=2.5)
```

（5）增加图例（见代码 5-28）。

代码 5-28

```
legend(1998, 5, c("SP", "SQ"), col=c("black", "red"), text.col=c("black", "red"),
pch=c(2,16))
```

⊖　1.2*max(stock$SP)=527.352。

⊖　1.2*max(stock$SQ)=19.56。

注意，由于新建的坐标轴是右侧的 y 轴，所以图例的定位需要根据 x 轴和右边的 y 轴坐标来确定。

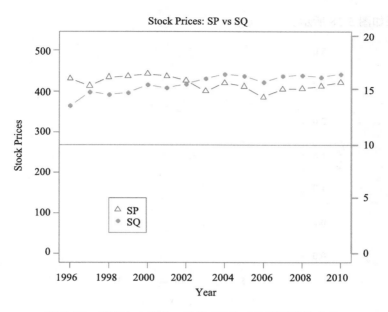

图 5-27　拥有左右两个 y 轴的 SP 和 SQ 股票价格走势

注：依照代码 5-28，图中 SQ 线应为红色。

这样，比起前面一张图形，这里股票 **SQ** 的真实波动情况更加直观，我们就可以在同一张图形中比较两只股票的价格变动情况。

然而，在图中 5-27 仍旧存在一个问题，即左右两个 y 轴中的坐标轴标签是不对称的，我们绘制了一条以左边 y 轴价格等于 10 时的水平线，以此作为直观解释。如何实现两个 y 轴的坐标轴标签对称呢？

5.8.3　用 grid() 函数向图形中添加网格线

在绘图时，添加一些网格线可以帮助我们确定图中数据点的大致数值，让阅读图形更加有效。使用命令 help(grid) 查看 grid() 的帮助文件，其基本用法为：

```
grid(nx = NULL, ny = nx, col = "lightgray", lty = "dotted", lwd = par("lwd"),
equilogs = TRUE)
```

其中，nx 和 ny 分别是添加到图形中的垂直和水平方向的网格线数量。

在实际绘制图形时，可以先用高级绘图函数如 plot() 函数初始化图形框架，但不绘制任何图形，即选择参数 type="n"，然后调用函数 grid() 绘制网格，再调用低级绘图函数添加数据点或数据线。这样操作的目的是能够让所绘制的数据覆盖在网格线上，以增强视觉效果。一个简单的例子如代码 5-29 所示。

代码 5-29

```
x<-1:20
```

```
plot(x,x^(1/3),type="n",ylim=c(0,3))
grid(4,4)
points(x^(1/3),type="b", pch=16, col="red")
```

输出结果如图 5-28 所示。

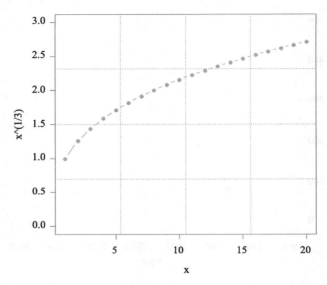

图 5-28 使用函数 grid() 绘制网格线

注：依照代码 5-29，图中曲线应为红色。

5.8.4 用 rect() 函数绘制矩形

有时候，我们需要在已经绘制的图形中添加一个或多个矩形，以突出某些数据的重要性或特殊性。例如，在表示股价异常波动的区域，使用矩形框加以突出显示。当然，矩形框的作用不止于此。使用命令 help(rect) 查看 rect() 函数的详细内容，其基本用法为：

rect(xleft, ybottom, xright, ytop, density = NULL, angle = 45,col = NA, border = NULL, lty = par("lty"), lwd = par("lwd"),...)

其中，参数 xleft、ybottom、xright、ytop 分别表示所绘制的一个或多个矩形的四个顶点的坐标位置，注意这里的先后次序为：x 左、y 下、x 右，y 上。首先看下面的例子，我们使用了 R 语言中的数据集 longley，其中包含失业的数据，如代码 5-30 所示。

代码 5-30

```
attach(longley)
plot(Year,Unemployed,type="n",xaxt="n")
axis(side=1,at=Year)
par("usr")
[1] 1946.400 1962.600  175.256  492.344
rect(1949,175,1953,492,col="gray",border=NA)
points(Year,Unemployed,type="l",lwd=2)
detach(longley)
```

从失业数据中我们发现，1949 ～ 1953 年，失业人数出现大幅度的下降，这从一个侧面反映出经济形式与此前相比出现好转。为了在图形中突出显示这一时期的重要性，添加了如

图 5-29 所示的矩阵框。

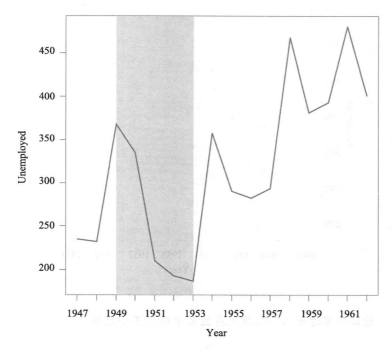

图 5-29 添加矩形框以突出显示一部分数据的重要性

在代码 5-30 中，在开启一个图形设备后，我们首先重新绘制了横坐标。然后，`par("usr")` 返回了当前绘图区四条边的极限值，分别是 "xleft=1946.400" "xright=1962.600" "y bottom=175.256" "ytop=492.344"。接着根据这组参数绘制矩形框，注意 `rect()` 函数中矩形的四个顶点的坐标位置的出现次序。我们使用灰色填充无边框矩形。最后，再将数据通过 `points()` 函数绘制出来。

函数 `rect()` 的另一个重要作用是为绘图区添加背景颜色。例如，我们想要在绘图区和图形区使用不同的背景颜色，以达到美观的效果。在 `par()` 函数中，我们曾经介绍过 `bg` 参数，使用该参数会改变整个绘图设备的背景颜色，而不是单单改变绘图区的背景颜色。有读者可能会想到在 `plot()` 函数中使用 `bg` 参数，但是在 `plot()` 函数中，`bg` 参数具有不同于其在 `par()` 函数中的含义，现在它指的是绘图符号中使用到的背景色（见对 `plot()` 函数的介绍）。那么，如何改变绘图区的背景颜色呢？在 R 语言中，需要用到"笨"办法，稍微耗费一些时间（见代码 5-31）。

代码 5-31

```
attach(longley)
plot(Year,Unemployed,type="n",xaxt="n")
axis(side=1,at=Year)
r<-par("usr")
rect(r[1],r[3],r[2],r[4],col="gray90")
points(Year,Unemployed,type="l",lwd=2)
box("figure")
detach(longley)
```

输出结果如图 5-30 所示。

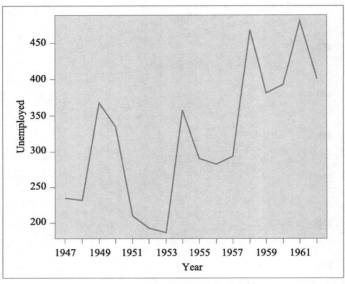

图 5-30　改变绘图区的背景颜色

作为练习，请读者思考如何一次性地在图形中绘制多个矩形。

5.8.5　用 polygon() 函数添加多边形

函数 polygon() 实现了向图形中添加不规则的多边形的功能。使用命令 help(polygon) 查看其基本用法为：

```
polygon(x, y = NULL, density = NULL, angle = 45, border = NULL, col = NA, lty =
par("lty"), ..., fillOddEven = FALSE)
```

其中，

x 和 y 是多边形顶点坐标的向量。

density 控制阴影线的密度，为每英寸线条数量。默认值为 NULL，即不绘制阴影线。如果要对多边形填充颜色，density 只能为负数、NA 或 NULL。

angle 控制阴影线的倾斜度，默认值为 45°。col 控制多边形的填充颜色。如果 density 为正数，则 col 控制了阴影线的颜色。border 控制边框颜色，当 border=NA 时不绘制边框。fillOddEven 为逻辑值，默认值取 FALSE，控制多边形的阴影模式。

在绘制多边形时，需要注意的一项规则是，多边形的线条是按照横坐标延展的，这与手工绘制多边形时的情况相似。几个简单的图形例子如代码 5-32 所示。

代码 5-32

```
plot(1:10,type="n",ann=FALSE)
grid()
x1<-c(2,4,3)
y1<-c(2,2,4)
polygon(x1,y1,col="gray",lwd=2)

x2<-c(6,10,10,6)
y2<-c(2,2,4,4)
```

```
polygon(x2,y2,density=5,col="gray",lwd=2,border="black")

x3<-seq(1,4,0.5)
y3<-c(6,10,6,10,6,10,6)
polygon(x3,y3,density=10,col="gray",angle=c(45,-45),border="black",lwd=2,lty=c(1,2))

x4<-seq(6,9,0.5)
y4<-c(6,10,6,NA,6,10,6)
polygon(x4,y4,density=10,col="gray",angle=c(45,-45),border="black",lwd=2,lty=c(1,2))
```

输出结果如图 5-31 所示。

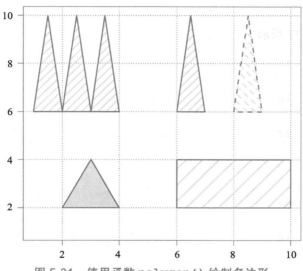

图 5-31　使用函数 polygon() 绘制多边形

在图 5-31 中，左下角的第一幅图形使用灰色填充了三角形内部。右下角的第二幅图形控制了矩形内部阴影线的密度和倾斜度，并使用了黑色边框。

绘制左上角和右上角这两幅图形主要是用于比较在坐标中出现缺失值时的情况。在左上角的图形中，多边形总共有 7 个顶点。相对应地，在右上角的图形中，由于 y 轴坐标缺失一个，所以 polygon() 函数少绘制了一个三角形。

这是 polygon() 函数的一个重要特点。当缺失值出现时，polygon() 函数就会以有缺失值的那组坐标为分割点，将一个多边形切割成不同的区域。

在这个例子中，假设我们要绘制如右上角的图形（两个三角形），我们就不需要使用两次 polygon() 函数，而只需要使用一次，这是通过有意地设置缺失值来实现的。

请注意上面的代码，在绘制右上角的三角形图形时，polygon() 函数使用了循环规则，如对角度、线型的控制。

通过 polygon() 函数与其他函数的配合，我们还可以实现更多的绘图功能。请看下面这个例子（见代码 5 -33）。

在图 5-32 中，对于 y 值大于 0 以上的多边形部分，我们用灰色进行填充。这里配合使用了 rect() 函数。基本方法是：首先根据坐标绘制多边形，并进行灰色填充；然后使用 rect() 函数，填充白色，对 y 值小于 0 的部分进行遮挡；最后使用 lines() 函数再一次绘制曲线。在图形中，我们还添加了数据点、网格线和水平线。

代码 5-33

```
set.seed(400)
y<-c(0,rnorm(20),0)
x<-0:21
plot(x,y,type="n")
polygon(x,y,col="gray")
z<-par("usr")
rect(z[1],z[3],z[2],0,col="white")
lines(x,y)
points(x,y,pch=16)
grid()
abline(h=0)
```

输出结果如图 5-32 所示。

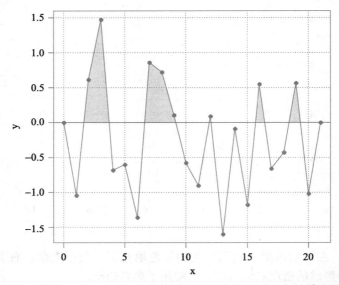

图 5-32　函数 polygon() 与其他函数配合使用实现选择性填充图形

polygon() 函数的另一个重要用途是可以在密度图上添加阴影区域。这一功能与 rect() 函数相似，但是要更加灵活。请看下面的例子，如代码 5-34 所示。

代码 5-34

```
x<-seq(-5,5,by=0.005)
y<-dnorm(x,0,1.75)
plot(x,y,type="n",ylim=c(0,0.25),ylab="Density",main="Normal Distribution
(mean=0, sd=1.75)")
region.x<-x[x<=-2]
region.y<-y[x<=-2]
polygon.x<-c(region.x[1],region.x,tail(region.x,1))
polygon.y<-c(0,region.y,0)
polygon(polygon.x,polygon.y,col="red",border=NA)
lines(x,y,lwd=3)
abline(h=0)
```

在代码 5-34 中，region.x 和 region.y 用来确定我们所要绘制阴影部分的取值范围。polygon.x 和 polygon.y 用来确定多边形的边界。

输出结果如图 5-33 所示。

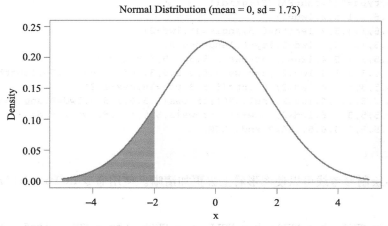

图 5-33 函数 polygon() 绘制密度图的阴影区

注：依照代码 5-34，原图中阴影部分应为红色。

5.8.6 用 arrows() 函数绘制箭头

在图形中添加箭头也有助于丰富图形所要表达的信息。使用命令 help(arrows) 查看其基本用法为：

```
arrows(x0, y0, x1 = x0, y1 = y0, length = 0.25, angle = 30, code = 2, col = par
(«fg»), lty = par(«lty»), lwd = par("lwd"), ...)
```

其中，参数 x0 和 y0 是起点坐标，x1 和 y1 是终点坐标。参数 length 为箭头尖短线的长度，单位是英寸。angle 为箭头尖端短线的夹角，默认值为 30°。code 取整数，code=1 代表绘制尾部箭头，code=2 代表绘制头部箭头，code=3 表示头尾两端都绘制箭头。

请对照图 5-34 查看相应的代码（见代码 5-35）。

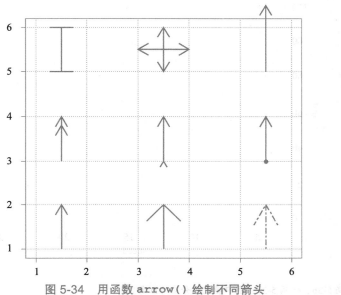

图 5-34 用函数 arrow() 绘制不同箭头

代码 5-35

```
plot(1:6,type="n",ann=FALSE);grid()
arrows(1.5,1,1.5,2,lwd=2)
arrows(3.5,1,3.5,2,length=0.5,angle=45,lwd=2)
arrows(5.5,1,5.5,2,lwd=2,lty=6,length=0.5)
arrows(1.5,3,1.5,4,lwd=2);arrows(1.5,3,1.5,3.8,lwd=2)
arrows(3.5,3,3.5,4,lwd=2);arrows(3.5,4,3.5,3,lwd=2,angle=150,1ength=0.15)
arrows(5.5,3,5.5,4,lwd=2);points(5.5,3,pch=16,cex=1.2)
arrows(1.5,5,1.5,6,lwd=2,angle=90);arrows(1.5,6,1.5,5,lwd=2,angle=90)
arrows(3.5,5,3.5,6,lwd=2,code=3);arrows(3,5.5,4,5.5,lwd=2,code=3)
arrows(5.5,5,5.5,6.5,lwd=2,xpd=TRUE)
```

5.8.7 用 abline() 函数绘制参考线

在图形中绘制参考线可以使图形看上去更加清晰。使用命令 help(abline) 查看其基本用法为：

```
abline(a = NULL, b = NULL, h = NULL, v = NULL, reg = NULL, coef = NULL, untf =
FALSE, ...)
```

其中，abline() 函数绘制的参考线为直线。由于我们通过截距和斜率信息就可以确定一条直线，因此在该函数中，参数 a 代表截距，参数 b 代表斜率。有时我们只需要绘制水平线或者垂直线，此时 h 代表绘制水平线时的 y 轴坐标值，v 代表绘制垂直线时的 x 轴坐标值，h 和 v 都可以为向量形式。coef 参数是包含截距与斜率的向量。当绘制回归模型的拟合线时，reg 参数将是有用的。利用 R 语言中的数据集 cars，请看如代码 5-36 所示的例子。

代码 5-36

```
regression<-lm(dist ~ speed, data = cars)
plot(cars)
abline(reg=coef(regression),lty=2,lwd=2,col="red")
```

输出结果如图 5-35 所示。

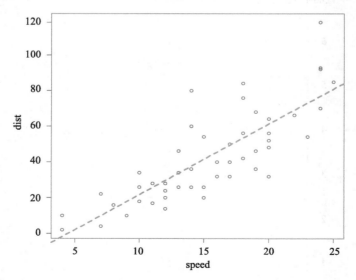

图 5-35 用函数 abline() 绘制拟合线

注：依照代码 5-36、代码 5-37，图中虚线部分应为红色。

代码 5-36 的最后一行命令也可以表示如下（见代码 5-37），显得更加简洁。

代码 5-37
```
abline(regression,lty=2,lwd=2,col="red")
```

5.8.8 用 `title()` 函数、`text()` 函数和 `mtext()` 函数添加文本

当绘制完一幅基本图形后，还需要在恰当的地方添加文本，用来对图形（数据）进行辅助说明。在 R 语言中，向图形中所添加的文本有三类：

（1）标题，包括主标题、副标题、坐标轴标签；

（2）任意的文本；

（3）图形边界的文本。

它们分别通过函数 `title()`、`text()` 和 `mtext()` 实现。

1. 用 `title()` 函数添加标题

在 `plot()` 函数中，我们已经看到通过如 `main`、`sub`、`xlab` 和 `ylab` 等参数添加图形标题的情形。`title()` 函数在添加标题时增加了其他参数，可以精确地控制文本的位置等要素。使用命令 `help(title)` 查看其基本用法为：

```
title(main = NULL, sub = NULL, xlab = NULL, ylab = NULL, line = NA, outer =
FALSE, ...)
```

这里通过一个例子来对 `title()` 函数中的各个参数进行解释。使用 `cars` 数据绘制图形，代码为 5-38。输出结果如图 5-36 所示。

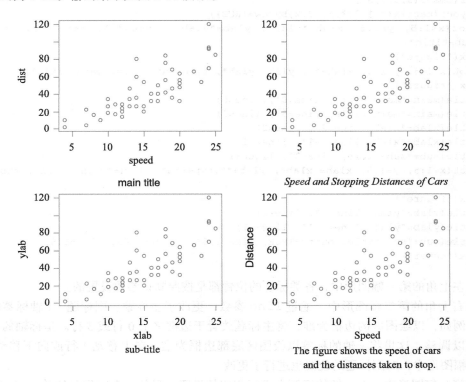

图 5-36　使用函数 `title()` 添加标题

代码 5-38

```
par(mfrow=c(2,2),mar=c(6.5,4,4,2))
plot(cars)
plot(cars, xlab="", ylab="", main="", sub="")
plot(cars, xlab="", ylab="", main="", sub="")
title(main="main title", sub="sub-title", xlab="xlab", ylab="ylab")
plot(cars, xlab="", ylab="", main="", sub="")
title(main=list("Speed and Stopping Distances of Cars",cex=0.9,font=4),xlab=li
st("Speed",font=2), ylab=list("Distance",font=2))
title(sub="The figure shows the speed of cars \n and the distances taken to
stop.",cex=0.8,line=5)
```

在左上角的第一幅图中，按照 plot() 函数默认方式绘图，图中只有 x 轴和 y 轴的标签，即坐标轴标签 speed 和 dist。除此之外，没有其他标题（主标题、副标题、任意文本以及图形边界文本）。

在右上角的第二幅图中，图形区的全部文本被消除。这样做主要是为了与左下角的第三幅图形比较。而第三幅图形非常清晰地表明了 title() 函数的基本用法。

在右下角的最后一张图形中，我们添加了各个标题，对主标题使用粗斜体字并缩小了字体，对坐标轴标签使用粗体字，对副标题的字体大小进行了缩小并调整其相对位置。

在 title() 函数中，参数 line 是比较有用的，它可以对主副标题、坐标轴标题的位置进行设置，使用代码 5-39，输出结果如图 5-37 所示。

代码 5-39

```
par(oma=c(3,3,3,3))
layout(matrix(c(1,2,3,3),2,2,byrow=TRUE))
plot(x=1:5, y=1:5, xlab="xlab", ylab="ylab", type="n", main="main title",
sub="sub-title")
box("figure")
plot(x=1:5, y=1:5, xlab="", ylab="ylab", type="n", main="main title")
box("figure")
title(main="main title, line=0", line=0)
title(main="main title, line=3", line=3)
title(xlab="xlab, line=2", line=2)
title(xlab="xlab, line= -1", line=-1)
title(sub="sub-title, line=3", line=3)
plot(x=1:5, y=1:5, xlab="xlab", ylab="",type="n", main="main title", sub="sub-
title")
box("figure")
title(ylab="ylab, line=2", line=2)
title(ylab="ylab, line= -1", line=-1)
title(sub="sub-title, outer=TRUE, line=1.5", outer=TRUE, line=1.5)
box("outer")
```

在左上角的第一幅图形中，各类标题的位置都是按照默认参数设置的。

在右上角的第二幅图形中，通过 line 参数，更改了主标题、副标题、x 轴标签的相对位置。例如，以绘图区的边框为准，将主标题放置于边框之上 0 行或 3 行。坐标轴的标签位置也可以调整，这里将 x 轴的标签以绘图区底部边框为准，向上移动 1 行或向下移动 2 行。在第二幅图形中，对副标题的位置也进行了更改。

在第三幅图形中，对 y 轴的标题也进行相应的设置。另外，有时候我们希望将文本（这里以副标题为例）放在绘图区之外的空白边界中，这就需要用到 outer 参数，选择 outer=TRUE 就可以做到这一点。在图中，我们设置外边界的空白宽度参数为 oma=c(3,3, 3,3)，这样，以图形区的下边界为准，将副标题的位置进行调整，使其位于图形区下边界的 1.5 倍行高的位置。

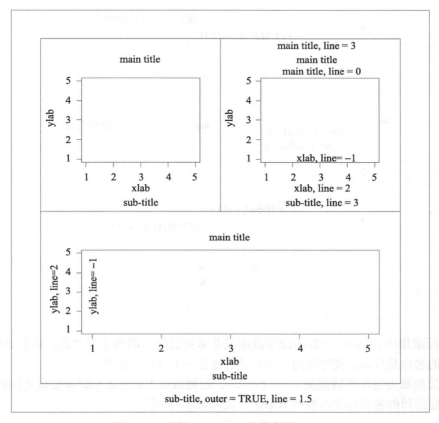

图 5-37　函数 title() 中的参数 line

2. 用 text() 函数添加任意文本和公式

text() 函数可以在绘图区内的指定位置添加任意文本，甚至包括公式等内容。使用命令 help(text) 查看其基本用法为：

```
text(x, y = NULL, labels = seq_along(x), adj = NULL, pos = NULL, offset = 0.5,
vfont = NULL, cex = 1, col = NULL, font = NULL, ...)
```

其中，x 和 y 这一对坐标用以确定文本的放置位置，即位置参数，也可以用 locator(1) 参数实现用鼠标来确定位置。

labels 设置想要添加的文本内容，可以使用 expression() 函数添加数学公式作为文本。

adj 用以调整文本在图中的相对位置，选择 adj=c(0,0) 时，文本在指定的位置以左下方式对齐，其他情况如图 5-38 所示，默认值为 adj=c(0.5,0.5)，即图中文本 text 所在位置。

需要注意的是，如果指定 pos 参数，则会覆盖 adj 参数的设置。在 pos 中，以 1 = 下、2 = 左、3 = 上、4 = 右的方式，指定文本相对于位置参数的方向，此时，再使用 offset 参数，会让文本顺着 pos 取值的方向（如 pos=1，下方），移动一定的距离。

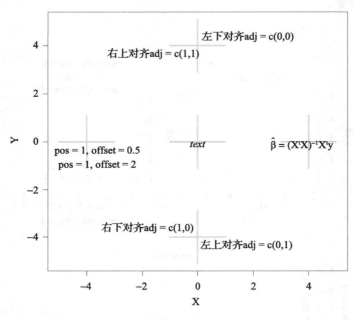

图 5-38　函数 text() 中的位置参数

在实际运用中，text 函数的使用范围是非常灵活的。例如很多时候，我们想要知道数据点对应的名称是什么，此时使用 text 函数就是一个合适的选择。

使用美国暴力犯罪率数据集 USArrests，绘制城市人口占比和谋杀数量之间的关系图，其中，相应的州的名称标注在数据点旁边，代码如 5-40 所示。

代码 5-40

```
attach(USArrests)
plot(UrbanPop,Murder,xlab="Percent urban population", ylab="Murder arrests (per
100,000)",main="Violent Crime Rates by US State",pch=2)
text(UrbanPop,Murder,row.names(USArrests),cex=0.6, pos=2)
detach(USArrests)
```

输出结果如图 5-39 所示。

3. 用 mtext() 函数向图形边界添加文本

mtext() 函数可以向图形的边界添加文本，包括图形区的边界和图形区的外边界。使用命令 help(mtext) 查看其基本用法为：

```
mtext(text, side = 3, line = 0, outer = FALSE, at = NA, adj = NA, padj = NA,
cex = NA, col = NA, font = NA, ...)
```

其中的一些参数我们已经比较熟悉了，如 line、outer、adj 等。side 用来设定将文本放置在哪一边界上，1 = 下，2 = 左，3 = 上，4 = 右。

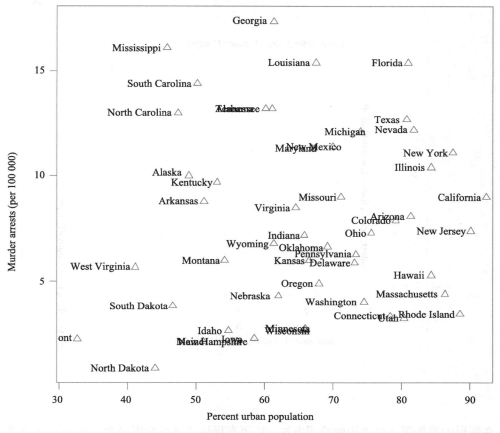

图 5-39　使用 `text()` 函数标注数据点

我们可以尝试用 mtext 函数添加各种文本，如代码 5-41 所示。

代码 5-41

```
par(oma=c(2,2,2,2))
plot(x=1:5,y=1:5,xlab="X",ylab="Y",type="n")
box("figure")
box("outer")
mtext("mtext: side=1, line=4, outer=F, adj=0.5", side=1, line=4,outer=FALSE,adj=0.5,cex=1.5)
mtext("mtext: side=2, line= -1, outer=F, adj=0", side=2, line=-1,outer=FALSE,adj=0,cex=1.5)
mtext("mtext: side=3, line=1, outer=F, adj=1", side=3, line=1,outer=FALSE,adj=1,cex=1.5)
mtext("mtext: side=4, line=0, outer=T, adj=0", side=4, line=0,outer=TRUE,adj=0,cex=1.5)
```

输出结果如图 5-40 所示。

5.8.9　用 `legend()` 函数绘制图例

我们在前面对函数 `legend()` 做了一些非常简单的介绍，在此加以细化。

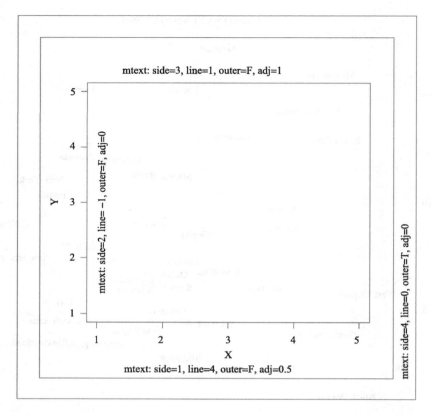

图 5-40　用 `mtext()` 函数添加各种文本

在图形中添加图例是常用的绘图方法。R 语言提供了低级绘图函数 `legend()` 来实现这一功能。使用命令 `help(legend)` 来获取更多信息，使用命令 `example(legend)` 观看实例。`legend()` 函数的基本用法是：

```
legend(x, y = NULL, legend, fill = NULL, col = par("col"), border = "black", lty,
lwd, pch, angle = 45, density = NULL, bty = "o", bg = par("bg"), box.lwd = par("lwd"),
box.lty = par("lty"), box.col = par("fg"), pt.bg = NA, cex = 1, pt.cex = cex, pt.lwd =
lwd, xjust = 0, yjust = 1, x.intersp = 1, y.intersp = 1, adj = c(0, 0.5), text.width =
NULL, text.col = par("col"), text.font = NULL, merge = do.lines && has.pch, trace =
FALSE, plot = TRUE, ncol = 1, horiz = FALSE, title = NULL, inset = 0, xpd, title.col =
text.col, title.adj = 0.5, seg.len = 2)
```

由此看出，尽管是添加图例，但 `legend()` 函数具有较多的参数。

其中，

`x` 和 `y` 是放置图例的坐标位置（以左上角为起点），也可以使用表示位置的关键词，例如 `bottom`、`bottomleft`、`bottomright`、`top`、`topleft`、`topright`、`left`、`right`、`center`；

`legend`：图例中的文本（字符或表达式）；

`col`：设置图例中点或线的颜色；

`lty`：设置图例中线的类型；

`lwd`：设置图例中线的宽度；

pch：设置图例中点的类型；

bty：图例的边框类型，默认值为 "o"，"n" 表示不绘制边框；

bg：图例框的背景色，注意，仅当 bty!="n" 时有效；

text.col：设置图例文本的颜色；

text.font：设置图例文本的字体；

ncol：设置图例的列数，默认值为 1，即呈现出垂直型的图例；

horiz：设置图例的排列方向，horiz=TRUE 时为水平排列，当设定 horiz 时，会替代掉 ncol 的设置；

title：添加图例的标题；

inset：如果要将图例放置在绘图区外，inset 应为负值，注意：当在使用关键词定位图例位置时配合使用。

xpd：如果 xpd=TRUE，所做的图形将被限制在图形区内（参见 par() 函数中关于参数 xpd 的说明），这个参数在把图例放置在绘图区外时有用。

利用这些参数，可以有效地对图例进行设置。先看一个简单的例子（见代码 5-42）。

代码 5-42

```
plot(sin,-pi,pi,xlab="x",ylab="Sine and Cosine Curve", lty=1,lwd=2,col="red")
par(new=TRUE)
plot(cos,-pi,pi,xlab="",ylab="",lty=2,lwd=2,col="blue")
legend(-3.2,1,legend=c("sin","cos"),title="Trigonometric Functions",lty=c(1,2)
,col=c("red","blue"),lwd=2, bg="gray90",ncol=2,horiz=TRUE)
Warning message:
In legend(-3.2, 1, legend = c("sin", "cos"), title = "Trigonometric Functions",:
horizontal specification overrides: Number of columns := 2
```

在这组代码中，首先绘制 sin 函数，并设置线型为实线 lty=1，加粗线条，线条颜色为红色。其次，绘制 cos 函数，并设置线型为虚线 lty=2，加粗线条，线条颜色为蓝色。然后，绘制图例，包括以下步骤（效果见图 5-41）。

（1）确定图例放置的位置：以坐标 x=-3.2，y=1 为图例的左上角起点；

（2）图例中的文本为 sin、cos；

（3）图例的标题为：Trigonometric Functions；

（4）图例中的线型应当对应 sin 和 cos 曲线的线型，因此 lty=c(1,2)；

（5）图例中线条的颜色对应 sin 和 cos 曲线的颜色，因此 col=c("red","blue")；

（6）加粗图例中的线条，这里保持与 sin 和 cos 曲线相同的线宽；

（7）由于使用默认的图例框，所以可以添加图例框的背景色为 bg="gray90"；

（8）设置图例中的显示方式为两列：ncol=2，即图例 sin 和图例 cos 是并排放置，而非上下垂直排列；

（9）设置图例以水平方式放置：horiz=TRUE；

（10）在以上代码的结尾处，出现一个警告，由于使用了 horiz 参数，ncol 参数变得无效。

在添加图例的过程中，需要注意的一点是，R 语言不会自动地根据所绘制的曲线特征（如本例中的 sin 和 cos 曲线）来设置图例，我们必须手动地进行设置，从而确保红色实线型的 sin 曲线、蓝色虚线型的 cos 曲线所对应的图例也是红色实线型和蓝色虚线型。这种对应关系还涉及绘图点的类型（pch）的对应。

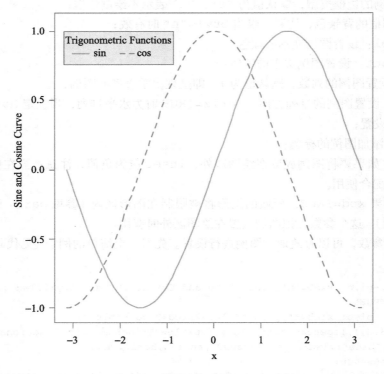

图 5-41　用函数 legend() 添加图例

注：原图中 Sin 曲线为加粗、红色，Cos 曲线为加粗、蓝色。

在代码 5-43 对应的图 5-42 左上角的第一幅图形中，没有正确地匹配绘图符号和图例符号。

在右上角的第二幅图形中，我们没有将图例放在绘图区内，而是放在了图形区边界中。注意，inset 参数应当与定位图例位置的关键词一同使用。

在左下角的第三幅图形中，使用了无边框的图例，修改了图例文本的字体，并进行了相应的放大处理。

在右下角的第四幅图形中，图例的文本是曲线对应函数的公式，而非字符。

代码 5-43

```
par(mfrow=c(2,2))
plot(1:10,pch=1)
legend("right",legend="legend",pch=2)

plot(1:10,pch=2)
legend("top",legend="legend",pch=2,inset=-0.2,xpd=TRUE)

plot(1:10,pch=3)
legend(1,10,legend="legend",pch=3,bty="n",text.font=4,cex=2)

func<-function(x) sqrt(x)
plot(func,lty=2)
```

```
exp<-expression(sqrt(x))
legend(0,1,legend=exp,lty=2,bty="n",cex=1.5)
```

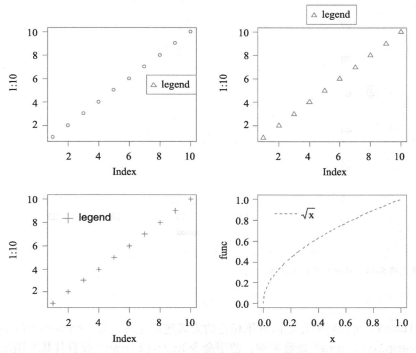

图 5-42 用函数 legend() 绘制的不同图例

5.8.10 用 segments() 函数绘制线段

segments() 函数可以用来绘制数据点之间的线段。使用命令 help(segments) 查看其基本用法为：

```
segments(x0, y0, x1 = x0, y1 = y0, col = par("fg"), lty = par("lty"), lwd =
par("lwd"), ...)
```

其中，参数 x0 和 y0 是起点坐标，x1 和 y1 是终点坐标。一些常用的参数是我们熟悉的，包括颜色、线型、线宽等。其他的一些图形参数也可以加入进来，详见函数 par()。

通过如代码 5-44 所示的例子，我们来考察 segments() 函数的用途。

代码 5-44

```
attach(cars)
str(cars)
'data.frame':   50 obs. of  2 variables:
 $ speed: num  4 4 7 7 8 9 10 10 10 11 ...
 $ dist : num  2 10 4 22 16 10 18 26 34 17 ...
plot(cars,main="Stopping Distance versus Speed",type="l",lty=2)
segments(speed[1],dist[1],speed[50],dist[50],col="red",lwd=3)
detach(cars)
```

在图 5-43 中，我们首先绘制了速度与制动距离之间的关系的基本图形，然后将第一个数据点和最后一个数据点用线段连接起来。这样就突出了两个变量之间的正相关性。

图 5-43 用 segments() 函数绘制线段

注：依照代码 5-44，图中直线应为红色。

5.8.11 用 lines() 函数绘制数据点连接线

函数 lines() 可以将数据点以首尾相连的方式连接起来，与 segments() 函数很相似。使用命令 example(lines) 查看实例，使用命令 help(lines) 查看其基本用法为：

```
lines(x, y = NULL, type = "l", ...)
```

我们通过一个例子来说明 lines() 函数的一个用途：突出某些数据的重要性（见代码 5-45）。

代码 5-45

```
plot(cars, main="Stopping Distance versus Speed", type="l", lty=2)
lines(cars[24:50,], lwd=2, col="red")
```

首先使用虚线绘制数据，然后使用 lines() 函数用加粗的红色实线绘制第 24 ～ 25 组数据点，以突出显示这些数据点的重要性（见图 5-44）。

事实上，上例中的操作过程可以看作是利用 lines() 函数在一个图形中绘制多个数据集的情形。为了进一步说明，我们假设有三组数据，问题是如何将这三组数据绘制在同一张图形中。

代码 5-46

```
set.seed(100)
x<-1:20
y1<-rnorm(20,0,1)
y2<-rnorm(20,1,0.75)
y3<-rnorm(20,1.25,0.25)
ylim<-range(c(y1,y2,y3))
plot(x,y1,type="l",col="red",ylab="y",ylim=ylim,lwd=2)
lines(x,y2,lty="dashed",col="green",lwd=2)
lines(x,y3,lty="dotted",col="blue",lwd=2)
```

在代码 5-46 中，我们首先通过调用函数 plot() 初始化图形，然后通过 lines() 函数来添加新的曲线。我们还通过 range() 函数设定了 y 轴的上下限，以免绘图时出现数据丢失的情况（见图 5-45）。

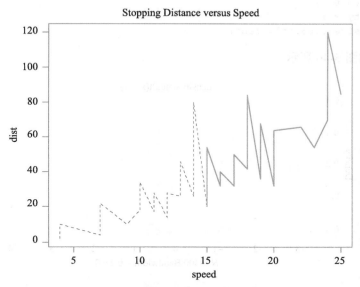

图 5-44　用函数 `lines()` 突出显示某些数据点的重要性

注：依照代码 5-45，图中直线应为红色。

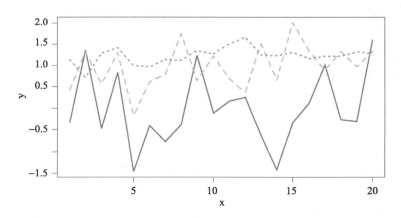

图 5-45　用函数 `lines()` 绘制多组数据

注：依照代码 5-46，图中点线为蓝色，破折线为绿色，直线为红色。

5.8.12　用 `rug()` 函数显示数据密度

使用 `rug()` 函数可以在坐标轴上用短线画出数据的位置，在数据较多时，这意味着我们在坐标轴上显示了数据的密度。使用命令 `help(rug)` 查看其基本用法为：

```
rug(x, ticksize = 0.03, side = 1, lwd = 0.5, col = par("fg"), quiet = getOption
("warn") < 0, ...)
```

其中，`x` 为数值型向量；`ticksize` 表示短线的高度；`side` 用来控制将短线放在哪个轴上，通常放置在底部 `side=1` 或顶部 `side=3`。

请看如代码 5-47 所示的例子。

代码 5-47

```
x<-rnorm(300,0,1)
plot(density(x))
rug(x,ticksize=0.05,col="red")
```

输出结果如图 5-46 所示。

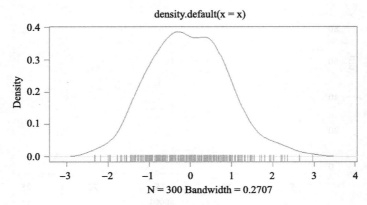

图 5-46　用函数 rug() 显示数据密度

注：依照代码 5-47，图中下方地毯式的线段组合为红色。

第6章
Chapter 6

绘 图 进 阶

6.1 plot()函数

plot()函数在此前已经接触过，它是对 R 语言中的多种对象进行绘图的泛型函数（generic function）。并且，在详细了解了绘图参数后，使用 plot()函数进行绘图将十分容易。使用命令 help(plot) 查看其基本用法为[⊖]：

```
plot(x, y, ...)
```

其中，参数 x 和 y 分别是绘图时位于横坐标和纵坐标的变量，对于简单的散点图，R 语言实际上使用的是 plot.default，即默认的作图方法。然而，plot()函数是 R 语言中泛型函数，它会识别作图对象的类，从而根据这些类来调用相应的作图方法。例如，plot()函数可以针对数据框这一类，自动调用 plot.data.frame 方法来绘图。这是一种非常有效的绘图方法。使用代码 6-1，可以查看 plot()函数有哪些作图方法，这些方法可以看作一组 plot()函数。

代码 6-1

```
methods(plot)
 [1]  plot.acf*            plot.data.frame*     plot.decomposed.ts*
 [4]  plot.default         plot.dendrogram*     plot.density
 [7]  plot.ecdf            plot.factor*         plot.formula*
[10]  plot.function        plot.hclust*         plot.histogram*
[13]  plot.HoltWinters*    plot.isoreg*         plot.lm
[16]  plot.medpolish*      plot.mlm             plot.ppr*
[19]  plot.prcomp*         plot.princomp*       plot.profile.nls*
[22]  plot.spec            plot.stepfun         plot.stl*
```

⊖ 我们还可以用以下方式来使用函数 plot()：plot(y~x, data=…)。"y~x"表示一个方程，用"~"来连接方程两端的变量。这种表达方式在回归分析中是常见的。R 语言会在 data 参数制定的数据中寻找变量 y 和 x。

```
[25]    plot.table*              plot.ts              plot.tskernel*
[28]    plot.TukeyHSD
        Non-visible functions are asterisked
```

6.1.1 plot()函数针对不同对象绘图

使用代码6-2，我们在图6-1中展示了用plot()函数针对不同对象绘图的情况。

代码6-2

```
par(mfrow=c(2,2))
plot(1:10,main="missing y")
plot(sin,-pi,pi,ylab="sin(x)",main="function: sin(x)")
plot(cars,main="dataframe: cars")
plot(PlantGrowth$group,PlantGrowth$weight,xlab="group",ylab="weight",main="fac
tor: PlantGrowth")
```

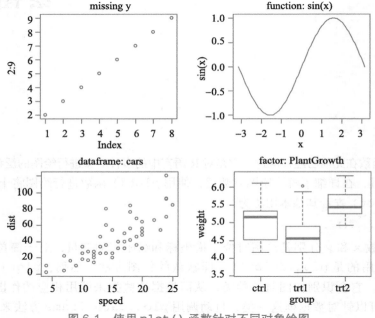

图 6-1　使用plot()函数针对不同对象绘图

在左上角的第一幅图形中，plot()函数绘制的对象是向量，在函数中，仅给出了成对数据 *x* 和 *y* 中的 *x* 向量，在 *y* 缺失的情况下，plot()函数就会使用向量 *x* 作为纵坐标，对其元素的位置绘制散点图。

在右上角的第二幅图形中，plot()函数绘制的对象是函数 sin(x)。此时，泛型函数plot()实际上是自动调用了 curve()函数来绘制图形。$^\ominus$

在左下角的第三幅图形中，plot()函数绘制的对象是数据框。数据集 cars 是一个数据框，其中的两列变量 speed 和 dist 均为数值型。对于这种数值型的两列数据框，plot()函数将用第二列数据对第一列数据绘图，在本例中，即用 dist 对 speed 绘图（见代码6-3）。

代码6-3

```
str(cars)
```

$\ominus$　curve()函数将在本章稍后解释。

```
'data.frame':  50 obs. of  2 variables:
 $ speed: num  4 4 7 7 8 9 10 10 10 11 ...
 $ dist : num  2 10 4 22 16 10 18 26 34 17 ...
```

如果数据框的列数大于2，此时，plot()函数首先会调用data.matrix()函数，将数据框转换为数值型矩阵，然后调用另一个绘图函数pairs()来绘制一幅散点图矩阵。我们使用数据集mtcars中的部分数据对此进行说明（见代码6-4），应当注意的是，数据框中可能含有日期数据，而在转换为数值型矩阵后，其结果会令人困惑（见图6-2）。

代码6-4

```
newmtcars<-mtcars[,c(1,4,6)]
str(newmtcars)
'data.frame':   32 obs. of  3 variables:
 $ mpg: num  21 21 22.8 21.4 18.7 18.1 14.3 24.4 22.8 19.2 ...
 $ hp : num  110 110 93 110 175 105 245 62 95 123 ...
 $ wt : num  2.62 2.88 2.32 3.21 3.44 ...
plot(newmtcars)
```

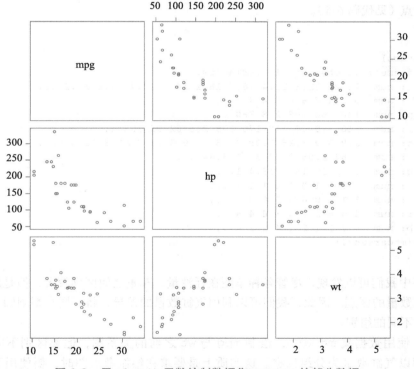

图6-2　用plot()函数绘制数据集mtcars的部分数据

最后，在右下角的第四幅图形中（见图6-1），plot()函数绘制的对象也是数据框，但是其中的一列为因子。当y轴是数值向量时，事实上将绘制盒状图；而当y轴为因子向量时，则绘制棘状图（spineplot）。

6.1.2　plot()函数中的参数

在plot()函数中，可以加入各种绘图参数，其中通用的参数包括：type、main、

sub、xlab、ylab、asp，这些参数我们已经在前面学习过。对于其他plot()函数中的参数，绝大多数也已经在par()函数中介绍过。由于plot()函数是泛型函数，我们可以使用args()函数查看不同方法下更加详细的函数参数，比如如代码6-5所示的plot.default()函数、plot.function()函数等。

代码6-5

```
args(plot.default) # 查看plot.default()函数的参数
function (x, y = NULL, type = "p", xlim = NULL, ylim = NULL,log = "", main =
NULL, sub = NULL, xlab = NULL, ylab = NULL,ann = par("ann"), axes = TRUE, frame.
plot = axes, panel.first = NULL, panel.last = NULL, asp = NA, ...)

args(plot.function) # 查看plot.function()函数的参数
function (x, y = 0, to = 1, from = y, xlim = NULL, ylab = NULL, ...)
```

6.1.3　用plot()函数绘制分组数据的散点图

首先来看R语言中数据集mtcars的特点。使用函数str()和unique()可以显示该数据集的特点（见代码6-6）。

代码6-6

```
str(mtcars)
'data.frame': 32 obs. of  11 variables:
 $ mpg : num  21 21 22.8 21.4 18.7 18.1 14.3 24.4 22.8 19.2 ...
 $ cyl : num  6 6 4 6 8 6 8 4 4 6 ...
 $ disp: num  160 160 108 258 360 ...
 $ hp  : num  110 110 93 110 175 105 245 62 95 123 ...
 $ drat: num  3.9 3.9 3.85 3.08 3.15 2.76 3.21 3.69 3.92 3.92 ...
 $ wt  : num  2.62 2.88 2.32 3.21 3.44 ...
 $ qsec: num  16.5 17 18.6 19.4 17 ...
 $ vs  : num  0 0 1 1 0 1 0 1 1 1 ...
 $ am  : num  1 1 1 0 0 0 0 0 0 0 ...
 $ gear: num  4 4 4 3 3 3 3 4 4 4 ...
 $ carb: num  4 4 1 1 2 1 4 2 2 4 ...
unique(mtcars$cyl)
[1] 6 4 8
```

从结果中我们可以发现，尽管各种车型在耗油量、车重之间区别较大，但是所有车型只有三种气缸数量的区别。因此，我们可以利用气缸数量的差异，将不同车型划归为按照气缸数量分类的不同的组别。

现在，使用数据集mtcars，绘制mpg与wt之前的关系图，但要区别不同气缸数量的汽车，即以气缸数量为分组依据。这实质上是要求在绘制散点图时，要使用不同的数据符号或者颜色来区分不同的组别。我们首先来看使用不同数据符号来区分组别的情况（见代码6-7）。

代码6-7

```
attach(mtcars)
unique(cyl)
[1] 6 4 8
cylf<-as.factor(cyl)
plot(wt,mpg,pch=as.integer(cylf),main="Miles/(US) gallon vs.Weight (lb/1000) \n
```

```
distinguished by Number of cylinders")
    detach(mtcars)
```

输出结果如图 6-3 所示。

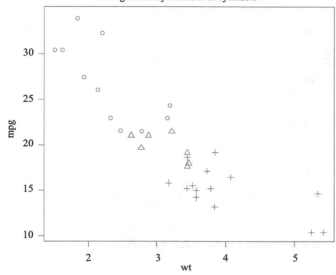

图 6-3 使用 plot() 函数绘制分组数据（一）

由于 mtcars 数据集中有 32 个观测值，因此 plot() 函数绘制了 32 个成对的点，对于每一个点，都可以指定一种数据点的符号。为了区分不同的组别，关键的参数是使用 pch=as.integer(cylf)，实际上选择了第 1 ～ 3 种符号，从而对有 4、6、8 个气缸的汽车用分别用空心圆、三角形和十字形表示，非常直观地区分了这三个分组。

为了增加视觉效果，当然还可以添加图例。这可以作为一个小练习，请读者完成。

其次，我们来看利用不同颜色来区分不同组别的绘图过程。在数据集 mtcars 中，hp 代表汽车的马力。假设我们以 100 马力作为分组的标准，大于等于 100 马力的车型为一组，用蓝色表示；小于 100 马力的车型为另一组，用红色来表示（见代码 6-8）。

代码 6-8
```
attach(mtcars)
newhp<-ifelse(hp>=100,"blue","red")
plot(wt,mpg,col=newhp,pch=16,main="Miles/(US) gallon vs.Weight (lb/1000) \n
distinguished by Number of cylinders")
    detach(mtcars)
```

在代码 6-8 中，使用 ifesle() 函数创建了一个新的字符串向量 newhp，将马力大于等于 100 赋值为 blue，小于 100 赋值为 red。然后在 plot() 函数中，制定颜色 col=newhp。这样就可以将所有数据区分为两个组别，输出结果如图 6-4 所示。

事实上，我们可以同时借助数据符号和颜色来进行数据的分组，作为一个练习，读者可以使用 mtcars 数据集来进行尝试。

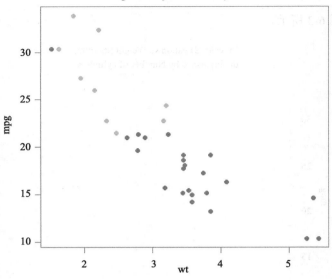

图 6-4　`plot()` 函数绘制分组数据（二）

注：依照代码 6-8，图中两种不同深浅的点的颜色应为红、蓝。

6.1.4　处理数据点的重叠性问题

当样本数量非常大时，绘制的散点图就会出现"数据拥挤"问题，即数据点的大量重叠。此时，我们可以借助颜色等方法来改进数据的视觉呈现效果。

在代码 6-9 中，我们首先定义了 x 和 y1，以及 x 和 y2 之间的关系。从两个方程的定义来看，应当会有很多数据点在绘图时会发生重叠。的确，在图形中，数据点是非常拥挤的（见图 6-5）。

代码 6-9

```
set.seed(100)
x<-rnorm(500,0,1)
m<-rnorm(500,2,3)
n<-rnorm(500,1,1)
y1<-2*x+m
y2<-x-n
Y<-c(y1,y2)
X<-c(x,x)
Z<-as.data.frame(cbind(X,Y))
with(Z,plot(X,Y))
```

为了区分两组不同的数据，即 x 和 y1、x 和 y2 之间的关系，我们可以在绘图时使用不同的颜色来分别表示这两组数据，如代码 6-10 所示。这里使用的例子是非常简单的，但是类似的操作可以运用到其他的数据集中，只要通过一定的方法对不同特征的数据加以区分即可。

代码 6-10

```
Z$colors<-ifelse(as.numeric(rownames(Z))<=500,"red","blue")
with(Z,plot(X,Y,col=colors))
```

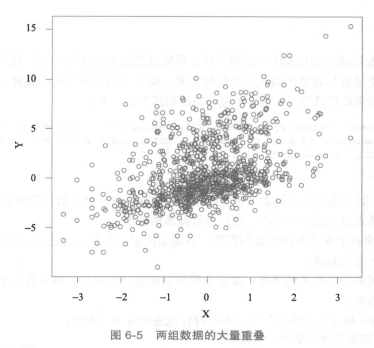

图 6-5　两组数据的大量重叠

在代码 6-10 中，我们在数据框 Z 中通过 `ifelse()` 函数定义和创建了颜色变量 `colors`。在图 6-6 中，我们可以辨别两组数据之间的差异。

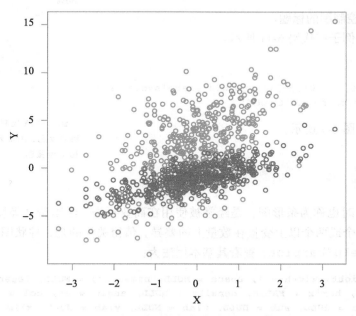

图 6-6　使用不同的颜色来区分两组数据

注：依照代码 6-10，图中应为红蓝两色的色彩变化。

这里对数据重叠问题的处理方式仅仅是非常粗糙的。当然，我们还有更好的方法来处理这个问题。读者可以在后面的 `ggplot2` 绘图中找到相应的处理方法。

6.2 用 pie() 函数绘制饼图

饼图在商业领域和大众媒体中运用广泛，尽管其使用效果备受批评。其中的一个重要原因可能是人们更加容易观察不同长度之间的差异，而非不同面积之间的差异。柱状图和散点图是替代饼图的更好的选择。R语言中制作饼图的基本用法为：

```
pie(x, labels = names(x), edges = 200, radius = 0.8, clockwise = FALSE, init.
angle = if(clockwise) 90 else 0, density = NULL, angle = 45, col = NULL, border =
NULL, lty = NULL, main = NULL, ...)
```

其中，

x 为向量，其元素为非负的数值型数据，这些数据反映在饼图的对应面积上；

labels 是表达式或者字符串，用以给数据添加标签；

edges 用来控制饼图外圈的圆润程度，饼图是由多边形拟合而成的，edges 数值越大，饼图的外圈看上去就越圆；

radius 用来控制饼图的半径，如果给数据添加的标签很长，缩小饼图半径就能够将字符完整地显示出来；

clockwise 用来控制排列顺序，即顺时针或逆时针方向排列；

density 用来控制阴影线的密度；

angle 用来控制阴影线的斜率；

col 是一个向量，用来填充被分割饼图的每一区域的颜色；

main 用来控制图的标题。

一个简单的例子如代码 6-11 所示。

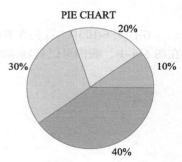

图 6-7　pie() 函数绘制的饼图

注：依照代码6-11，图中20%色块为绿色，10%为红色，40%为紫色，30%为蓝色。

代码 6-11

```
pie(c(10,20,30,40),col=rainbow(4),labels=c("10%","20%","30%","40%"),main="PIE CHART")
```

输出结果如图 6-7 所示。

6.3 用 barplot() 函数绘制柱状图

柱状图，有时也称为条形图，是经常被使用在商业报告、学术论文等场合的一种图形，通常用来比较两个或两个以上变量在数量上的差异。值得关注的是，柱状图本质上还是散点图。使用命令 help(barplot) 查看其基本用法为：

```
barplot(height, width = 1, space = NULL, names.arg = NULL, legend.text = NULL,
beside = FALSE, horiz = FALSE, density = NULL, angle = 45, col = NULL, border =
par("fg"), main = NULL, sub = NULL, xlab = NULL, ylab = NULL, xlim = NULL, ylim =
NULL, xpd = TRUE, log = "", axes = TRUE, axisnames = TRUE, cex.axis = par("cex.
axis"), cex.names = par("cex.axis"), inside = TRUE, plot = TRUE, axis.lty = 0,
offset = 0, add = FALSE, args.legend = NULL, ...)
```

其中，

height 是绘图所用到的数据，数据的大小差异体现在柱形的高度上面，如果想要对一组数据进行绘图，则数据以向量方式输入，如果想要对两组以上数据进行绘图，则数据以矩阵方式输入，矩阵每一行代表一组数据；

names.arg 是图形中绘制于每个柱形下方的名称向量，如果该参数被忽略，则名称就显示为向量所带的名称属性或矩阵的名称列；

legend.text 用来控制图例；

horiz 控制柱形（条形）以垂直或水平方式放置；

beside 控制不同组数据以垂直方式堆积或水平方式并列来进行展示，当其取值为 FALSE（默认取值）时，不同组的数据以垂直方式堆积展示；

下面分别以向量作图和矩阵作图来分析 barplot() 函数。

□案例分析

假设不同年收入组别的五个家庭之间在工资收入、财产性收入和其他收入方面的数据如表 6-1 所示。

表 6-1　不同收入组家庭的收入来源数据

（单位：万元）

Group	wage	property	others
0.5 ～ 2.0	0.60	0.15	0.30
2.0 ～ 4.0	1.50	0.30	0.60
4.0 ～ 6.0	2.80	0.75	1.80
6.0 ～ 8.0	3.50	1.60	2.80
8.0 ～ 10.0	5.50	1.75	3.20

（1）对向量作图：首先看年收入在 0.5 万～ 2.0 万元之间的家庭的收入来源情况。

代码 6-12

```
first<-c(0.6,0.15,0.3)
income<-c("wage","property","others")
par(mfrow=c(2,2))
barplot(first,main="Default")
barplot(first,names.arg=income,density=10,angle=30,main="density"
)
barplot(first,horiz=TRUE,main="horiz=TRUE")
x<-barplot(first,col=c("red","green","blue"),ylim=c(0,0.8),main="colors & values")
x
     [,1]
[1,]  0.7
[2,]  1.9
[3,]  3.1
text(x,first+0.1,labels=as.character(first))
```

由代码 6-12 生成了图 6-8。在左上角的第一幅图形中，我们采用默认的方式绘制条状图，由于没有添加条形图的坐标轴标签，我们获知的信息有限。

在右上角的第二幅图形中，通过参数 density=10 添加了阴影线，并设置了阴影线的倾斜角度 angle=30，还增加了条形图的横轴标签，这样，各种收入来源比较起来就很方便。

在左下角的第三幅图形中，使用参数 horiz=TRUE，绘制了水平条形图。

在右下角的第四幅图形中，增加了每条矩形的颜色，并且通过 text() 函数增加了每个收入来源的具体数值。请注意 text() 函数中文本位置的参数设置方法，我们把 barplot() 函数的结果赋值给 x，而 x 的返回值为条形图横坐标的位置。

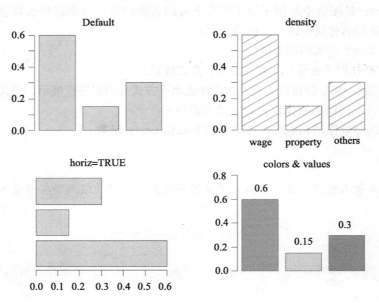

图 6-8　使用 barplot() 函数对向量作图

注：依照代码 6-12，图中矩形从左至右依次为红、绿、蓝色。

（2）对矩阵作图：barplot() 函数也可以对矩阵作图，利用上面的数据，命名为 inc（见代码 6-13）。

代码 6-13

```
wage<-c(0.6,1.5,2.8,3.5,5.5)
property<-c(0.15,0.3,0.75,1.6,1.75)
others<-c(0.3,0.6,1.8,2.8,3.2)
inc<-cbind(wage,property,others)
rownames(inc)<-c("0.5-2.0","2.0-4.0","4.0-6.0","6.0-8.0","8.0-10.0")
par(mfrow=c(2,2),mar=c(3, 2.5, 0.5, 0.1))
barplot(inc,ylim=c(0,15))
barplot(inc,beside=TRUE,legend=TRUE)
barplot(t(inc),beside=TRUE,legend=TRUE,args.legend=list(x=17,y=5,bty="n",horiz=TRUE))
library(RColorBrewer)
barplot(t(inc),beside=TRUE,legend=TRUE,
args.legend=list(x=17,y=5,bty="n",horiz=TRUE),col=brewer.pal(3,"Set2"),
border=NA)
```

在绘制如图 6-9 所示的这四幅图形的过程中，首先是生成一个名为 inc 的矩阵，并添加相应的分组名称。为了在绘图过程中给添加图例留出足够的空间，我们调整了绘图边际（请读者使用默认的绘图边界参数，绘制并比较图例的位置）。

在左上角的第一幅图形中，按照 barplot() 函数的默认方式绘图，得到的结果是一张按照收入来源分类的堆砌的条形图。但是堆砌的条形图解读起来不直观。

在右上角的第二幅图形中，通过参数 beside=TRUE，绘制了分组条形图，在每种收入来源上根据收入水平分为 5 组，然后通过参数 legend=TRUE 增加了图例。

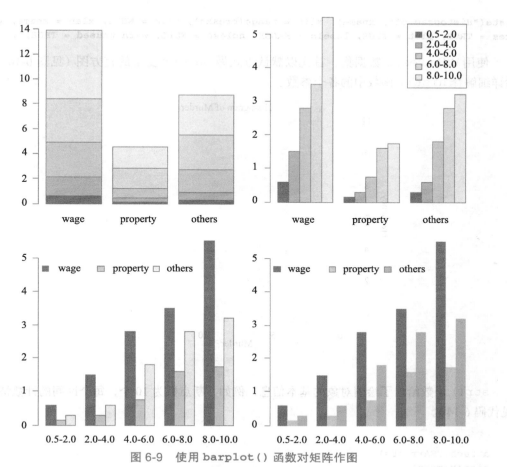

图 6-9　使用 barplot() 函数对矩阵作图

注：原图中 Wage 为橄榄绿色，Property 为橙色，其他为蓝色。

在左下角的第三幅图形中，我们按照收入水平进行分类，这只需要对矩阵 inc 进行转置即可，如命令 t(inc)。同时，我们调整了图例的位置，使得图形更加美观。

在右下角的第四幅图形中，我们使用了不同颜色区分了不同的收入来源，这需要使用到 RColorBrewer 包。此外，我们还去除了矩形条的边框。

barplot() 函数还有其他有用的参数，请读者查阅帮助文件。作为练习，请读者思考，如何在上面的第四幅图形中添加矩形条的准确数值？

6.4　用 hist() 函数绘制直方图

直方图是简洁直观的图形，它描述了变量的样本数据分布情况。R 语言能够通过各种参数对直方图进行精确细微的调整。使用命令 help(hist) 查看直方图的帮助文件，它是 R 语言基础图形包中的函数，其基本用法为：

```
hist(x, breaks = "Sturges", freq = NULL, probability = !freq, include.lowest =
TRUE, right = TRUE, density = NULL, angle = 45, col = NULL, border = NULL, main =
```

```
paste("Histogram of", xname), xlim = range(breaks), ylim = NULL, xlab = xname, ylab,
axes = TRUE, plot = TRUE, labels = FALSE, nclass = NULL, warn.unused = TRUE, ...)
```

使用 USArrests 数据集，首先以默认方式做 Murder 变量的直方图（见图 6-10）。然后详细解释 hist() 函数中的各个参数。

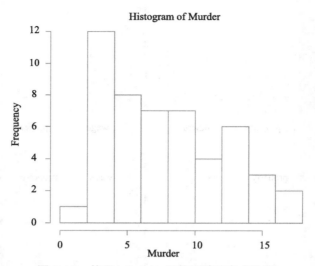

图 6-10　使用 hist() 函数以默认方式绘图

str() 函数给出了绘图对象的基本信息，例如，断点数为 10 个，每个区间的计数情况等（见代码 6-14）。

代码 6-14
```
attach(USArrests)
hist(Murder)
str(hist(Murder))
List of 6
$ breaks   : num [1:10] 0 2 4 6 8 10 12 14 16 18
 $ counts   : int [1:9] 1 12 8 7 7 4 6 3 2
 $ density  : num [1:9] 0.01 0.12 0.08 0.07 0.07 0.04 0.06 0.03 0.02
 $ mids     : num [1:9] 1 3 5 7 9 11 13 15 17
 $ xname    : chr "Murder"
 $ equidist : logi TRUE
 - attr(*, "class")= chr "histogram"
```

下面解释函数 hist() 中各个参数的含义。

（1）x 是数值型向量，即所需要绘制直方图的数据集。

（2）breaks 参数通过以下方式控制直方图的单元（cells）数量：

1）给出一个向量，从而确定直方图单元的区间断点（breakpoints）;

2）给出单个数值，从而确定直方图的单元数量；

3）给出计算区间的算法名称的字符串；

4）一个用于计算单元数量的函数。

（3）freq 和 probability 均为逻辑判断式，且两者为互斥选项，freq=TRUE 时作频率图，否则为概率密度图。当 probability=TRUE 时，所有矩形的面积之和为 1（请读者计算验证），如图 6-11 所示。

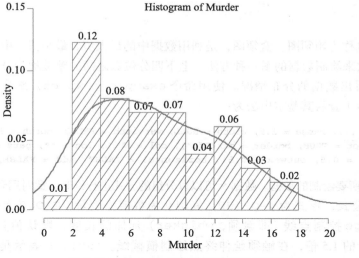

图 6-11　plot() 函数绘制的概率密度图

（4）labels 是逻辑值，当 labels=TRUE 时，将添加相应的数值到矩形单元的上方。

（5）density 设置填充矩形条的阴影线（shading lines）的密度，度量单位是每英寸填充的线条数，默认模式下不绘制阴影线。angle 参数设定了阴影线的角度。

（6）col 设定了填充矩形条内部的颜色，当 density 为正数时，阴影线的颜色由 col 指定。

（7）border 设置矩形条边框的颜色，当 border=FALSE 或 NA 时，将不绘制边框。

（8）如果想要自己设定坐标，可以使用 xaxt="n" 或 yaxt="n" 不绘制坐标，然后使用低级绘图命令 axis 来自定义坐标。

代码 6-15 生成了如图 6-11 所示的图形，lines() 函数在直方图基础上绘制了根据数据所估计的密度曲线。

代码 6-15

```
hist(Murder,freq=FALSE,labels=TRUE,ylim=c(0,0.15),xlim=c(0,20),xaxt="n",density=8,angle=60)
axis(1,seq(0,20,by=2))
lines(density(Murder),lwd=2)
density(USArrests$Murder)

Call:
        density.default(x = USArrests$Murder)

Data: USArrests$Murder (50 obs.);        Bandwidth 'bw' = 1.793

                X                               y
Min.        :-4.578        Min.        :5.639e-05
1st Qu.     : 2.261        1st Qu.     :5.526e-03
Median      : 9.100        Median      :3.592e-02
Mean        : 9.100        Mean        :3.652e-02
3rd Qu.     :15.939        3rd Qu.     :6.364e-02
Max.        :22.778        Max.        :7.908e-02
```

作为一个练习，请读者利用 R 语言中的 faithful 数据集练习直方图的绘制与修改。

6.5 用 boxplot() 函数绘制箱线图

箱线图，也称为箱须图、盒须图，是利用数据中的最大值、最小值、中位数、下四分位数、上四分位数来绘制数据的图一种方法。上下四分位数之间的差被称为分散度。通过箱线图，我们可以看出数据的分布情况。使用命令 example(boxplot) 查看实例，使用命令 help(boxplot) 查看其基本用法为：

```
boxplot(x, ..., range = 1.5, width = NULL, varwidth = FALSE, notch = FALSE, outline =
TRUE, names, plot = TRUE, border = par("fg"), col = NULL, log = "", pars = list(boxwex =
0.8, staplewex = 0.5, outwex = 0.5), horizontal = FALSE, add = FALSE, at = NULL)
```

其中，x 为所要绘制的数据。数据 x 可以以分组的方式进行绘制，此时用到参数 formula，表示输入一个公式，形式为 y~GROUP，其中 y 为数值型变量，GROUP 为类别型变量（分组变量）。range 控制点线（即触须，whisker）延伸的长度，默认值是上下四分位数之差（分散度）的 1.5 倍，在触须延伸终点绘制横截线。outline 表示是否绘制异常值。horizontal 控制是否以水平或垂直于坐标轴的方式绘制箱线图。

首先看一个最简单的例子。如代码 6-16 所示，在这个例子中，使用数据集 mtcars，绘制变量 mpg 的箱线图。从图 6-12 中可以看到，不管车型、马力、气缸等具有多大差异，所有参与测试的汽车的耗油量最小值均为 11 左右（为了便于比较，使用 summary() 函数得到了耗油量的分布情况），下四分位数据均在 16 左右，中位数在 20 左右，上四分位数据在 23 左右，最大值在 34 左右。

代码 6-16

```
boxplot(mtcars$mpg,ylab="mpg: Miles/(US) gallon",main="Motor Trend Car Road Tests")
summary(mtcars$mpg)
   Min. 1st Qu.  Median    Mean 3rd Qu.    Max.
  10.40   15.42   19.20   20.09   22.80   33.90
```

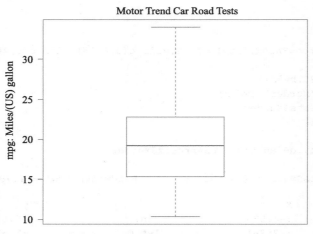

图 6-12　用 boxplot() 函数绘制的简单箱线图

在图 6-12 中还可以看到，向上的点线的长度大于向下的点线的长度。这是因为，下部的全部数据点的值小于"下四分位点 +1.5 倍分散度"，而上部的有些数据点的值（异常值）大于"上四分位点 +1.5 倍分散度"。这比较直观地展示了数据的分布情况，同时也是箱线图的主要含义所在。

以上图形反映的信息有限，我们所感兴趣的信息还包括了在不同车型、马力、气缸等差异下的油耗情况。这时需要绘制分组的箱线图，例如根据气缸来分组（见代码 6-17）。

代码 6-17

```
boxplot(mtcars$mpg~mtcars$cyl,xlab="cyl: Number of cylinders", ylab="mpg:
Miles/(US) gallon",main="Motor Trend Car Road Tests")
```

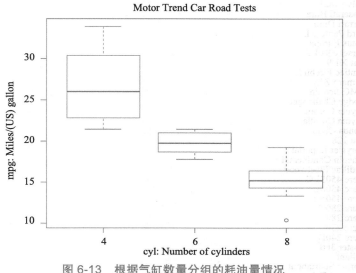

图 6-13　根据气缸数量分组的耗油量情况

从图 6-13 中可以看到，不同气缸数量车型之间的耗油量差异较大：气缸数量越少，每加仑⊖汽油的行驶里程越多，即耗油量越少。4 气缸车型的耗油量分布较后两者更广。8 气缸车型还存在一个异常值。这里异常值的计算方法是：大于上四分位数的 1.5 倍四分位数之差（分散度）的值，或者是小于下四分位数的 1.5 倍四分位数之差的值。对于 1.5 ～ 3 倍四分位数之差的异常值，用空心圆点表示，对于超出四分位数之差 3 倍的异常值，作为极端异常值处理，用实心圆点表示。这上面的例子中，8 气缸车型有一个非极端的异常值（见图 6-13）。

6.6　用 dotchart() 函数绘制点图

点图，又称克利夫兰点图，可以绘制大量的数据标签，可以有效地判别哪些（带标签的）观测值具有离群的特征。

使用命令 example(dotchart) 查看实例，使用命令 help(dotchart) 查看其基本用法为：

```
dotchart(x, labels = NULL, groups = NULL, gdata = NULL, cex = par("cex"), pch
= 21, gpch = 21, bg = par("bg"), color = par("fg"), gcolor = par("fg"), lcolor =
"gray", xlim = range(x[is.finite(x)]), main = NULL, xlab = NULL, ylab = NULL, ...)
```

其中，x 是一个数值向量。labels 也是一个向量，指定了数据的标签。groups 是分组因子，控制数据 x 中的分组方式。

⊖　1 美加仑 = 3.785 41 立方分米。

如果使用 groups 进行分组，那么 gcolor 将为分组标签指定一个单一的颜色。color 为数据点和 y 轴标签指定颜色，分组后，每个分组的数据点和 y 轴标签可以指定不同的颜色。lcolor 控制水平线的颜色。

代码 6-18

```
dotchart(mtcars$mpg, labels=rownames(mtcars), xlab="mpg: Miles/(US) gallon",cex=0.8)
```

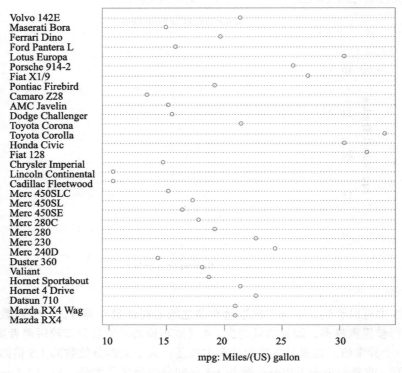

图 6-14　用 dotchart() 函数绘制的简单点图

由代码 6-18 所绘制的图形是简单的点图（见图 6-14），其中 x 轴表示 mpg，y 轴的标签是所有的车型（名称），它是数据框 mtcars 的行变量名称。

我们可以通过分组来细化点图所展示的信息，如代码 6-19 所示。

代码 6-19

```
attach(mtcars)
gear<-factor(mtcars$gear)
gear
 [1] 4 4 4 3 3 3 3 4 4 4 4 3 3 3 3 3 3 4 4 4 3 3 3 3 3 4 5 5 5 5 4
Levels: 3 4 5
mtcars$col[gear==3]<-"red"
mtcars$col[gear==4]<-"blue"
mtcars$col[gear==5]<-"black"
dotchart(mtcars$mpg,groups=gear,pch=15,color=mtcars$col, gcolor="black",labels
=rownames(mtcars), xlab="mpg: Miles/(US) gallon",cex=0.8)
detach(mtcars)
```

输出结果如图 6-15 所示。

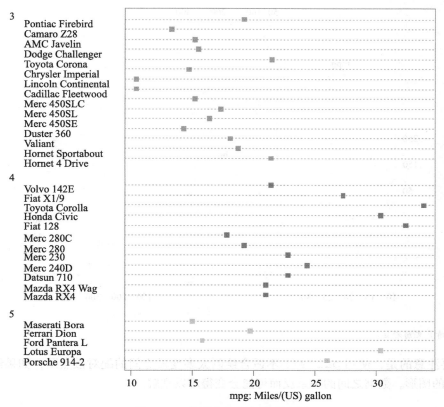

图 6-15　使用分组参数绘制点图

注：依照代码 6-19，图中第 3 层数据对应红色，第 4 层对应蓝色，第 5 层对应绿色。

6.7　用 pairs() 函数绘制配对散点图

通常绘制的散点图仅显示了两组数据之间的关系。如果我们想要绘制多组数据（多个变量）之间的配对散点图（散点图矩阵），就可以使用 pairs() 函数。使用命令 help(pairs) 查看其基本用法为：

```
pairs(formula, data = NULL, ..., subset, na.action = stats::na.pass)
```

其中，formula 是形如 "~ x + y + z" 的表达式，data 为所使用的数据集。我们使用数据集 mtcars 来展示一个简单的例子（见代码 6-20）。

代码 6-20

```
pairs(~mpg+hp+disp,data=mtcars,pch=21,bg=cyl+4,cex=1.3)
```

我们使用参数 bg=cyl+4 区分了不同数据点的背景色，用来在图中区分不同的气缸数量的车型。读者可以根据自己的喜好来设定背景色。

读者也可以使用 plot() 函数来绘制下面的图形，如代码 6-21 所示。

代码 6-21

```
plot(mtcars[,c("mpg","hp","disp")],pch=21,bg=cyl+4,cex=1.3)
```

输出结果如图 6-16 所示。

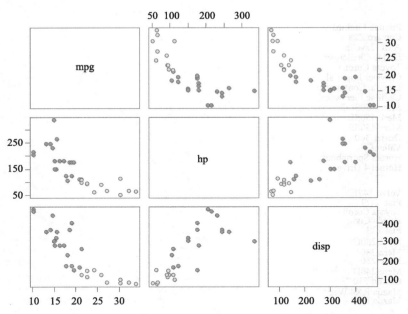

图 6-16 用 pairs() 函数绘制配对散点图

注：请见文前彩插。

需要注意的是，使用 pairs() 不适合绘制太多变量之间的配对散点图，如果绘制例如 5 个变量的图形，数据之间的关系反而可能会变得难以理解。

6.8 用 coplot() 函数绘制条件散点图

函数 coplot() 绘制的是条件图（conditioning plots）。当我们想要知道给定某个变量 a 时，变量 y 和 x 之间的关系，就可以使用 coplot() 函数，在这里，a 显然就是条件变量。使用 help(coplot) 查看该函数的基本用法为：

```
coplot(formula, data, given.values, panel = points, rows, columns, show.
given = TRUE, col = par("fg"), pch = par("pch"), bar.bg = c(num = gray(0.8),
fac = gray(0.95)), xlab = c(x.name, paste("Given :", a.name)), ylab = c(y.
name, paste("Given :", b.name)), subscripts = FALSE, axlabels = function(f)
abbreviate(levels(f)), number = 6, overlap = 0.5, xlim, ylim, ...)
```

其中，

formula 为表达式，对于一个条件变量而言，表达式形式为 "y ~ x | a"，对于两个条件变量而言，表达式形式为 "y ~ x| a * b"。如果条件变量为因子，coplot() 函数就会对条件变量的每个水平值绘制 x 和 y 的散点图。如果条件变量是数值型向量，则这个数值型向量就会被分割成为一系列的条件区间（conditioning intervals），coplot() 函数此时会在条件变量的每个区间上绘制 x 和 y 的散点图。参数 number 和 given.values 可以用来控制区间的数量和位置。

data 为所使用的数据框。

panel 用来设置所绘图形的类型，默认值为 points，即绘制散点图。读者可以尝试一下使用 panel.smooth 这个参数。

rows 和 columns 为图形布局参数，表示多图布局时的行数和列数。

show.given 为逻辑值，表示是否将对条件变量作图，默认值为 TRUE。当给定两个条件变量时，逻辑值为向量形式。

bar.bg 控制条件变量图形中表示条件变量的条状图形背景色，num 对应数值条件变量，fac 对应因子条件变量。

axlabels 为方程，当 x 或 y 为因子时使用，用来建立坐标轴标签。

使用数据集 mtcars，我们给出一个简单的例子，其中，定义 cyl 为条件变量，并将其作为因子来处理（见代码 6-22）。

代码 6-22

```
coplot(mpg~hp|as.factor(cyl),data=mtcars,rows=1,pch=19,col="red",bar.bg=c(fac=
"light green"))
```

输出结果如图 6-17 所示。

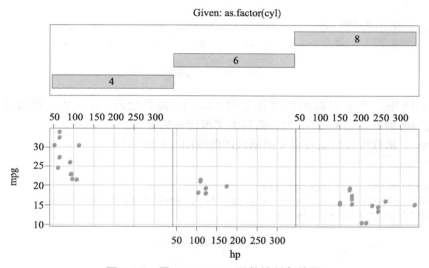

图 6-17　用 coplot() 函数绘制条件图

注：依照代码 6-22，图中 4、6、8 对应矩形为绿色，下方风格中点应为红色。

作为一个练习，请读者使用测试数据集 airquality，将变量 Temp 和 Wind 同时作为条件变量，绘制变量 Solar.R 和 Ozone 之间的条件散点图，并尝试解读两者之间的关系。

6.9　用 curve() 函数绘制自定义的函数图形

curve() 函数多用于绘制各种自定义的一元函数，当然，对常规函数如 sin、cos 等一样可以绘制。使用命令 help(curve) 获取该函数的使用信息。curve() 函数的基本用法为：

```
curve(expr, from = NULL, to = NULL, n = 101, add = FALSE, type = "l", xname =
"x", xlab = xname, ylab = NULL, log = NULL, xlim = NULL, ...)
```

其中，

expr 是所有绘制的一元函数表达式或该函数对象的名称；

from 和 to 定义了函数定义域的区间范围；

n 控制定义域的子区间大小，n 越大，绘制出来的曲线越平滑；

add 参数取逻辑值，当 add=TRUE 时，R 语言会在现有图形上添加曲线。

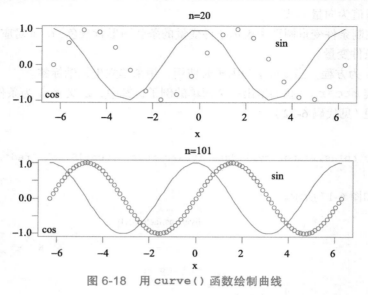

图 6-18　用 curve() 函数绘制曲线

在图 6-18 中，上下两幅图形都是先用 plot() 函数绘制 cos 曲线，再通过 curve() 函数添加了 sin 曲线。当 n=101 时，曲线的平滑度显然更高。

curve() 函数可以绘制自定义的函数的曲线图（见图 6-19）。

代码 6-23

```
f<-function(x) {sin(x)+cos(x)}
curve(f, -2*pi, 2*pi, xname="a",type="p",lwd=2,col="blue", xlab="the horizontal
axis",main="f(a)=sin(a)+cos(a)")
```

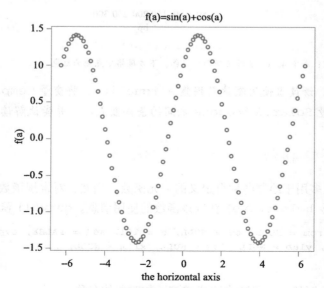

图 6-19　用 curve() 函数绘制自定义函数的曲线

注：依照代码 6-23，图中空心圆应为蓝色。

在代码 6-23 中，首先以 x 作为自变量定义函数 sin(x) 与 cos(x) 之和，然后在区间 [-2*pi, 2*pi] 上对函数作图。除了对曲线的类型、宽度、颜色进行设定以外，还重新定义横坐标的标签为 "the horizontal axis"。注意 xlab 参数的默认值为 xname 的值，xname 的默认值为 x。但是我们同样可以重新定义 xname 的值，此处，假设我们关心的自变量为 a，则 xname="a"。相应地，纵坐标的标签最终显示为 "f(a)"。

curve() 函数绘制的是一元函数图形，如 f(x)=x^0.5。有时候，我们想要绘制双变量的函数图形，如 f(x,y)=(x*y)^0.5，当然，这是一个曲面。在 R 语言的 emdbook 包中，提供了 curve3d() 函数，作为绘制单变量 curve() 函数的对应，绘制双变量的曲面图形。让我们从 curve() 函数到 curve3d() 函数的用法推广是很自然的。在介绍 curve3d() 函数之前，让我们先来看一下如何利用 curve() 函数绘制 f(x,y)=(x*y)^0.5 的相关信息，在这里，把 y 看作外生变量，即指定 y 的若干值（见代码 6-24）。

代码 6-24
```
f<-function(x,y) sqrt(x*y)
curve(f(x,0.1),xlim=c(0,1),ylim=c(0,1),ylab="f(x,y)")
curve(f(x,0.5),add=TRUE)
curve(f(x,0.9),add=TRUE)
```

从图 6-20 中看到，随着 y 取不同值，曲线逐渐向上移动。尽管这实质上还是一个一元函数的图形，但是它向我们展示了不同静态结果之间的差异。

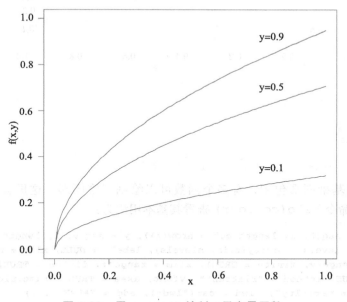

图 6-20 用 curve() 绘制二元变量函数

在载入 emdbook 包后，使用命令 help(curve3d) 查看 curve3d() 函数的帮助文件，其基本用法为：

```
curve3d(expr, from = c(0, 0), to = c(1, 1), n = c(41, 41), xlim, ylim, add = FALSE, xlab=
varnames[1], ylab=varnames[2], zlab = NULL, log = NULL, sys3d = c("persp", "wireframe",
"rgl", "contour", "image", "none"), varnames=c("x","y"),use_plyr=NULL,.progress=
"none",...)
```

主要参数的含义与 curve() 函数一致，在 sys3d 参数中，提供了若干种绘制三维图形的方法。

这里根据代码 6-25 选择做一幅等高线图（见图 6-21）。等高线图以二维图形呈现，但实质上是三维图形，因为每条等高线都有一个对应的数值。

代码 6-25

```
f=function(x,y) sqrt(x*y)
curve3d(f,sys3d="contour",n=200)
```

输出结果如图 6-21 所示。

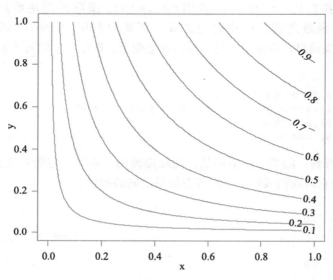

图 6-21 用 curve3d() 绘制自定义函数的等高图

6.10 绘制三维信息图形

6.10.1 用 contour() 函数绘制等高线图

在 R 语言的基础图形包中，有多个函数可以绘制三维图形，这里首先介绍等高线图（contour）。使用命令 help(contour) 查看其基本用法为：

```
contour(x = seq(0, 1, length.out = nrow(z)), y = seq(0, 1, length.out = ncol(z)),
z, nlevels = 10, levels = pretty(zlim, nlevels), labels = NULL, xlim = range(x, finite =
TRUE), ylim = range(y, finite = TRUE), zlim = range(z, finite = TRUE), labcex = 0.6,
drawlabels = TRUE, method = "flattest", vfont, axes = TRUE, frame.plot = axes, col =
par("fg"), lty = par("lty"), lwd = par("lwd"), add = FALSE, ...)
```

在介绍函数 contour() 的参数前，需要解释一下等高图的含义。首先，等高图是一种用二维图形来展示三维数据的图形。如果用 $\{x_i, i = 1, 2, \cdots, n\}$ 表示一系列横向坐标，用 $\{y_j, j=1, 2, \cdots, n\}$ 表示纵向坐标，用 z_{ij} 表示一系列固定值，如 100、101、102、103 等，那么可能存在这样的关系：

$$100 = f(x_1, y_2) = f(x_2, y_1) = f(x_3, y_3) = \cdots\cdots$$

$$101 = f(x_1, y_3) = f(x_2, y_4) = f(x_3, y_5) = \cdots\cdots$$

$$\cdots\cdots$$

其中 f 是函数。如果我们把 x 和 y 设想成经纬度坐标，把 z 看作是相应经纬度坐标点上一座山的高度，那么，上面的等式表明：在某个特定的海拔上（如海拔 100 米），对应着不同的经纬度坐标点。换句话说，在不同的地点，这座山的海拔高度是一样的。把这些对应同一海拔高度的点在平面坐标上连接起来，就是一条等高线。

因此，等高线就是用来表示同一水平值的不同坐标点的连线。从这个定义中也不难发现，在同一平面图上，表示不同水平值的等高线是不可能相交的，因为同一个地理位置上，不可能对应两个不同的海拔高度。

在 contour() 函数的参数中，x 和 y 都是向量，它们分别表示在水平位置和纵向位置上的一系列点，并且，由 x 和 y 构成了纵横相交的网格。z 是一个矩阵，代表了在 x 和 y 所形成的网格上的不同"高度"值。

在 contour() 函数中，向量 x=seq(0,1,length.out=nrow(z))，表明其长度等于矩阵 z 的行数；类似地，y=seq(0,1,length.out=ncol(z))，表明 y 的长度等于矩阵的列数。这样，矩阵 z 实际上包含了水平位置、纵向位置和高度的信息。

参数 nlevels 用来设置等高线的疏密程度，默认值为 10。参数 levels 为一个数值向量，其功能与 nlevels 相似，它可以指定等高线的 z 值，例如，高度值范围在 $100 \sim 150$ 之间，而你可能只想绘制 100、110、120、130、140、150 高度值的等高线。注意，如果设置了 levels 参数，nlevels 参数将失效。

参数 labels 为等高线的标签，默认是矩阵 z 中的高度数值。

参数 method 用来指定等高线的画法，method="simple" 表示在等高线的末端加上标签，标签与等高线重叠；method="edge" 表示在等高线的末端加上标签，标签嵌入等高线；method="flattest" 表示在等高线最平坦的地方加上标签，标签嵌入等高线。

其他参数一般用来控制字体、线宽、颜色等选项。

使用 R 语言中的 volcano 数据集，可以绘制 Maunga Whau 火山的等高线图（见代码 6-26）。volcano 矩阵包含了 87 行 61 列，行代表了自东向西的网格线，列代表了从南至北的网格线。

代码 6-26

```
contour(volcano,nlevels=8,method="flattest",lwd=2,labcex=0.8,vfont=c("sans serif",
"italic"),col="blue")
```

在这幅等高图中，我们通过 contour 函数改变了等高线的疏密度、增加了线宽、放大了标签、改变了标签字体、设置了等高线的线条颜色（见图 6-22）。

6.10.2 用 scatterplot3d() 等函数绘制三维散点图

1. 用 scatterplot3d() 函数绘制三维散点图

在 plot() 函数的分析中，我们使用该函数绘制成对数据（分组和部分组成）的散点图，也绘制了矩阵型的散点图，例如使用 mtcars 数据集绘制了 mpg、wt 和 hp 之间的两两关系。

如果需要同时绘制以上三个变量的关系，就需要使用三维图形。在加载 scatterplot3d 包后，就可以绘制三维散点图。使用命令 example(scatterplot3d) 查看绘图案例，命令 help(scatterplot3d) 查看其基本用法为：

```
scatterplot3d(x, y=NULL, z=NULL, color=par("col"), pch=par("pch"), main=NULL,
sub=NULL, xlim=NULL, ylim=NULL, zlim=NULL, xlab=NULL, ylab=NULL, zlab=NULL, scale.
y=1, angle=40, axis=TRUE, tick.marks=TRUE, label.tick.marks=TRUE, x.ticklabs=
NULL, y.ticklabs=NULL, z.ticklabs=NULL, y.margin.add=0, grid=TRUE, box=TRUE, lab=par
```

```
("lab"), lab.z=mean(lab[1:2]), type="p", highlight.3d=FALSE, mar=c(5,3,4,3)+0.1,
bg=par("bg"), col.axis=par("col.axis"), col.grid="grey", col.lab=par("col.lab"),
cex.symbols=par("cex"), cex.axis=0.8 * par("cex.axis"), cex.lab=par("cex.lab"),
font.axis=par("font.axis"), font.lab=par("font.lab"), lty.axis=par("lty"), lty.
grid=par("lty"), lty.hide=NULL, lty.hplot=par("lty"), log="", ...)
```

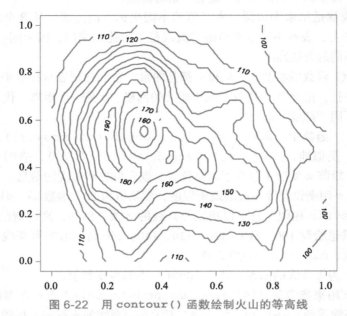

图 6-22　用 contour() 函数绘制火山的等高线

注：依照代码 6-26，图中等高线应为蓝色。

其中，

由 angle 控制绘图时 x 轴和 y 轴之间的夹角（因为是三维作图，想象一下一个立方体）。grid 控制 x-y 平面上是否添加网格线。参数 box 控制是否完全添加绘图立方体的边框线。

type 控制绘图的类型，选择 p 用来绘制点图，选择 l 用来绘制曲线图，选择 h 用来添加数据点到 x-y 平面的垂直线等。

highlight.3d 控制突出显示功能，即用不同的颜色来突出靠近 x-z 平面（即相对于四条 y 轴）的数据点。这在彩色视觉环境下会具有较好的效果。

使用 mtcars 数据集，绘制 mpg、wt、hp 之间的三维散点图，如代码 6-27 所示。

代码 6-27
```
attach(mtcars)
scatterplot3d(wt,hp,mpg,pch=20,highlight.3d=TRUE,type="h", main="3d Scat-terplot")
detach(mtcars)
```

输出结果如图 6-23 所示。

2. 用 plot3d() 函数绘制三维散点图

scatterplot3d() 函数绘制的三维散点图不能旋转，因此视觉效果上会逊色一些。加载 rgl 包后，使用 plot3d() 函数，可以绘制交互式（可旋转）的三维散点图，通过鼠标控制图形的观察视角。使用命令 example(plot3d) 观察绘图例子，用命令 help(plot3d) 查看其基本用法为：

```
plot3d(x, y, z, xlab, ylab, zlab, type = "p", col, size, lwd, radius, add = FALSE,
aspect = !add, xlim = NULL, ylim = NULL, zlim = NULL, forceClipregion = FALSE, ...)
```

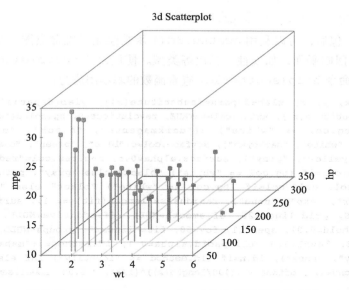

图 6-23　用函数 scatterplot3d() 绘制三维散点图

注：请见文前彩插。

size 控制所绘制数据点的大小。当选择绘图类型 type="s" 时，数据点就会被绘制成为一个个小球体，此时参数 size 或 radius 控制球体的大小。

仍旧使用 mtcars 数据集，绘制 mpg、wt、hp 之间的三维散点图（见代码 6-28）。

代码 6-28

```
attach(mtcars)
plot3d(wt,hp,mpg,type="s",size=1.5,col="blue")
detach(mtcars)
```

输出结果如图 6-24 所示。

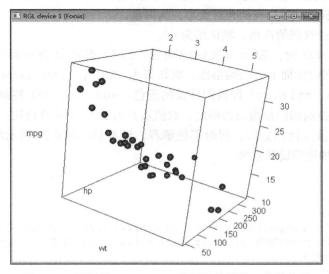

图 6-24　用函数 plot3d() 绘制可旋转的三维散点图

注：依照代码 6-28，图中的散点应显示为蓝色。

3. 用 scatter3d() 函数绘制三维散点图

加载 Rcmdr 包后，可以利用 scatter3d() 函数绘制三维散点图。scatter3d() 函数可以绘制各种回归平面，如线性、二次等类型。使用命令 example(scatter3d) 查看绘图案例，使用命令 help(scatter3d) 查看函数的基本用法为：

```
scatter3d(x, y, z, xlab=deparse(substitute(x)), ylab=deparse(substitute(y)),
zlab=deparse(substitute(z)), axis.scales=TRUE, revolutions=0, bg.col=c("white", "black"),
axis.col=if (bg.col == "white") c("darkmagenta", "black", "darkcyan") else
c("darkmagenta", "white", "darkcyan"), surface.col=c("blue", "green", "orange", "magenta",
"cyan", "red","yellow", "gray"), surface.alpha=0.5, neg.res.col="red", pos.res.col=
"green", square.col=if (bg.col == "white") "black" else "gray", point.col="yellow",
text.col=axis.col, grid.col=if (bg.col == "white") "black" else "gray",fogtype=c
("exp2", "linear", "exp", "none"), residuals=(length(fit) == 1), surface=TRUE, fill=
TRUE, grid=TRUE, grid.lines=26, df.smooth=NULL, df.additive=NULL, sphere.size=1,
radius=1, threshold=0.01, speed=1, fov=60, fit="linear", groups=NULL, parallel=TRUE,
ellipsoid=FALSE, level=0.5, ellipsoid.alpha=0.1, id.method=c("mahal", "xz", "y",
"xyz", "identify", "none"), id.n=if (id.method == "identify") Inf else 0, labels=as.
character(seq(along=x)), offset = ((100/length(x))^(1/3)) * 0.02, model.summary=FALSE, ...)
```

其中，

xlab、ylab、zlab 控制坐标轴的标签。

axis.scales 为 TRUE 时，在坐标轴的端点处添加变量的数值。

revolutions 用来控制图形旋转展示的次数，默认值为 0 次。参数 speed 控制旋转的速度。

bg.col 控制背景色，只能选择白色或黑色。

axis.col 控制坐标轴的颜色。当选择白色或黑色作为背景颜色后，按默认方式选择坐标轴的颜色。当 axis.scales 为 TRUE 时，可以指定为坐标轴指定另一组颜色（三个坐标轴，三个颜色）。当 axis.scales 为 FALSE 时，为坐标轴指定的一组颜色中的第二种颜色会被用于全部三个坐标。参数 text.col 用以控制坐标轴标签的颜色，与坐标轴颜色一致。

point.col 控制所绘制数据点的颜色。参数 sphere.size 控制所绘制数据点的大小。radius 控制所绘制数据点的相对大小，为向量。

fov 控制三维透视图的视角，默认值为 60。

surface 为 TRUE 时，表示添加回归曲面。fill 表示是否对回归曲面填充颜色。grid 表示是否在回归曲面上添加网格线，默认值为 TRUE；grid.lines 控制网格线的疏密度，默认值为 26。grid.col 控制网格线的颜色。surface.col 控制回归曲面的颜色。surface.alpha 控制回归曲面的透明度，取值从 0 到 1，0 表示全透明。

其他一些参数涉及回归方法，暂时不做解释。请看如代码 6-29 所示的例子，为了增强视觉效果，可以添加图形旋转参数。

代码 6-29
```
library(Rcmdr)
attach(mtcars)
scatter3d(wt,hp,mpg,point.col="blue",surface=TRUE,surface.col="grey",
surface.alpha=0.25,grid=TRUE,grid.lines=20,axis.scales=TRUE,axis.col=c("black","bl
ack","black"),fov=45)
detach(mtcars)
```

输出结果如图 6-25 所示。

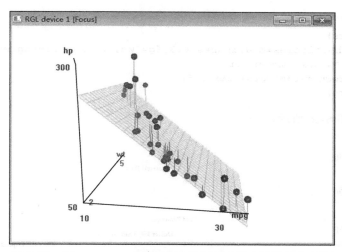

图 6-25　用 scatter3d() 函数绘制三维散点图和回归平面

注：请见文前彩插。

6.10.3　用 symbols() 函数绘制气泡图和温度计图

与等高图类似，气泡图也是一种用二维平面作图来反映三维信息的图形。首先绘制二维的散点图，然后用数据点的大小（如气泡大小）反映第三个变量的值。使用命令 example (symbols) 查看绘图案例，用命令 help(symbols) 查看其基本用法为：

```
symbols(x, y = NULL, circles, squares, rectangles, stars, thermometers,
boxplots, inches = TRUE, add = FALSE, fg = par("col"), bg = NA, xlab = NULL, ylab =
NULL, main = NULL, xlim = NULL, ylim = NULL, ...)
```

其中，

x 和 y 是绘图所用记号（symbols）中心点所在的坐标。

circles 是一个向量，表示数据点用圆圈符号表示，并通过向量指定圆圈的半径。

squares 是一个向量，表示数据点用正方形符号绘制，并通过向量指定正方形的边长。

rectangles 是一个两列矩阵，表示数据点用矩阵符号绘制，并通过第一列给出矩形的宽度，第二列给出矩形的高度。

stars 是一个三列以上的矩阵，表示数据点用星形符号绘制（雷达图），每一列给出从星形中心出发的射线的长度。

thermometers 是一个三列或四列矩阵，表示数据点用温度计图绘制。矩阵的前两列给出每个温度计图形的宽度和高度，第三列给出温度计图中被颜色填充部分相对于温度计图高度的比例，例如高度是 1，填充的比例是 0.5，所以单个温度计图形中的一半图形会被颜色填充。如果矩阵有第四列，其数据也将被视为比例，图形会在第三列和第四列比例值之间进行填充颜色。温度计图形中未被特定颜色填充的部分以背景色填充。

boxplots 为一个五列矩阵，表示数据点用箱线图绘制，矩阵的第一列和第二列分别给出箱线图的宽度和高度，第三列和第四列给出了箱线图上下两条须的长度，第五列给出了比例值。

inches 等比例地控制所绘制图标（如圆圈）的大小。fg 控制所绘制图标的颜色。bg 控制所绘制图标的填充颜色。

对 Symbols() 函数的初步应用如代码 6-30 所示。

代码 6-30

```
attach(mtcars)
symbols(wt,hp,circles=mpg,inches=0.3,fg="white",bg="lightgrey",xlab="Weight
(lb/1000)",ylab="Gross horsepower")
text(wt,hp,rownames(mtcars),cex=0.6)
detach(mtcars)
```

输出结果如图 6-26 所示。

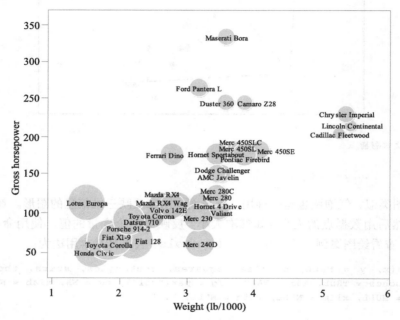

图 6-26　用 symbols() 函数绘制的气泡图

Symbols() 函数也可以用来绘制温度计图，如代码 6-31 所示。

代码 6-31

```
attach(mtcars)
n<-mtcars[mtcars$gear==5,]
symbols(n$wt,n$hp,thermometers=cbind(0.5,1,n$mpg/50),inches=0.8,xlab="Weight
(lb/1000)",ylab="Gross horsepower")
text(n$wt,n$hp+15,rownames(n),cex=1)
detach(mtcars)
```

输出结果如图 6-27 所示。

6.10.4　用 persp() 函数绘制三维表面图

函数 persp() 用来绘制三维图形。使用命令 example(persp) 查看实例，使用命令 help(persp) 查看其基本用法为：

```
persp(x = seq(0, 1, length.out = nrow(z)), y = seq(0, 1, length.out = ncol(z)),
z, xlim = range(x), ylim = range(y), zlim = range(z, na.rm = TRUE), xlab = NULL, ylab =
NULL, zlab = NULL, main = NULL, sub = NULL, theta = 0, phi = 15, r = sqrt(3), d = 1, scale =
TRUE, expand = 1, col = "white", border = NULL, ltheta = -135, lphi = 0, shade = NA,
box = TRUE, axes = TRUE, nticks = 5, ticktype = "simple", ...)
```

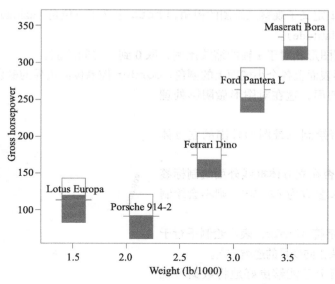

图 6-27 用 `symbols()` 函数绘制的温度计图

其中，x 和 y 是网格线的位置参数，默认情况下，x 和 y 均使用 0 到 1 之间的等间距值。想象一下，在三维空间中，相同的等间距取值使得 xy 平面上形成了网格线。

代码 6-32

```
x<-y<-seq(0,1,length=5)
x
[1] 0.00 0.25 0.50 0.75 1.00
y
[1] 0.00 0.25 0.50 0.75 1.00
```

例如在代码 6-32 中，x 和 y 取值都在 0 到 1 之间，并且都被等距离地划分为 4 个子区间（取 0 到 1 上的 5 个值）。这样，在 xy 平面上就形成了大小相等的 16 个网格。网格线的交叉点（包括 x 轴和 y 轴上的数据点）用于定位，在每一个定位点上，确定第三维 z 坐标的数据值。x 和 y 值必须是递增的。

z 是一个矩阵。假设 z 是一个行数和列数相等的方阵，如 5 行 5 列，由于行列是等间距的，就相当于划定了 xy 平面上的网格线，某一行某一列上的元素，就是要绘制的第三维数据。

首先看一个简单的例子（见代码 6-33）。

代码 6-33

```
str(volcano)
num [1:87, 1:61] 100 101 102 103 104 105 105 106 107 108 ...
x<-seq(0,1,length=87)
y<-seq(0,1,length=61)
persp(x,y,volcano,theta=30,phi=30,expand=0.5)
```

输出结果如图 6-28 所示。

在代码 6-33 中，首先定义网格线，x 和 y 为 0 到 1 上各取 51 个值（50 等分），矩阵 z 取数据集 volcano 的前 51 行和 51 列（注：数据集 volcano 为 87 行 61 列的矩阵），然后使用 persp() 函数绘制三维图像。

persy() 函数中其他参数的含义如下：

theta 和 phi 定义了观察三维图的视角，theta 定义了方位角（azimuthal direction），phi 定义了余纬角（colatitude）。

expand 控制图形相对于 z 轴的缩放比例，取 0 到 1 之间的值。

col 控制图形表面上各个小棱面上的颜色。border 控制棱面边界的颜色，如果 border=NA，就不绘制小棱面，这在对图形做阴影处理时有用。

box 表示是否绘制三维图形外围的立方体框线。

axes 表示是否在立方体框线外面绘制标签和记号。如果 box 参数为 FALSE，则不会绘制标签和记号。

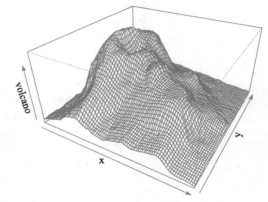

ticktype 是字符 simple，表示绘制平行于坐标轴的箭头，箭头指向变量的递增方向。

对三维图进行上色能够更好地将数据可视化，这需要 R 语言的颜色管理的知识，这将在后面的内容中加以详细分析，到时再来实现对三维图形的上色。

图 6-28　用 persp() 函数绘制的简单 3D 面火山图

6.10.5　用 image() 函数绘制三维图形（三变量图形）

对于绘制 x、y、z 三变量的图形而言，函数 contour() 通过在 xy 平面上绘制等高线来表达 z 的值，函数 persp() 通过在 xy 平面上确定网格线从而在第三维确定 z 的值而绘制一个 3D 面。函数 image() 采用了另外一种方法来展示三维数据或空间数据，即在 xy 平面上确定网格线，从而形成一个个矩形方格，并通过不同颜色或灰度的填充来表达 z 的值。因此，函数 image() 事实上也是等高图。

使用命令 example(image) 函数查看实例，使用命令 help(image) 查看其基本用法为：

```
image(x, y, z, zlim, xlim, ylim, col = heat.colors(12), add = FALSE, xaxs = "i",
yaxs = "i", xlab, ylab, breaks, oldstyle = FALSE, useRaster, ...)
```

其中，x 和 y 是网格线的位置参数，其基本含义与函数 persp() 函数中一致。z 是一个数值或逻辑矩阵。

col 控制颜色，可以使用 rainbow()、heat.colors()、topo.colors()、terrain.colors() 等函数。关于颜色管理的介绍将在第 7 章进行。

与函数 persp() 的例子相仿，使用如代码 6-34 所示的命令绘制火山数据。

代码 6-34
```
str(volcano)
 num [1:87, 1:61] 100 101 102 103 104 105 105 106 107 108 ...
x<-seq(0,1,length=87)
y<-seq(0,1,length=61)
image(x,y,volcano,col=gray((20:50)/50))
```

输出结果如图 6-29 所示。

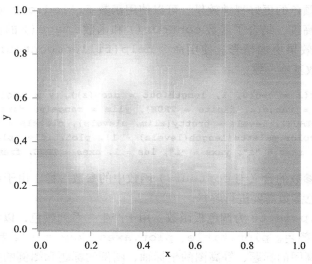

图 6-29　用函数 image() 绘制的简单火山等高图

在上述命令基础上，再添加如代码 6-35 所示的命令，可以得到更好的视觉效果。代码 6-35 表示，在函数 image() 绘制等高图的基础上，再添加等高线，其效果相当于在等高线图基础上再添加等高线之间的填充颜色。

代码 6-35

```
max(volcano)
[1] 195
min(volcano)
[1] 94
contour(x,y,volcano,levels=seq(90,200,by=5),add= TRUE,col = "red")
```

输出结果如图 6-30 所示。

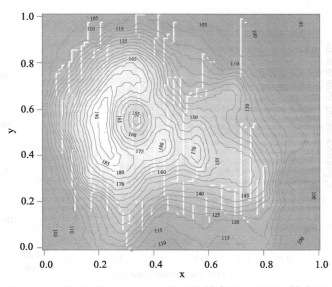

图 6-30　在用函数 image() 绘制的等高图上再添加等高线

注：请见文前彩插。

　　为了达到填充颜色的更好视觉效果，可以使用函数 filled.contour()，该函数使用颜色来表示不同的高度，结合了函数 contour() 和函数 image() 的优势，并且添加了图例，使得视觉呈现效果更加精彩。使用命令 help(filled.contour) 查看其基本用法，与 contour() 函数基本一致：

```
filled.contour(x = seq(0, 1, length.out = nrow(z)), y = seq(0, 1, length.out =
ncol(z)), z, xlim = range(x, finite = TRUE), ylim = range(y, finite = TRUE), zlim =
range(z, finite = TRUE), levels = pretty(zlim, nlevels), nlevels = 20, color.palette =
cm.colors, col = color.palette(length(levels) - 1), plot.title, plot.axes, key.title,
key.axes, asp = NA, xaxs = "i", yaxs = "i", las = 1, axes = TRUE, frame.plot = axes, ...)
```

　　该函数中主要参数的含义与 contour() 函数中的参数一样。由于要使用颜色来进行区分，几个重要的颜色参数需要进行解释。

　　其中，color.palette 为调色板函数，用于产生一系列颜色，以填充等高图。也可以使用 col 参数指定颜色。plot.title、plot.axes、key.title 和 key.axes 四个参数分别用来控制等高图的标题、等高图的坐标轴、图例的标题和图例的坐标轴。注意这里区分了等高图和图例。因为 filled.contour() 函数所产生的图形实际上是由等高图和图例这两幅独立的图形通过 layout() 函数布局而成的。

　　让我们来看一个例子，尝试用 filled.contour() 函数绘制等高图（见代码 6-36）。

代码 6-36

```
filled.contour(volcano,color=terrain.colors,xaxs="r",asp=1,plot.title=title(main=list
("Maunga Whau Volcano",font=3,cex=1.8, col="blue"),xlab="x: grid lines running east
to west",ylab="y: grid lines running south to north"), key.title=title(main="Legen
d",sub="Height \n in meters",line=1.5))
```

　　输出结果如图 6-31 所示。

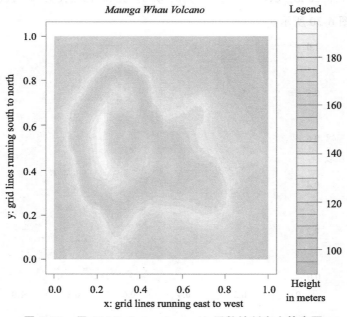

图 6-31　用 filled.contour() 函数绘制火山等高图

注：请见文前彩插。

第7章
Chapter 7

颜 色 管 理

7.1 为数据增添色彩：R 语言中的颜色管理

人们喜欢色彩丰富的世界。颜色在我们的日常生活中扮演着十分重要的角色。没有颜色，我们对于世界和物体的识别能力将大大降低。

在使用计算机绘图时，丰富的颜色可以加强数据的可视化效果。简单的黑白色图形通常只适用于教科书的阅读，对于数据的视觉呈现而言，丰富多彩的颜色可以吸引受众的目光。在 R 语言中，对图形进行着色或者调整图形的颜色是绘图过程中非常重要的一个环节。没有出众和协调的颜色处理，绘图效果将大打折扣。[⊖]

R 语言能够实现"五彩缤纷"的颜色管理功能。在 R 语言中，使用者对颜色的基本管理主要通过基础包 grDevice 中颜色函数而获得支持。使用命令 library(help="grDevices")，可以查看到 grDevice 包的相关信息，其中涉及颜色的几个重要函数如下。

（1）函数 colors()：R 语言自带的基本颜色配置；

（2）函数 palette()：调色板函数；

（3）函数 rainbow()：彩虹调色板；

（4）函数 rgb()：RGB 颜色模型，使用三原色，即红色（red）、绿色（green）、蓝色（blue）来调配颜色；

（5）函数 gray()：灰色生成模型，设置不同层次的灰度颜色；

（6）函数 hsv()：HSV 颜色模型，通过对色调（hue）或色相、饱和度（saturation）和色明度（value）的调配来得到颜色；

（7）函数 hcl()：HCL 颜色模型，通过对色调、色度（chroma）和亮度（luminance）构造颜色。

⊖ 在 R 语言中，我们可以对许多对象进行着色，例如点、线、坐标轴、文本、图例、背景等。

除了基本安装包 grDevice 之外，我们可以在 CRAN 上找到许多免费的 R 语言颜色管理包。

7.2 函数 colors()

不加任何参数地输入命令 "colors()"，返回的是 657 种颜色的名称。换句话说，这是 R 语言自带的固定配置的颜色。例如，如代码 7-1 所示，我们选取其中的前 10 个颜色名称，同时，注意函数 colors() 的结构（代码 7-1 中的第二个命令），函数 colors() 是一个字符型的向量。

代码 7-1
```
head(colors(),10)
 [1] "white"          "aliceblue"      "antiquewhite"   "antiquewhite1"
 [5] "antiquewhite2" "antiquewhite3" "antiquewhite4" "aquamarine"
 [9] "aquamarine1"    "aquamarine2"
str(colors())
 chr [1:657] "white" "aliceblue" "antiquewhite" "antiquewhite1" ...
```

我们可以使用这些颜色名称来对图形进行着色。当然，你需要知道这些名称所对应的颜色是什么样的。在浏览器中输入以下网址，可以查看这 657 种颜色，并选取你想要的那些。

http://research.stowers-institute.org/efg/R/Color/Chart/ColorChart.pdf

在绘图过程中，我们通常对红色、绿色、蓝色、黄色等颜色有特别的偏好，使用较多。但是，仅有这几种颜色肯定是不够的。例如，如果要绘制一张饼图，并将饼图分割成为 20 个小单元，每一个单元的着色都要不同，从而能够相互区别。你可以去查阅这 657 个颜色名称所对应的颜色，从中选取 20 个。然而，这个过程十分费时费力。使用如代码 7-2 所示的命令，可以轻松地实现饼图的着色过程（效果见图 7-1）。

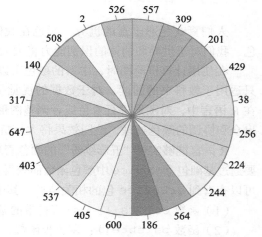

图 7-1　用函数 colors() 为饼图着色

注：请见文前彩插。

代码 7-2
```
y<-sample(657,20)
pie(rep(1,20),col=colors()[y],labels=y)
```

首先，我们从 1 ～ 657 中随机抽取了 20 个数字，然后通过命令 colors()[y] 选取了 colors() 函数返回值中相应位置的颜色，从而为饼图着色。上面的命令也可以简化为代码 7-3。

代码 7-3
```
pie(rep(1,20),col=sample(colors(),20))
```

在随机选取颜色的过程中，被选中的颜色可能并不符合你的审美标准，通过反复执行上面的命令，也许会有所改善。当然，这不能算是一个很好的方法。

如果你对某个色系，如红色有特别的偏好，我们还可以通过以下命令来从这 657 个颜色中把带有"红色"的颜色挑选出来。

代码 7-4

```
redcol<-grep("red", colors())
colors()[redcol]
 [1]      "darkred"              "indianred"           "indianred1"
 [4]      "indianred2"           "indianred3"          "indianred4"
 [7]      "mediumvioletred"      "orangered"           "orangered1"
[10]      "orangered2"           "orangered3"          "orangered4"
[13]      "palevioletred"        "palevioletred1"      "palevioletred2"
[16]      "palevioletred3"       "palevioletred4"      "red"
[19]      "red1"                 "red2"                "red3"
[22]      "red4"                 "violetred"           "violetred1"
[25]      "violetred2"           "violetred3"          "violetred4"
```

在代码 7-4 中，使用了函数 grep() 对字符 red 进行搜索和匹配。从结果中看，我们在 657 个颜色中找到了 27 个与 red 相关的颜色。利用这 27 个颜色进行作图（见代码 7-5），得到图 7-2。

代码 7-5

```
n<-15
plot(1:n, pch=16, cex=1:n, col=colors()[redcol])
```

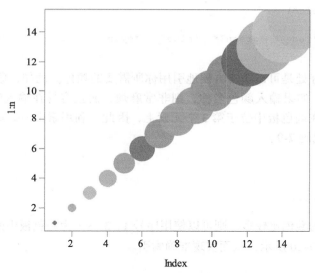

图 7-2　用函数 colors() 中的红色系进行绘图

注：依照代码 7-5，图中实心圆应为渐变的红色

作为一个练习，请读者从 657 个颜色中挑选出与 "blue" 相关的颜色。

7.3　调色板函数 palette()

我们可以自定义一组颜色（颜色向量），然后将其应用于图形绘制。当我们这样做时，实际上就是自定义了一个调色板。

事实上，R 语言还可以通过使用预制的各种管理颜色的调色板函数，使得定义颜色的过程变得十分方便。palette() 是管理颜色的调色板函数。使用命令 help(palette) 查看其基本用法为：

```
palette(value)
```

其中，参数 value 是一个供选择的各种颜色的字符向量。如代码 7-6 所示，在 R 语言中输入 palette()，可以得到调色板里默认的 8 种颜色（返回的结果是颜色名称的向量）。

代码 7-6
```
palette()
[1] "black"   "red"     "green3"  "blue"    "cyan"    "magenta" "yellow"
[8] "gray"
```

如果要更改调色板中的颜色，可以使用代码 7-7（假设我们需要 5 种颜色）。

代码 7-7
```
palette(c(sample(colors(),5)))  #重新定义调色板中的颜色
palette()
[1] "gray83" "gray92" "darkmagenta" "gray34" "seashell3"
```

如果想要恢复调色板中的默认颜色，可以使用代码 7-8。

代码 7-8
```
palette("default")
palette()
[1] "black"   "red"     "green3"  "blue"    "cyan"    "magenta" "yellow"
[8] "gray"
```

使用调色板的好处是可以非常方便地引用你所需要的颜色。例如，假设我们需要的颜色为 darkmagenta，如果输入颜色名称，则非常麻烦，而且容易在输入时发生错误。然而，我们知道这个颜色在调色板中位于第 3 个元素上，因此，利用索引 palette()[3] 就可以得到这个颜色（见代码 7-9）。

代码 7-9
```
palette()[3]
[1] "darkmagenta"
```

如果调色板中的颜色比较多，则可以使用序号 1，2，3…为调色板中的元素添加名称（按照其位置），如代码 7-10 所示，从而实现准确索引。

代码 7-10
```
p<-palette()
p
[1] "gray83" "gray92" "darkmagenta" "gray34" "seashell3"
names(p)<-1:5
p
             1              2              3              4              5
      "gray83"       "gray92" "darkmagenta"       "gray34"    "seashell3"
p[3]
[1] "darkmagenta"
```

综合以上信息，请看下面这个例子（见代码 7-11）。

代码 7-11
```
p<-palette(c(sample(colors(),20)))
```

```
x<-barplot(1:20,col=p,ann=FALSE,yaxt="n",ylim=c(0,21))
text(x,y=1:20+0.5,labels=1:20)
```

输出结果如图 7-3 所示。

最后，如果想要恢复到默认的调色板，使用 `palette(default)` 即可。从这个意义上看，`palette()` 函数实际上是 R 语言中用于固定某些颜色的函数。

7.4 基础安装包 grDevice 中的预制调色板函数

尽管调色板函数使用起来非常灵活，但是想要自己配置理想的颜色，却不是一件容易完成的事情，尤其是当你对颜色并不十分了解的时候

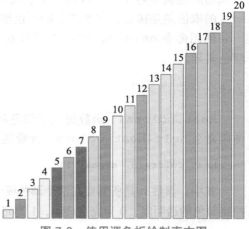

图 7-3　使用调色板绘制直方图

注：请见文前彩插。

（相对于绘画专业的学生，你对色彩的了解一般来讲是不专业的）。

为此，R 语言提供了诸多预制好的调色板函数。R 语言中预制调色板有 5 个，分别是 `rainbow()`、`heat.colors()`、`terrain.colors()`、`topo.colors()`、`cm.colors()`，它们均有各自的特色和不同的最佳用途。读者可以使用如代码 7-12 所示的命令来比较不同调色板的颜色差异性。

代码 7-12
```
n <- 20
pie(rep(1,times=n),col=rainbow(n),border=rainbow(n),main="rainbow")
pie(rep(1,times=n),col=heat.colors(n),border=heat.colors(n),main="heat.colors")
pie(rep(1,times=n),col=terrain.colors(n),border=terrain.colors(n),main=»terrain.colors»)
pie(rep(1,times=n),col=topo.colors(n),border=topo.colors(n),main="topo.colors")
pie(rep(1,times=n),col=cm.colors(n),border=cm.colors(n),main="cm.colors")
```

读者可以尝试改变 n 的值来观察更多的颜色差异。

7.4.1　彩虹七色：函数 rainbow()

`rainbow()` 函数是经常用到的预制调色板函数。

`rainbow()` 函数是以彩虹的七种颜色（Red、Orange、Yellow、Green、Blue、Indigo、Violet）为主题的一个内置调色板。其他颜色都在这几种颜色的基础上生成。使用命令 `help(rainbow)` 查看其基本用法为：

rainbow(n,s=1,v=1,start=0,end=max(1,n-1)/n,alpha=1)

其中，参数 n 是所要生成的颜色的数目，参数 s 是饱和度，v 是色明度，s 和 v 具有较强的技术性，我们可以取其默认值。读者也可以改变它们的取值来比较不同的结果。参数 alpha 控制透明度。

由于彩虹七色的任意两种颜色之间都存在大量的过渡颜色，例如，在红色和黄色之间，可能还存在其他"既红又黄"的颜色。因此，参数 start 和 end 的功能就是定义彩虹七色

的一个子集。例如，如果 start=0 代表红色，end=1/6 代表黄色，则 rainbow() 函数所生成的颜色就是若干种由红色向黄色过渡的颜色。其他情况以此类推。显然，当 start 和 end 的取值越是接近，其所产生的颜色越难用肉眼加以分辨。

使用命令 help(rainbow) 可以查看 rainbow() 函数及其他预制调色板函数之间的颜色差异。

7.4.2　白热化颜色：函数 heat.colors()

heat.colors() 函数提供了颜色从红色到黄色，再到白色依次渐变的暖色调调色板。使用命令 help(heat.colors) 查看其基本用法为：

heat.colors(n, alpha= 1)

其中，参数 n 是所需要在这个调色板中设定的颜色数目，alpha 取 0 到 1 之间的值，用来控制颜色的透明度，0 为完全透明，1 为完全不透明。例如，可以设置如代码 7-13 所示的颜色。

代码 7-13

```
x<-heat.colors(5,alpha=1)
x
[1] "#FF0000FF" "#FF5500FF" "#FFAA00FF" "#FFFF00FF" "#FFFF80FF"
col2rgb(x)
        [,1]    [,2]    [,3]    [,4]    [,5]
Red     255     255     255     255     255
Green   0       85      170     255     255
Blue    0       0       0       0       128
```

变量 x 返回的是我们选取的 5 种颜色，这些颜色以十六进制的 RGB 颜色表示，通过 col2rgb() 函数，我们可以看到这 10 种颜色是如何通过红色、绿色和蓝色的不同组合而形成的。col2rgb() 函数的功能就是转换颜色的表达方式。

7.4.3　terrain.colors() 函数

terrain 的意思是地形、地势，terrain.colors() 函数生成的颜色适合于为地理类（地图类）的图形着色，它所提供的颜色为从绿色 – 黄色 – 棕色 – 白色的渐变色彩。该函数的基本用法非常简单：

terrain.colors(n,alpha=1)

使用该函数的例子见此前使用 filled.contour 函数所绘制的填充等高图。

需要注意的一个地方是，该函数提供的颜色随数值增加而逐步变浅。如果想要使得越高的数值对应着越深的颜色，可以使用反转函数 rev()，读者可以比较如代码 7-14 所示的两个命令得到的结果。

代码 7-14

```
pie(1:10,col=terrain.colors(10))
pie(1:20,col=rev(terrain.colors(20)))
```

7.4.4　cm.colors() 函数

cm.colors() 函数提供了从青色（cyan）到红紫色（洋红色，magenta）的渐变色彩。

7.4.5 `topo.colors()` 函数

`topo.colors()` 函数提供了从蓝色－青色－黄色－棕色的渐变色彩。

7.5 使用扩展包 `RColorBrewer` 进行颜色管理

在基础安装包 grDevice 之外，我们还可以获得许多其他的颜色管理扩展包，其中一个比较常用的是 RColorBrewer，它提供了 35 个预制的调色板供使用者挑选。Brewer 的中文意思是酿酒师，RColorBrewer 就是在 R 语言中实现颜色多姿多彩的有效管理工具，让使用者能够在基本颜色的基础上生成更多的颜色。

使用命令 help(package="RColorBrewer") 可以查看其帮助文件。这个扩展包主要涉及 3 个函数和一个数据框，具体内容如下。

（1）函数 brewer.pal()；

（2）函数 display.brewer.pal()；

（3）函数 display.brewer.all()；

（4）数据框 brewer.pal.info。

其中最主要的是函数 brewer.pal()。为了更好地使用该扩展包，我们需要了解扩展包中各类调色板的信息。

在加载这个扩展包后，我们可以首先使用命令 display.brewer.all() 来查看所有的预制调色板，其中包括了颜色的名称和颜色的分布。键入该命令后，会弹出图形窗口，读者可以非常直观地看到每个调色板的名称和对应的颜色。然而由于调色板的数量较多（35 个），图形所展示的颜色比较密集，这时，我们可以选择性地查看单个或若干个调色板的颜色分布情况，例如如代码 7-15 所示的命令可以查看 Greys 和 Spectral 这两个调色板的颜色。

代码 7-15

```
display.brewer.all(select=c("Greys","Spectral"))
```

扩展包 RColorBrewer 提供的调色板数量较多，它们被分成 3 类，每一类调色板具有不同的用途。我们可以使用命令 brewer.pal.info 查看进一步的信息，该命令返回的是一个数据框，我们取其中的一部分，如代码 7-16 所示。

代码 7-16

```
brewer.pal.info[c(1:3,10:12,18:20),]
```

	maxcolors	category	colorblind
BrBG	11	div	TRUE
PiYG	11	div	TRUE
PRGn	11	div	TRUE
Accent	8	qual	FALSE
Dark2	8	qual	TRUE
Paired	12	qual	TRUE
Blues	9	seq	TRUE
BuGn	9	seq	TRUE
BuPu	9	seq	TRUE

可以看到，对应每一个调色板，变量 maxcolors 显示的是每个调色板中的最大颜色种

数，如调色板 BrBG 中有 11 种颜色可供选择。

变量 category 是指调色板的颜色种类，分别有 3 种：

（1）seq，即 Sequential，这类调色板中的颜色是按顺序渐变的，从浅色到深色，浅色对应较低的数值，深色对应较大的数值。因此适用于从低到高排列的有序数据。

（2）div，即 Diverging，这类调色板中的颜色彼此之间差异较大，呈现出中间浅色，两端深色的状态，浅色对应中间值的数值，较低和较高的数值对应具有（不同颜色）对比的深色。

（3）qual，即 Qualitative，这类调色板可以最大限度地展示名义或分类数据之间的差异。

变量 colorblind 为逻辑值，当变量显示为 TRUE 时，表示是色盲友好型的调色板。

对于任意一个调色板，可以使用函数函数 display.brewer.pal() 指定颜色数量的颜色图形，例如使用如代码 7-17 所示的命令。

代码 7-17

```
display.brewer.pal(6,"BrBG")
```

从数据框 brewer.pal.info 中可以看到，调色板 BrBG 有 11 种颜色，在上面的命令中，我们选择了其中 6 种颜色来展示。在代码 7-17 返回的图形中，同时显示了调色板 BrBG 所属的调色板类型（divergent）。

RColorBrewer 包中最主要的是函数 brewer.pal()，使用命令 help(brewer.pal) 查看其基本用法为：

brewer.pal(n,name)

其中，参数 n 表示调色板中颜色的选取数量，最少 3 种，最多不超过某个调色板的最大颜色种数。参数 name 为调色板的名称。下面的命令获得了调色板 Set1 中的 6 种颜色，返回结果如代码 7-18 所示。

代码 7-18

```
brewer.pal(6,"Set1")
[1] "#E41A1C" "#377EB8" "#4DAF4A" "#984EA3" "#FF7F00" "#FFFF33"
```

十六进制代码对于普通用户而言没有太大的意义，此时，我们可以使用刚才介绍的函数 display.brewer.pal() 加以图形展示。

如果需要某个调色板中的一个或多个特定的颜色，可以使用如代码 7-19 所示的命令。

代码 7-19

```
brewer.pal(9,"Set1")[c(2,4,6)]
[1] "#377EB8" "#984EA3" "#FFFF33"
```

从上面的分析来看，扩展包 RColorBrewer 在颜色管理的灵活度方面具有较强的优势。

有时候，我们会配合使用 grDevice 和 RColorBrewer 中的相关函数。为了进一步对此加以说明，我们来看两个例子。

首先让我们看一个比较简单的例子。如代码 7-20 和图 7-4 所示，x 是一个数据框，每一列都代表一个变量。随后，从预制调色板 Accent 中挑选 6 种颜色，绘制箱线图。

代码 7-20

```
x<-as.data.frame(replicate(6,rnorm(50,mean=10,sd=2)))
boxplot(x,col=brewer.pal(6,"Accent"))
```

我们再来看一个较为复杂的例子。有时候，我们会遇到数据较多的情况。此时，预制调色板中的颜色可能就不够用。例如，Accent 中有 8 种颜色，如果变量有 10 个，那么颜色就会被循环使用。在下面的例子中，如代码 7-21 和图 7-5 所示，变量 1 和变量 9 的颜色相同，变量 2 和变量 10 的颜色相同。

代码 7-21

```
y<-as.data.frame(replicate(10,rnorm(50,mean=10,sd=2)))
boxplot(y,col=brewer.pal(8,"Accent"))
```

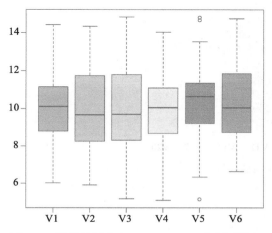

图 7-4　使用扩展包 RColorBrewer 来调配颜色
注：请见文前彩插。

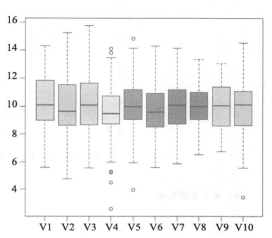

图 7-5　变量较多颜色较少时循环使用颜色
注：请见文前彩插。

为了解决这个问题，我们就可以搭配使用基础包 grDevice 中的颜色插值函数 color-RampPalette() 和扩展包 RColorBrewer 中的 brewer.pal() 函数。

在代码 7-22 中，首先定义变量 z，然后计算 z 中的变量个数，赋值给 colorcount，从中我们可以看出，变量数为 20 个。

函数 colorRampPalette() 针对 brewer.pal(8, "Accent") 返回的颜色进行插值计算，返回的是一个函数 cols，这可以清楚地从代码 7-22 中看到。

代码 7-22

```
z<-as.data.frame(replicate(20,rnorm(50,mean=10,sd=2)))
colorcount<-ncol(z)
colorcount
[1] 20
cols<-colorRampPalette(brewer.pal(8,"Accent"))
cols
function (n)
{
    x <- ramp(seq.int(0, 1, length.out = n))
    if (ncol(x) == 4L)
        rgb(x[, 1L], x[, 2L], x[, 3L], x[, 4L], maxColorValue = 255)
```

```
        else rgb(x[, 1L], x[, 2L], x[, 3L], maxColorValue = 255)
    }
<bytecode: 0x0000000012d8a888>
<environment: 0x0000000012d89320>
boxplot(z,col=cols(colorcount))
```

在代码 7-22 的最后一行，绘图参数 col=cols(colorcount) 是根据变量的个数和插值计算的方法，得到不重复的颜色，如图 7-6 所示。

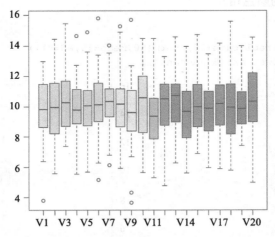

图 7-6　变量较多时使用颜色插值函数 colorRampPalette()

注：请见文前彩插。

第8章
Chapter8

使用 ggplot2 扩展色绘图

R 语言的基础绘图包已经实现了强大的绘图功能。然而，对于数据可视化目标而言，编写和使用功能新颖、操作简捷、作用互补的绘图包是必不可少的。本章要介绍的扩展包 ggplot2 正是满足了这样的需求。与 R 语言的其他绘图包相比，扩展包 ggplot2 采用了一种不同的绘图方式，即基于图形语法的绘图方式。扩展包 ggplot2 名称中的两个字母 "gg" 来源于《图形的语法》(*Grammar of Graphics*) 一书。

尽管读者目前对于什么叫图形语法并不清楚，但是，我们将会看到，这并不会给我们使用该扩展包带来太多的麻烦。在了解一些基本的概念之后，使用扩展包 ggplot2 来绘图将会非常容易。

扩展包 ggplot2 是由哈德利·威克姆开发的绘图系统。在加载该包后，使用命令 help(package="ggplot2") 可以查看相关的帮助文件。扩展包 ggplot2 具有强大、灵活的作图功能。

利用该包的测试数据集 mpg (各类车型的耗油量比较)，首先可以了解一下其作图的能力。例如，绘制发动机排量 displ 和耗油量 (每加仑的里程数) hwy 之间的关系。一个简单的命令 (见代码 8-1) 就可以绘制出一幅精美的图形 (见图 8-1)。

代码 8-1

```
qplot(displ,hwy,data=mpg)
```

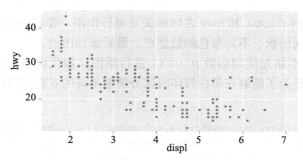

图 8-1   用函数 qplot() 绘制的散点图

8.1　使用扩展包 ggplot2 所需的基本知识

扩展包 ggplot2 的设计思想来自于所谓的 "图形的语法"。简单来说，图形的语法是指，统计图形就是从数据属性到几何对象的图形属性的一个映射。

（1）数据的常见类型就是数据框，数据属性是指数据的数值和（或）类别；

（2）几何对象就是呈现在图形中的点、线、多边形等元素；

（3）图形属性就是几何对象的视觉属性，如 x 坐标、y 坐标，点的颜色、形状、大小，图像透明度等属性；

（4）映射就是在将数据变成图形过程中的一种对应关系。

换句话说，我们所要做的，就是把各种数据（例如身高和体重这一对数据）变成带有颜色、具有不同形状和大小等特征的图形，在这个过程中，需要用到某种对应方法。

此外，在所绘制的图形中，还有其他的一些部件，例如坐标系、数据的统计变换等，这会在后面进一步介绍。

为了对这些概念进行充分的理解，我们首先从 ggplot2 中的基本作图函数 qplot() 看起。

8.2　基本作图函数 qplot()

函数 qplot() 是扩展包 ggplot2 中的基本作图函数，代表快速作图的意思（quick plot）。如果读者对 R 语言基础包中的绘图函数 plot() 比较了解，那么掌握 qplot 是非常简单的。

借助函数 qplot()，我们对图形的语法和扩展包 ggplot2 进行解释。同时，我们还要借助扩展包 ggplot2 的测试数据集 mpg，为此，先要了解一下数据集 mpg 的内容。使用命令 help(mpg)、str(mpg) 来查看相关信息。

数据集 mpg 用来说明各类车型的耗油量比较，包括了 11 个变量（列），234 个观测（行）。其中的主要变量为制造商（manufacturer）、车型（model）、排量（displ）、年份（year）、气缸数量（cyl）、耗油量（每加仑的里程数）(hwy) 等，如代码 8-2 所示。

代码 8-2

```
head(mpg)
Manufacturer model displ year cyl      trans drv cty hwy fl    class
1 Audi      a4    1.80  1999  4     auto(l5)  f  18  29   p   compact
2 Audi      a4    1.80  1999  4   manual(m5)  f  21  29   p   compact
3 Audi      a4    2.00  2008  4   manual(m6)  f  20  31   p   compact
4 Audi      a4    2.00  2008  4     auto(av)  f  21  30   p   compact
5 Audi      a4    2.80  1999  6     auto(l5)  f  16  26   p   compact
6 Audi      a4    2.80  1999  6   manual(m5)  f  18  26   p   compact
```

现在，我们试图对 displ 和 hwy 之间的关系进行作图。要求是绘制散点图，并根据不同的气缸数量绘制不同形状、不同颜色的数据点，最后添加图例。

为了进行比较，不妨先使用函数 plot() 进行绘图，如代码 8-3 所示。参数 pch 等在赋值过程中加上数字是为了能够在黑白打印时区分清楚不同的点型或图例。

代码 8-3

```
plot(mpg$displ,mpg$hwy,pch=mpg$cyl+4,col=mpg$cyl+4,xlab="displ",ylab="hwy")
legend(5,40,legend=levels(fcyl),col=unique(mpg$cyl)+4,pch=unique(mpg$cyl)+4)
```

如图 8-2 所示，图中按照气缸数量对数据进行了分组绘图，并且添加了图标，4 缸车型使用了灰色，5 缸车型使用了红色，6 缸车型使用了蓝色，8 缸车型使用了黑色。

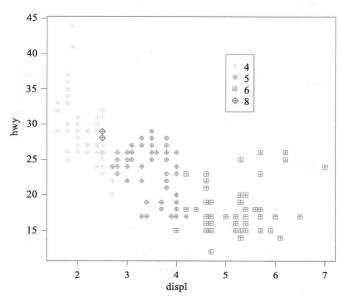

图 8-2　用函数 **plot()** 绘制的散点图

然后来看用函数 qplot() 绘制图 8-2 的命令。

代码 8-4

```
fcyl<-as.factor(mpg$cyl)
qplot(displ,hwy,data=mpg,shape=fcyl,color=fcyl)
```

如代码 8-4 所示，在原始数据中，cyl 是一个数值型变量，在此把它转换成因子型变量 fcyl。相比较而言，使用函数 qplot() 的命令十分简单，但是绘图效果却要更好（见图 8-3）。

使用命令 help(qplot) 查看其基本用法为：

```
qplot(x, y = NULL, ..., data, facets = NULL, margins = FALSE, geom = "auto", stat = list
(NULL), position = list(NULL), xlim = c(NA, NA), ylim = c(NA, NA), log = "", main = NULL, xlab =
deparse(substitute(x)), ylab = deparse(substitute(y)), asp = NA)
```

其中，

x 和 y 表示绘制在 x 轴和 y 轴上的数据。

参数 data 是要使用的数据框，data 虽然是可选项，但是在实际绘图过程中，建议始终指定参数 data。如果不对其他任何参数进行设置，就会绘制出本章一开始的图形。使用数据框而非其他数据结构的主要好处在于，数据框可以用来储存不同类型的数据，如数值、字符串、因子等，进一步地，ggplot2 能够直接使用数据框中的每一列变量（不管是什么类型的数据）来自动映射到图形属性。

比较上面两个函数的绘图过程，我们可以先来看 ggplot2 中的图形属性这一概念。如上所述，图形属性就是几何对象的颜色、形状、大小等属性。

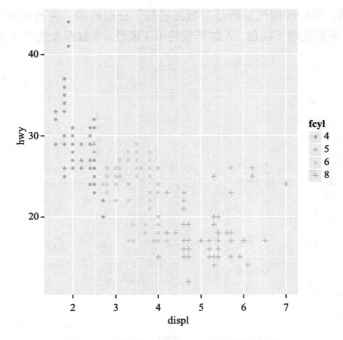

图 8-3　用函数 qplot() 绘制的散点图

在图 8-3 中，图形属性的具体表现就是所绘制的数据点（点是一种几何对象）在颜色、形状上的差别，例如，使用红色菱形代表 4 缸车型，草绿色三角形代表 5 缸车型等。在图中，我们使用默认值绘制数据点的大小。

在函数 plot() 中，我们要使用到比较麻烦的参数设置，或者说参数过多不易于记忆，例如，当我们输入 pch=mpg$cyl+4 时，是在告诉函数 plot()，我们需要用什么样的点的形状，即我们必须"手动"地指定；特别地，在绘制图例时，我们必须十分注意图形与图例的精确匹配，即必须告诉 R 语言应该怎么做。

但是这个过程在函数 qplot() 中是自动完成的，它会根据变量 fcyl 自动匹配数据点的形状，即图形属性。这个过程实际上就是从数据到几何对象的图形属性的映射。映射的方法使得我们在向图形中添加更多的信息时非常方便。例如图形参数 color=fcyl 会自动匹配相称的颜色。这里读者可能会提出问题，即如果我不喜欢自动匹配的图形外观，该怎么处理？当然，图形的外观或者说主题（theme）是可以改变的，可以使用命令 help(theme) 来对其进行初步了解，我们稍后再进行详细解释。

散点图是一种几何图形，当设定几何类型参数 geom 的其他值时，还可以绘制出其他类型的几何图形，如点连线（line 和 path）、直方图、密度曲线（density）、箱线图、柱状图、平滑线（smooth）等。

例如，我们在上面图形的基础上，添加一个几何类型为平滑线。如代码 8-5 所示的命令中的 method="loess" 代表的是使用局部平滑法作为平滑器，se=F 表示不绘制标准误。注意，在几何类型参数 geom 中可以添加多个参数。

代码 8-5

```
qplot(displ,hwy,data=mpg,geom=c("point","smooth"),method="loess", se=F)
```

输出结果如图 8-4 所示。

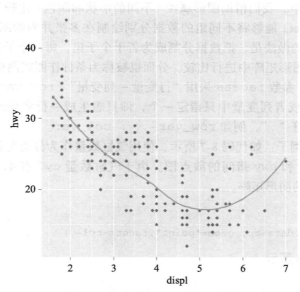

图 8-4 用参数 geom 添加平滑线

注：原图中的平滑曲线的颜色为蓝色。

再如，我们可以使用分类变量来进行绘图（见代码 8-6）。在下面的箱线图 8-5 中我们使用汽车的类型 class（两座汽车、suv 汽车等）作为分类变量，绘制不同车型的耗油情况。

代码 8-6

```
qplot(class,hwy,data=mpg,geom="boxplot")
```

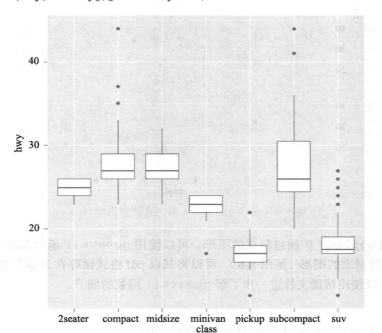

图 8-5 用函数 qplot() 绘制箱线图

函数 qplot() 不仅能够绘制单张图形，而且还能并列绘制多张图形，以便于进行相互比较。

在前面的散点图中，我们借助图形属性（不同的形状和颜色）比较了不同分组间的数据特征。使用分面（facet）能够将不同组的数据分别绘制在多张并列的图形上，即一页多图，从而进行比较。分面的做法是，把数据分割成为若干个子集，每一个子集绘制一个图形，并把这些图形放在一个图形矩阵中进行比较。分面也被称为条件作图或网格作图。

在 qplot() 中，参数 facets 采用"行变量 ~ 列变量"（row_var~col_var）这样的表达式，如果行变量或者列变量中只指定一个，即只想生成一行多列或一列多行的图形矩阵，则可以使用占位符"."，例如 row_var~., .~col_var。

让我们来看一个例子：如代码 8-7 所示，使用气缸数量作为分类变量和参数 facets 的行变量，绘制 displ 和 hwy 指间的散点图。由于气缸数量 cyl 有 4、5、6、8 这四个值，因此将生成 4 行 1 列的图形矩阵。

代码 8-7

```
qplot(displ,hwy,data=mpg,geom="point",facets=cyl~.)
```

输出结果如图 8-6 所示。

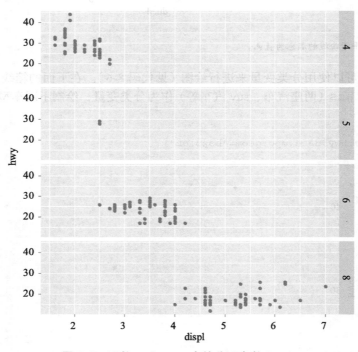

图 8-6　函数 qplot() 中的分面参数 facets

对于使用 ggplot2 扩展包制成的图形，可以使用 ggsave() 函数来加以保存。例如，对于代码 8-7 所制成的图形（见图 8-6），可以将其以 pdf 格式保存在 D 盘的根目录下面（见代码 8-8）。可以使用帮助文件进一步了解 ggsave() 函数的细节。

代码 8-8

```
q<-qplot(displ,hwy,data=mpg,geom="point",facets=cyl~.)
ggsave("D:/q.pdf",width = 5, height = 6)
```

8.3　图层

　　使用快速作图函数 qplot() 进行绘图的过程向我们展示了扩展包 ggplot2 绘图的一些基本概念，然而这对于充分理解和使用 ggplot2 来绘图而言是远远不够的。ggplot2 是基于图层（layer）的绘图工具。为此，我们还需要了解更多的重要内容。在这里，我们想提醒读者的是，一旦了解了 ggplot2 中图层的基本概念，相比较 R 语言基础作图函数而言，我们的作图过程就将变得更加容易和有效率；而且，图层函数的结构简单易懂，容易记忆。

　　为了说明 ggplot2 使用图层绘图的过程。我们可以想象一下平日里在纸上绘图的过程：假设我们使用的是一张浅灰色的纸，即背景为灰色的纸，并且假设我们最终需要呈现的是一张散点图。

　　第一步，拿到数据后，我们并不是立即在纸上进行绘画，而是首先在头脑中根据数据的特征确定采用什么样的坐标系，例如采用直角平面坐标系，然后找到这些数据在坐标平面中对应的位置。需要注意的是，当前仅仅是找到数据在坐标平面中的位置，而不是确定选择数据的图形呈现，也就是说，如果是绘制数据点，则必定涉及根据数据的统计特征，选择散点图、折线图或者柱状图等图形展示数据，即呈现在图形中的点、线、多边形等元素，这是图形的几何属性。在确定了数据点的位置后，对分属不同组别的数据点，我们可以使用不同的大小、颜色、形状⊖、填充、透明度等视觉效果并配以图例加以区分。对于这一步而言，所有的过程都是在脑海中呈现的，并未绘制在纸上，但是我们可以这样来看，即头脑中的图形在纸上已经得到了"映射"。

　　第二步，我们就要根据以上所想，在纸上将图形绘制出来。我们选择的是散点图，根据之前的考虑，在相应数据位置上绘制散点。对于第二步而言，我们把它看作绘图时的一个图层。如果不是散点图，而是折线图，第一步的过程就不需要改变，只需要将散点图层换作折线图层即可，坐标轴等不用替换。这就是图层的基本概念。

　　基于图层的绘图方式可以极大地提高绘图的效率和灵活性，它使得修改图形的每一个组成因素都变得非常简单。

　　让我们重新回顾图形语法的含义，以便正式地展开对 ggplot2 的介绍。在《ggplot2：数据分析与图形艺术》一书中，哈德利·威克姆写道："一张统计图形就是从数据到几何对象的图形属性的一个映射。此外，图形中还可能包含数据的统计变换，最后绘制在某个特定的坐标系（coord）中，而分面则可以用来生成数据不同子集的图形。总而言之，一张统一图形就是由上述这些独立的图形部件所组成的⊖。"根据这个解释，可以认为图形语法一般包括以下七个图形部件：

　　（1）数据；

　　（2）映射；

　　（3）几何对象；

　　（4）统计变换；

⊖　这里的形状是指用来区分不同组的数据点的方式，例如在散点图中，整个图形是散点式的，在不同组的数据散点之间，可以使用不同的三点图形，如实心圆的数据点、空心三角形的数据点、十字形的数据点等。因此，形状属于图形属性，而不是几何属性。

⊖　哈德利·威克姆. ggplot2：数据分析与图形艺术［M］. 统计之都，译. 西安：西安交通大学出版社，2013.

（5）标度；

（6）坐标系；

（7）分面。

我们将分别对这些概念加以分析，并用实例来解释图层的含义。

（1）**数据**：对于ggplot2而言，所使用的数据结构必须为数据框。

（2）**映射**：将数据框中的相应数据对应到图形属性的一种关联过程。以散点图为例，假设每一对要绘制的数据均以实心点的形式呈现出来，这些数据点有相应的横坐标和纵坐标，也有大小、颜色、形状、透明度等图形属性。如在图8-8中，每一个图形属性都对应着相关的变量（也可以是某个设定的常数，即变量的特例）；横坐标和纵坐分别对应着变量displ和hwy，转化为因子的变量cyl既对应着散点的颜色，也对应着散点的形状，而散点的大小则采用默认的常数（size=1）来控制，或者说没有对应的变量来进行映射。

（3）**几何对象**：在前面介绍过，就是呈现在图形中的点、线、多边形等元素。

利用上面三个概念，我们就可以解释基于图层的绘图方式。在前面的快速作图中，我们使用的是函数qplot()，但是该函数的应用范围有限。ggplot2的精髓，应用范围更加灵活的函数是绘图函数ggplot()和图层函数layer()。后面我们将看到，图层函数layer()有各种各样的快速实现函数，如geom_point()、geom_line()等，这进一步凸显了使用图层的有效性。使用命令help(ggplot)查看其基本用法分别为：

```
ggplot(data = NULL, mapping = aes(), ..., environment = parent.frame())
```

其中，参数data为绘图所用的数据集，要求数据集为数据框，如果不是数据框，则会使用函数fortify强制转化为数据框。

mapping=aes()即为ggplot2中的从数据到图形属性的映射函数，通常可以简化为aes()。在aes()函数中，可以使用x和y分别表示水平位置和垂直位置，例如aes(x=var1, y=var2)，或者更简单地写作aes(var1, var2)。aes()函数中还包括其他的参数，如大小、颜色、形状等。这些参数的用法在后面的例子中会得到详细的说明。

函数ggplot()的功能是初始化ggplot对象，即绘图对象，它的作用是表明图形所用的数据是什么，以及图形属性由什么变量或常数映射而来。

请读者在R语言控制台中先输入如代码8-9所示的命令：

代码8-9

```
ggplot(mpg,aes(displ,hwy,colour=factor(cyl)))
```

使用这个命令，我们告诉函数ggplot()所用的数据集（数据框）是mpg，在映射函数中，我们把displ用来对应横坐标，把hwy用来对应纵坐标，并且把数据点的颜色与变量factor(cyl)相映射。对于数据点的形状和大小，采用了与默认值（常数）相映射的方法。

在旧版的ggplot2扩展包中，当我们输入该命令（见代码8-10）并敲下回车键后，就会激活一个图形窗口，此时图中为空白一片。在控制台中也会出现以下信息："错误：绘图中没有图层。"

代码8-10

```
ggplot(mpg,aes(displ,hwy,colour= factor(cyl)))
Error: No layers in plot
```

这清楚地表明，函数 ggplot() 只是起到了一个图形初始化的功能。这就好比我们之前所讲的，绘图的第一步是在头脑中激活一张图形的基本设定。displ 和 hwy 只是确定了数据点应当放置在 x-y 坐标平面上的什么位置，但是数据点的几何形状现在还未确定，即现在还没有达到可视化的效果。正如古语所说："巧妇难为无米之炊。"尽管一顿可口的晚餐已经在头脑中设置好，但是还没有食材，没有办法把晚餐制作出来。

在最新版的 ggplot2 扩展包中，当我们输入如代码 8-10 所示的命令并敲下回车键后，就会激活一个图形窗口，但是此时不会出现报错信息，图形窗口中也并不是空白一片。

如图 8-7 所示，图形窗口中出现了一块"画布"，其中的基本要素如坐标轴都已经准备就绪，只是还差数据点没有绘制。

不论是旧版的报错信息，还是新版所激活的"画布"，实际上都是在提示我们，如果要绘制图形，就需要添加几何对象。这可以使用图层函数 lay() 来添加。假设我们需要绘制散点图，则可以使用如代码 8-11 所示的命令。

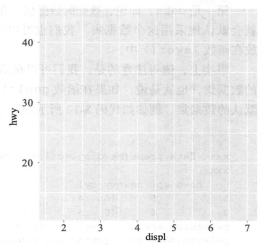

图 8-7　新版 **ggplot2** 包中 **ggplot()** 函数所激活的图形窗口

代码 8-11

```
ggplot(mpg,aes(displ,hwy,colour=factor(cyl)))+layer(geom="point")  # 以上是旧版 ggplot2
的命令
ggplot(mpg,aes(displ,hwy,colour=factor(cyl)))+layer(geom = "point", stat="identity",position="identity",params = list(na.rm = FALSE))
# 以上是新版 ggplot2 的命令
```

输出结果如图 8-8 所示。

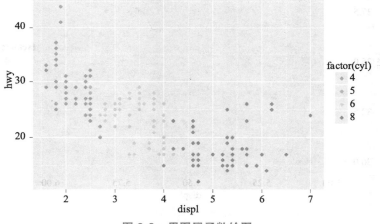

图 8-8　用图层函数绘图

注：请见文前彩插。

在这里，我们使用了加号"+"来完成对图形的绘制。这是 ggplot2 中的一大创新。在图层函数 layer() 中，geom = "point" 表示对应的几何对象是散点图。使用命令

`help(layer)` 查看其基本用法为：

```
layer(geom = NULL, stat = NULL, data = NULL, mapping = NULL, position = NULL,
params = list(), inherit.aes = TRUE, subset = NULL, show.legend = NA)
```

其中的参数较多，不过，一个图层函数至少应由以下由五个参数组成。

第一是 `data`，即包含数据的数据框。在函数 `ggplot()` 中设定数据集后，函数 `layer()` 就会默认地采用这个数据集。我们也可以不在函数 `ggplot()` 中设定数据集，而把数据集放在函数 `layer()` 中。

事实上，值得注意的是，我们可以在函数 `layer()` 中设定与函数 `ggplot()` 中不一样的数据集，也就是说，如果在函数 `ggplot()` 中设定数据集后，函数 `layer()` 可以采用非默认的数据集。例如如代码 8-12 所示的这个例子：

代码 8-12
```
xxx<-data.frame(newdispl=c(5,6),newhwy=c(30,40),cyl=c(4,5))
xxx
    newdispl newhwy cyl
1        5      30   4
2        6      40   5
p<-ggplot(mpg,aes(displ,hwy,colour=factor(cyl)))
p+layer(data=xxx,mapping=aes(newdispl,newhwy),geom="point")
```

从返回的绘图结果中可以看出（见图 8-9），对象 p 中使用的数据集是 mpg，并设定了图形属性的映射参数。这里我们只添加了一个图层，即 p+layer()，在这个图层中，使用的数据集为 xxx，与 mpg 不同，并且在图层中又重新指定了映射的参数。从绘图结果上看，图形中只有两个点，这与数据集 xxx 是对应的。读者也容易发现，函数 `layer()` 沿用或者说默认采用了 `ggplot()` 图形属性的映射中的 colour 参数一项的设置。

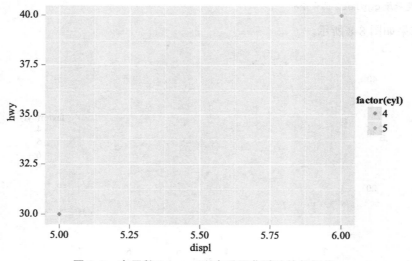

图 8-9　在函数 `layer()` 中采用非默认的数据集

注：原图中深色数据点为橙色，浅色为橄榄绿色。

代码 8-13
```
p<-ggplot(mpg,aes(displ,hwy,colour=factor(cyl)))
p+layer(geom="point")+layer(data=xxx,mapping=aes(newdispl,newhwy),geom="point")
```

与代码 8-11 不同，代码 8-13 添加了两个图层。在第一个图层中，采用 ggplot() 中的参数设置，在第二个图层中，数据集为 xxx，而不是 mpg。从结果上来看，图形结果如图 8-10 所示，与图 8-8 相比，我们额外添加了两个数据点。

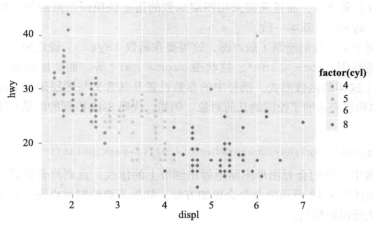

图 8-10　使用两个图层和新数据集得到的结果

注：请见文前彩插。

第二是 mapping，即图形属性的映射，如上面的例子中那样。

第三是 geom，即几何对象，如上面的例子中那样。

总结来看，data、mapping 和 geom 的设置方法如代码 8-14 和代码 8-15 所示，它们与代码 8-11 中新版 ggplott 命令的绘图结果是相同的。

代码 8-14

```
p<-ggplot()
p+layer(data=mpg,mapping=aes(displ,hwy,colour=factor(cyl)),geom="point")
```

代码 8-15

```
p<-ggplot(mpg)
p+layer(mapping=aes(displ,hwy,colour=factor(cyl)),geom="point")
```

从代码 8-10、8-14 和 8-15 中，我们还能够看出，函数 ggplot() 激活 ggplot 图形设备窗口的一般方法有以下三种，正如在其帮助文件中所描述的那样。

- ggplot(df, aes(x,y,<other aesthetics>))
- ggplot(df)
- ggplot()

其中，df 表示绘图使用的数据框。在代码 8-14 中，我们在 ggplot() 中不放置任何参数，而是将数据集、图形属性映射都放在图层中去设置。

第四是 stat，即统计变换。我们可以在图层函数中添加我们想要的数据的统计变换。

第五是 position，即位置调整。这主要是避免绘图时出现图形重合的现象，如在绘制柱状图时，我们可以选择堆砌放置或并排放置等。

了解了上面的这些内容，我们可以对图层函数的基本用法归纳如下，其中 ... 表示其他可以添加的参数。

代码 8-16

```
layer(data,mapping,geom,stat,position,...)
```

掌握图层函数 layer() 的用法是十分重要的。其重要性表现在，我们不仅可以使用图层函数 layer() 来绘图，而且还能采用图层函数的诸多快捷函数来绘图，而快捷函数的参数设定与函数 layer() 基本一致。

在上面的例子中，我们绘制了散点图，这需要在函数 layer() 设定中 geom="point"，其他类似的有折线图 geom="line"、柱状图 geom="bar" 等。而快捷函数的形式采用了如 geom_point() 这样的函数形式。括号中的参数设置及其含义与图层函数 layer() 中一致，只是快捷函数名称已经表明了绘图的几何对象。例如，代码 8-17 得到的结果与图 8-8 一样。

代码 8-17

```
ggplot(mpg,aes(displ,hwy,colour=factor(cyl)))+geom_point()
```

在作图实践中，我们会对图形不断地做出细节上的修改，直到符合我们的心意为止。为此，通常使用如代码 8-18 所示的命令会更加方便。如果不想绘制散点图，只要在"+"后面添加另外一种快捷函数即可。

代码 8-18

```
p<-ggplot(mpg,aes(displ,hwy,colour=factor(cyl)))
p+geom_point()
```

类似于 geom_point() 的快捷函数有很多，可以使用命令 "??geom_." 来获取一份类似函数的清单。⊖几种常用的函数如表 8-1 所示。这些函数的用法是相似的。对于任意一个函数，读者可使用帮助文件查看其具体的使用方法。

表 8-1　常用的几何对象函数

函数	功能
geom_abline()	绘制有斜率和截距的直线
geom_area()	绘制面积图
geom_bar()	绘制条形图
geom_blank()	不绘制图形，空白
geom_boxplot()	绘制箱线图
geom_contour()	绘制等高线图
geom_density()	绘制密度曲线
geom_dotplot()	绘制点图
geom_histogram()	绘制直方图
geom_line()	绘制点连线
geom_path()	绘制路径线
geom_point()	绘制散点图
geom_polygon()	绘制多边形，填充的路径图
geom_rect()	绘制矩形
geom_segment()	绘制线段
geom_smooth()	绘制平滑线
geom_text()	添加文本注释

⊖　也可以使用命令 grep("^geom", objects("package:ggplot2"), value = TRUE) 在 R 语言控制台中进行查看。

　　在结束对图层的内容介绍之前，我们还想提醒读者注意一个关于映射的细节问题。现在大家都知道，映射的作用是将数据框中变量所对应的数据对应到图形属性的关联过程。例如，在代码 8-17 中，参数 colour=factor(cyl) 表明的含义是：将变量 cyl 转换为因子，然后使用不同水平值（Levels：4 5 6 8）来表示不同的颜色。因此，映射的输入对应的是变量，或者说，映射会把使用者输入的任何东西当作变量来处理。为了更加清楚地说明问题，请看如代码 8-19 所示的例子。

代码 8-19

```
ggplot(mpg,aes(displ,hwy))+geom_point(colour="black")      # 设定所有颜色为黑色
ggplot(mpg,aes(displ,hwy))+geom_point(aes(colour="black")) # 错误的映射处理方式
```

　　在上面的第一行代码中，我们将几何对象的颜色统一设定为黑色，即所有数据都被统一为同一个图形属性。在第二行代码中，在几何对象中，我们将映射表达为 aes(colour="black")。我们的目的是想让所有的数据点颜色都变成黑色。但实际上，最终结果与我们的希望并不相符，图形显示出来的颜色是桃红色（请读者输入代码 8-19 后观察）。为什么会出现这种现象？原因在于，当输入 aes(colour="black") 时，实际上是表示把字符 black 当作一个变量来处理，通常，字符变量会被处理为离散变量，从而有一个默认的对应值，按照这个默认的对应值，变量的颜色便会被处理为桃红色。○

　　以上内容对使用图层作图做了简单的介绍。对于图形语法的其他部件，如统计变换、标度、坐标系和分面，我们接着前面的内容○进行分析。

　　（4）**统计变换**。在作图时，我们通常面对的问题是，不仅要绘制原始数据（不仅要展示数据的原貌），而且要对原始数据施加"统计"上的修改，并把修改后的数据，即统计摘要连同原始数据一同绘制出来。这就是统计变换的过程。

　　假设我们已经使用几何对象 geom_point() 绘制了散点图，如果想要添加平滑线，就可以使用统计变换，如 stat_smooth() 函数来实现。所谓统计变换，实际上就是对数据进行某种统计上的处理或变化，一般情况是找到数据中的某些统计特征信息，如观测值数目、分位数等，加以汇总。根据统计中总体和样本之间的关系，我们获取的任何一个数据集都是总体的一个样本，样本本身就是一种"原始"的统计信息。基于此，在 ggplot2 中，每一个几何对象都有一个默认的统计变换与之对应，而每一个统计变换都有一个默认的几何对象与之对应。当然，几何对象和统计变换都是可以修改的。

　　平滑是一个非常有用的统计变换，其计算的是在某些约束条件下给定自变量值时的应变量的平均值。○一个例子如代码 8-20 所示。

代码 8-20

```
p<-ggplot(mpg,aes(displ,hwy))
p+geom_point()+stat_smooth(method="loess",se=FALSE)
```

　　输出结果如图 8-11 所示。

　　对于几何变换函数和统计变换函数，读者可以在 ggplot2 的官方网站上查找到一个详细的索引（http://docs.ggplot2.org/current/），点击相关内容即可以了解详细信息。其中有相当丰富的实际例子，可供读者细细品味。

　　○ 这里还涉及标度问题，关于标度的概念和作用，我们将在后面的章节中分析。
　　○ 参见 181 页图形语法的七个部件。
　　○ 在 stat_smooth() 函数中，可以通过使用参数 formula 来指定拟合方程，如 $y \sim x$、$y \sim poly(x, 2)$，$y \sim log(x)$。

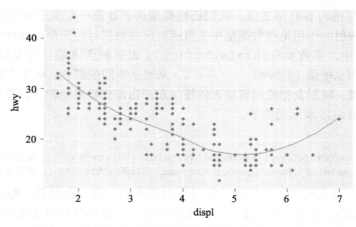

图 8-11 统计变换：添加平滑线

注：原图中平滑线的颜色为蓝色。

（5）**标度**。从数据到图形属性的映射过程由标度来控制。英语单词 scale 的基本含义有刻度、尺度、尺寸等，根据这些含义来简单地解释，映射的功能就是将变量与图形属性关联起来，但是映射并不涉及具体的取值过程，这个取值过程是由标度来控制的。

具体而言，使用标度的原因在于，我们看到的一个个数据（如 1、2、3）对计算机而言是没有意义的，要使得计算机能够理解这些数据，就必须把它们转换成为计算机能够读懂的形式，如颜色是用十六进制的字符来表示。这个过程叫作标度变换。因此，标度控制着从数据到大小、形状、颜色等图形属性的映射过程，或者说，是把数据转换为计算机能够读懂的格式，然后再转化为我们视觉上可感知的图形的过程。坐标的位置和图例等图形属性也可以通过标度进行修改。

由于标度控制着从数据到图形属性的映射过程，所以更改标度可以对图形起到修改的作用。通常情况下，我们可以不用关心标度问题，这由 ggplot2 来自动处理。当然，标度是可以修改的。标度的功能我们将在后面的章节中加以详细介绍。

（6）**坐标系**。最常见的坐标系就是笛卡尔坐标系，对于任何一对数据点 (x, y)，坐标系统决定了这个点在图中的位置。

（7）**分面**。这在前面介绍过，分面控制一页多图（条件绘图）的形式。

值得再次强调的是，在绘图过程中，以上这些图形部件都是以图层的方式来组合成完整的图形，即图形部件之间的组合通过符号"＋"被连接起来。因此，一个图形可能包含多个图层。总结起来，根据图形语法所绘制的图形通常由以下几个部件组成：

（1）以数据框装载的数据；

（2）从数据到图形属性的映射；

（3）一个或多个图层，每一个图层都由几何对象、统计变换、位置调整（position）等部件构成；

（4）定义良好的坐标系；

（5）分面设定。

对于以上的分析，我们以一个例子作为总结，请看代码 8-21。

代码 8-21

```
p<-ggplot(mpg,aes(displ,hwy))
```

```
q<-p+geom_point()+stat_smooth(method="loess",se=FALSE)+facet_grid(cyl~.)
q
summary(q)
data: manufacturer, model, displ, year, cyl, trans, drv, cty,
  hwy, fl, class [234x11]
mapping:  x = displ, y = hwy
faceting: facet_grid(cyl ~ )
--------------------------------
geom_point: na.rm = FALSE
stat_identity:
position_identity: (width = NULL, height = NULL)

geom_smooth:
stat_smooth: method = loess, formula = y ~ x, se = FALSE, n = 80, fullrange = FALSE,
level = 0.95, na.rm = FALSE
    position_identity: (width = NULL, height = NULL)
```

　　首先，我们初始化一个图形，将其赋值给 p，然后添加几何属性（散点图）、统计变换（平滑线）、分面（一列四行）并将其赋值给 q，最后得到了下面的图形。

　　通过命令 summary(q)，我们得到了图形对象 q 的内部结构信息，如数据、映射、分面、几何属性、统计变换、位置等。

　　正如前面所说，几何属性（散点图）对应了一个默认的统计变换，其图层的叠加位置采用默认的形式。几何属性（平滑线）对应了一个经过我们一定程度修改的统计变换，但其图层的叠加位置也采用默认的形式。

　　通过函数 summary()，我们可以非常清楚地看到图形的各个部件和图层的结构（见图 8-12）。

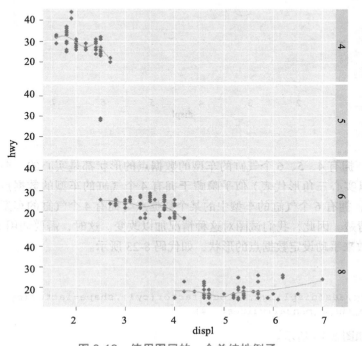

图 8-12　使用图层的一个总结性例子

注：原图中平滑线的颜色为蓝色。

8.4 ggplot2 绘图实践

上面的分析解释了 ggplot2 作图的基本原理。为了更好地掌握 ggplot2 作图，尤其是相关函数的参数设置，必须付诸实战。与前面介绍 R 语言中的基础绘图函数一样，我们从基本的图形开始。

8.4.1 散点图

在前面对 ggplot2 的基本概念做介绍时，我们主要借助了散点图来进行说明。我们看到，通过将分类变量映射给形状、⊖颜色等参数，可以按照默认设置来改变散点图中属于不同分类的点的形状、颜色等，为辨别数据之间的关系提供了帮助。

然而，我们有时并不满足于通过分类变量进行映射的默认设置，或者说我们想自定义点的形状、颜色等图形属性。下面通过一个例子来进行说明。

首先，我们看到的是按照默认设置进行的颜色和形状的映射。

代码 8-22

```
ggplot(mpg,aes(displ,hwy,colour=factor(cyl),shape=factor(cyl)))+geom_point()
```

输出结果如图 8-13 所示。

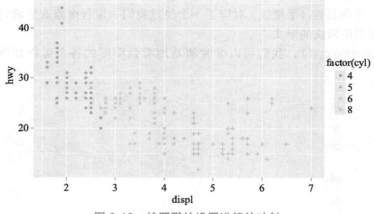

图 8-13 按照默认设置进行的映射

我们看到，拥有 4、5、6 个气缸的车型的数据点的形状都是实心的。拥有 5 个气缸的车型的数据点（以实心三角形代表）似乎隐藏于拥有 4 个气缸的车型的数据点之中（以实心圆形代表），并且，拥有 6 个气缸的车型中的某个数据点与拥有 4 个气缸的车型的某个数据点重合，难以分辨清楚。因此，我们试图对这种情况加以改变。这时，需要调用 scale_shape_manual() 函数来手动设定数据点的形状，如代码 8-23 所示。

代码 8-23

```
ggplot(mpg,aes(displ,hwy,colour=factor(cyl),shape=factor(cyl)))+geom_point
(size=3)+scale_shape_manual(values=1:4)
```

输出结果如图 8-14 所示。

_____

⊖ 参数 shape 可以参考前文中讲解 R 语言的基础作图时对数据点符号类型 pch 的解释。

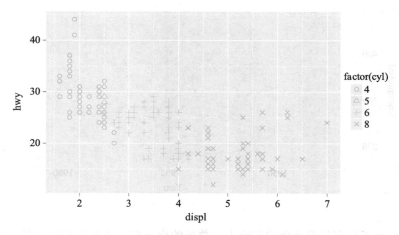

图 8-14　使用自定义的数据点形状

新绘制的图形能够在一定程度上避免在使用默认设置时出现的问题，数据点之间也更加容易辨别。

对颜色、大小、填充色等其他属性都可以使用类似的函数进行手动设置，这些函数包括：自定义颜色 scale_color_manual()、自定义填充色 scale_fill_manual()、自定义大小 scale_size_manual)、自定义线型 scale_linetype_manual()、自定义透明度 scale_alpha_manual() 等。

8.4.2　折线图

折线图通常是对两个连续变量之间的关系作图，常见的是 x 轴代表时间。下面的例子使用数据集 longley，该数据集包含了 1947 ~ 1962 年的经济统计变量，如失业人口数量、总人口数量等。

1. 绘制基本的折线图

首先看基本的折线图绘制过程，使用命令 help(geom_line) 查看其基本用法为：

```
geom_line(mapping = NULL, data = NULL, stat = "identity", position = "identity", ...)
```

其中，

mapping 就是图形映射。一般来说，从数据到图形属性的映射在函数 ggplot() 中通过函数 aes() 来设定。除非想要在图层上覆写绘图的默认映射设置，否则就不需要设定该参数。

data 就是数据。由于在 ggplot() 中会指定数据，因此，除非想要在图层上应用新的数据，否则就不需要设定该参数。

stat 代表统计变换，position 代表位置调整。这两个参数暂时不用。

我们首先绘制基本的折线图，假设横坐标为年份，纵坐标为失业人口数量（见代码 8-24）。

代码 8-24

```
ggplot(longley,aes(Year,Unemployed))+geom_line()
```

图 8-15　基本的折线图

图 8-15 显示了随着年份变化的失业人口数量的变化情况的基本的折线图。然而，图形的视觉效果可能并没有达到预期的效果。例如，在横轴上，并没有显示出所有年份，而只是显示了三个年份。

而通过如代码 8-25 所示的命令绘制的图形则显示了所有的年份。在此，我们将原来数值型的连续变量 Year 转化为因子变量。但是，由于因子变量代表了某种分组，所以必须添加参数 group=1，这告诉函数 ggplot() 要把这些数据点作为一个分组来处理，从而可以用一条折线将其连接。

代码 8-25

```
ggplot(longley,aes(factor(Year),Unemployed,group=1))+geom_line()
```

输出结果如图 8-16 所示。

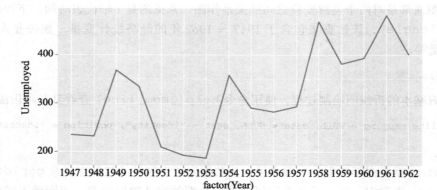

图 8-16　显示全部年份的折线图

2. 修改折线图的线条样式并添加数据标记

我们可以进一步对上图进行修改，例如我们试图达到以下两个目标：

（1）改变折线的线条样式，即修改线型、线宽和颜色；

（2）在折线图上对数据描点，或者说添加数据标记，并且所绘数据标记可以修改样式。

代码 8-26

```
ggplot(longley,aes(factor(Year),Unemployed,group=1))+geom_line(linetype="dashed",size=1,color="blue")+geom_point(shape=21,size=3,color="black",fill="white")
```

从代码 8-26 中可以看出，我们对线型、线宽、折线颜色进行了定义，同时使用几何对象函数 geom_point() 添加了数据标记，并对数据标记的形状、大小、颜色、填充色进行了指定。相关参数的解释可以使用帮助文件查看。

输出结果如图 8-17 所示。

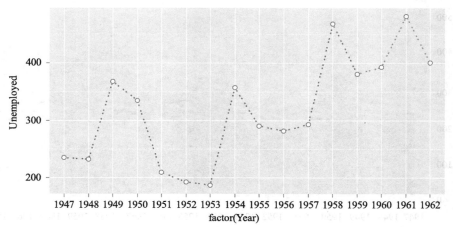

图 8-17　修改折线的样式并添加自定义的数据标记

注：依照代码 8-26，图中虚线颜色应为蓝色。

上面这个例子对所有的数据点都添加了数据标记，不过，有时候我们只想重点标记个别的数据点。这可以通过以下方式来实现，如代码 8-27 所示。

代码 8-27

```
p<-ggplot(longley,aes(Year,Unemployed))+geom_line(linetype="dashed",size=1)
a<-subset(longley,Unemployed>=median(Unemployed))
p+geom_point(data=a,shape=21,size=4,fill="black")
```

输出结果如图 8-18 所示。

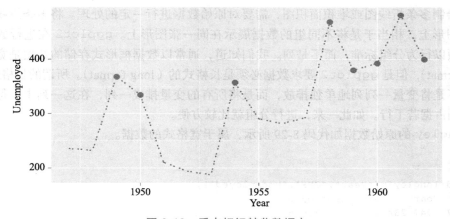

图 8-18　重点标记某些数据点

3. 绘制面积图

我们还可以绘制面积图，即对折线图下方的区域进行填充。

代码 8-28

```
ggplot(longley,aes(factor(Year),Unemployed,group=1))+geom_area(fill="blue",alp
ha=0.25,color="black")
```

输出结果如图 8-19 所示。

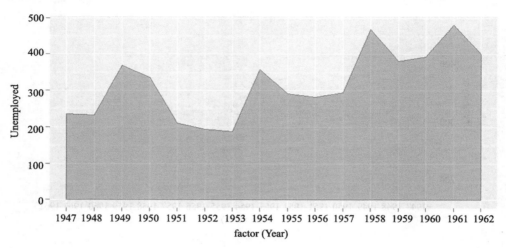

图 8-19　面积图

注：依照代码 8-28，图中阴影部分应为蓝紫色，边缘线条应为黑色。

在代码 8-28 中，我们通过透明度参数 alpha 控制了填充部分的透明度，用颜色参数 color 绘制了填充部分的外框。

4. 绘制多条折线图和堆积面积图

上面的图形中仅绘制了一条折线图，很多时候我们需要在一张图形中绘制多条折线图，从而可以比较多个变量之间的关系。多条折线图经过简单的变换就可以成为堆积的面积图。

要绘制多条折线图或堆积面积图，需要对原始数据进行一定的处理。将多条折线展示在同一张图形上，相当于是将不同组的数据展示在同一张图形上。ggplot2 在进行数据分组时，必须以行为分组标准，而不是列。我们知道，通常以数据框形式存储的数据是宽格式的（wide format），但是 ggplot2 要求数据必须是长格式的（long format）。所谓的长格式数据，其特征不是将变量一列列地单独排放，而是将所有的变量排成一列，在这一列中，每一个变量都分别占据若干行。如此一来，进行分组就比较方便。

longley 的原始数据如代码 8-29 所示，属于宽格式的数据。

代码 8-29

```
head(longley[c("Year","GNP","Unemployed")])
     Year     GNP Unemployed
1947 1947 234.289      235.6
1948 1948 259.426      232.5
1949 1949 258.054      368.2
1950 1950 284.599      335.1
1951 1951 328.975      209.9
1952 1952 346.999      193.2
```

使用 reshape2 包中的函数 melt()，可以将其转换为长格式的数据（见代码 8-30）。

代码 8-30

```
newlongley<-melt(longley,id.vars="Year",measure.vars=c("Unemployed","GNP"),variable.
name="Unemployed_GNP",value.name="Value")
newlongley
     Year   Unemployed_GNP   Value
1    1947   Unemployed       235.600
2    1948   Unemployed       232.500
...  ...
15   1961   Unemployed       480.600
16   1962   Unemployed       400.700
17   1947          GNP       234.289
18   1948          GNP       259.426
...  ...
31   1961          GNP       518.173
32   1962          GNP       554.894
```

使用这个新的数据集 newlongley，我们可以绘制多条折线图和堆积面积图。

代码 8-31

```
ggplot(newlongley,aes(x=Year,y=Value,group=Unemployed_GNP,color=Unemployed_GNP))+
geom_line(size=2,aes(linetype=Unemployed_GNP))
```

参数 group 也是 ggplot2 的一种映射关系，在默认的情况下，把所有数据（观测值）当成一组。代码 8-31 将参数 group 设定为 Unemployed_GNP，即区分 Unemployed 和 GNP 两个组别。图 8-20 区分了两条折线图的颜色和线型，Unemployed 为实线，GNP 虚线。

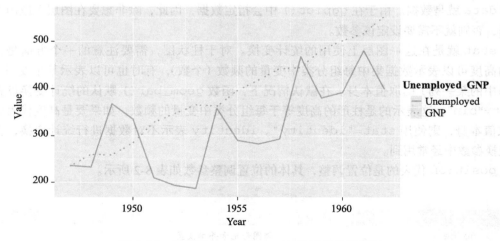

图 8-20　用函数 geom_line() 绘制多条折线图

注：原图中 GNP 的图例为橙色，Unemployed 的图例为绿色。

对如代码 8-31 所示的命令稍加改变就可以绘制堆积面积图（见代码 8-32）。

代码 8-32

```
ggplot(newlongley,aes(x=Year,y=Value,group=Unemployed_GNP,fill=Unemployed_GNP))+
geom_area(color="black",size=0.5,alpha=0.5)
```

输出结果如图 8-21 所示。

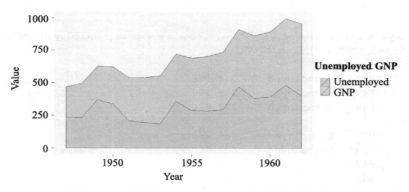

图 8-21　用函数 geom_area() 绘制堆积面积图

8.4.3　柱状图（条形图）

柱状图的 x 轴上是分类变量，y 轴上是数值变量。使用命令 help(geom_bar) 可以查看其基本用法为：

```
geom_bar(mapping = NULL, data = NULL, stat = "bin", position = "stack", ...)
```

其中，主要参数的含义为：

mapping 就是图形映射。一般来说，从数据到图形属性的映射在函数 ggplot() 中通过函数 aes() 来设定。除非想要在图层上覆写绘图的默认映射设置，否则就不需要设定该参数。

data 就是数据。由于在 ggplot() 中会指定数据，因此，除非想要在图层上应用新的数据，否则就不需要设定该参数。

stat 就是在这一图层上使用的统计变换。对于柱状图，需要注意的一个方面是，柱形的高度可以表示数据集中每组分类中变量的频数（个数），有时也可以表示某个变量（数据框中的某一列）的取值本身。在默认情况下，函数 geom_bar() 默认的统计变换设置为 stat="bin"，这表示的是柱形的高度等于每组分类中变量的频数。如果要是高度代表变量的取值本身，则使用 stat="identity"。identity 表示不对数据进行统计变换，在统计变换参数中经常用到。

position 代表的是位置调整，具体的位置调整参数如表 8-2 所示。

表 8-2　位置调整参数

参数名	含义
dodge	将图形元素并排放置
fill	堆叠图形元素，并将高度标准化为 1
identity	对图形元素不进行变换
jitter	对点添加扰动，避免重合
stack	将图形元素堆叠放置

请看以下例子。我们继续使用数据集 mpg。如代码 8-33 所示，由于 mpg 有较多的观测值，因此我们随机选取其中的 20 个，形成新的数据集 newmpg。

代码 8-33

```
set.seed(40)
newmpg<-mpg[sample(nrow(mpg),20),]
ggplot(newmpg,aes(factor(year),hwy,fill=factor(cyl)))+geom_bar(stat="identity"
,position="dodge",width=0.5,color="black")
```

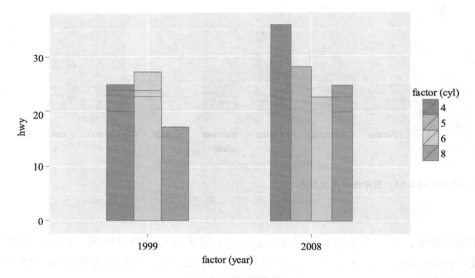

图 8-22 　并列放置的柱状图

注：请见文前彩插。

函数 factor() 将影响的变量转化为因子。使用因子变量 factor(year) 作为横坐标，hwy 作为纵坐标。同时使用因子变量 factor(cyl) 来绘制图例。

在几何对象 geom_bar() 中，参数 stat="identity" 表示不做任何统计变换，参数 position="dodge" 表示将柱形按照并列方式来放置，参数 width 控制柱形的宽度，参数 color 增加柱形的边框。

从图 8-22 中可以看到，在我们随机抽取的样本中，4 缸和 8 缸的车型在 2008 年每加仑汽油行驶的里程比 1999 年要高出许多；5 缸汽车在 1999 年不在样本中；6 缸汽车在 2008 年的表现要比 1999 年逊色。

从图 8-22 中还可以看到，在有些柱形中，有几条黑色的横线，这实际上是几个柱形叠加后的效果。例如，在 1999 年，对于 4 个气缸数量的车型而言，有三款汽车每加仑行驶里程数为 20、24、25。

代码 3-34 则是绘制了在不同分组中的变量频数，需要设置 stat="bin"。注意，如果要计算的是频数，则不需要映射 y 轴的数据。在命令中，aes(class) 只指定了 x 轴的数据。

代码 8-34

```
ggplot(mpg,aes(class))+geom_bar(stat="bin",position="identity",fill="red",color=
"black")
```

输出结果如图 8-23 所示。

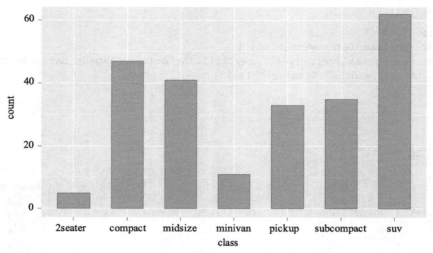

图 8-23　计算分组中的变量频数

注：依照代码8-34，图中矩形应为红色。

8.4.4　绘制路径线

在第9章中，我们会分析如何使用ggplot2等扩展包来绘制地图。其中涉及两个重要的函数：geom_path()和geom_polygon()，为此，接下来我们分别介绍这两个函数的用法。使用命令help(geom_path)查看其基本用法为：

```
geom_path(mapping = NULL, data = NULL, stat = "identity", position = "identity",
lineend = "butt", linejoin = "round", linemitre = 1, na.rm = FALSE, arrow = NULL, ...)
```

其中，参数mapping为图形属性aes()，参数data是要在本图层上使用的数据。参数lineend和linejoin分别表示线条的终端形状以及线条之间连接处的形状，前者有round、butt、square三种选择，后者有round、mitre、bevel三种选择。参数arrow控制箭头的设定。

我们通过一个假想的例子来展示该函数的用途，并说明函数geom_line()和函数geom_path()之间的区别。

代码 8-35

```
mydata<-data.frame(year=2000:2005,x=rnorm(6,mean=5,sd=1.5),y=rnorm(6,mean=5,sd=2))
mydata
     year        x              y
1    2000    4.176134       2.981173
2    2001    3.590914       3.885182
3    2002    5.379822       5.953940
4    2003    8.649453      10.481019
5    2004    6.180142       3.658266
6    2005    3.928683       5.932568
ggplot(mydata,aes(x,y))+geom_point()+geom_line()+geom_text(aes(y=y+0.5,label=y
ear),size=5)
ggplot(mydata,aes(x,y))+geom_point()+geom_path()+geom_text(aes(y=y+0.5,label=y
ear),size=5)
```

在代码8-35中，我们首先根据数据集绘制了散点图。在使用geom_line()图层后，所得到的图形如图8-24，从中我们可以看出，虽然在我们的数据集中，x和y的坐标是与年份相对应的，例如 2000 年为（4.176 134，2.981 173）、2005 年为（3.928 683，5.932 568）等，但是函数 geom_line() 在作图时，是按照 x 轴的数值大小顺序排列的，并不与我们所设想的按照年份的时间顺序排列相一致，这在图 8-24 中的年份数据排列情况中可以清楚地看出来。

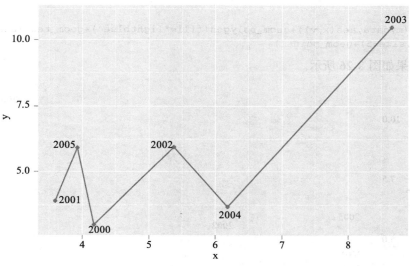

图 8-24　用 **geom_line()** 函数绘制的图形

在使用函数 geom_path() 绘制的图形中，数据点以有序的方式被连接起来，即从 2000 年的数据开始，连接到 2001、2002、2003、2004、2005 年。正因为如此，时间序列数据特别适合使用该函数来绘制。

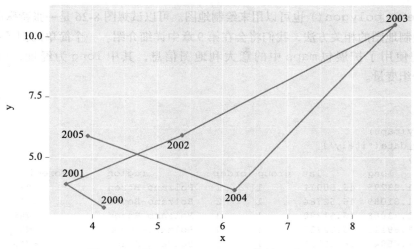

图 8-25　用 **geom_path()** 函数绘制的图形

8.4.5　绘制多边形（填充路径线）

函数 geom_polygon() 所绘制的是由 geom_path() 所绘制的路径线首尾相连所构成的（填充）多边形，读者可以比较图 8-25 和图 8-26。

使用命令 help(geom_polygon) 查看其基本用法为：

```
geom_polygon(mapping = NULL, data = NULL, stat = "identity", position = "identity", ...)
```

其中的参数与其他图层函数中的参数含义一致。对 geom_polygon() 函数的应用如代码 8-36 所示。

代码 8-36

```
ggplot(mydata,aes(x,y))+geom_polygon(fill="lightblue")+geom_text(aes(y=y+0.5,label=year),size=5)+geom_point()
```

输出结果如图 8-26 所示。

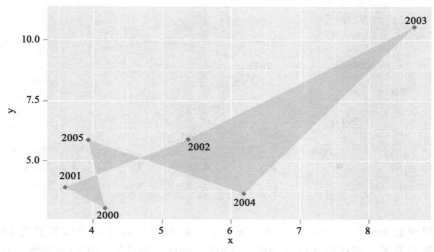

图 8-26　用 geom_polygon() 函数绘制的图形

注：依照代码 8-36，图中阴影部分面积应为线蓝色。

函数 geom_polygon() 也可以用来绘制地图。可以试想图 8-26 是一张特殊的地图。

关于绘制地图的相关方法，我们将会在第 9 章中详细介绍。一个简单的例子如代码 8-37 所示，我们使用了扩展包 maps 中的意大利地图信息，其中 long 为经度，lat 为纬度，group 为分组变量。

代码 8-37

```
library(maps)
y<-map_data("italy")
head(y)
        long      lat group order       region   subregion
1   11.83295 46.50011     1     1 Bolzano-Bozen        <NA>
2   11.81089 46.52784     1     2 Bolzano-Bozen        <NA>
3   11.73068 46.51890     1     3 Bolzano-Bozen        <NA>
4   11.69115 46.52257     1     4 Bolzano-Bozen        <NA>
5   11.65041 46.50721     1     5 Bolzano-Bozen        <NA>
6   11.63282 46.48045     1     6 Bolzano-Bozen        <NA>
ggplot(y,aes(long,lat,group=group))+geom_polygon(fill="black")
```

输出结果如图 8-27 所示。

8.4.6　添加注释

在很多情况下，向图形中添加辅助的注释可以更好地理解图形和读懂数据。注释可以是解释性的文字和公式，也可以是箭头、线段和多边形等几何形状。

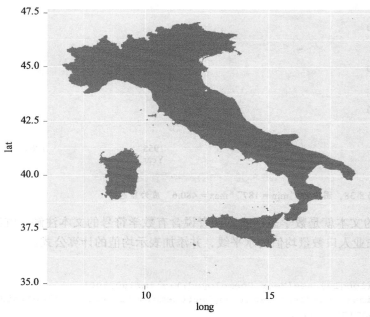

图 8-27　用 `geom_polygon()` 绘制的意大利地图

　　添加注释使用到的函数是 `annotate()`，其功能是创建一个注释图层（annotation layer），即添加一个或多个几何对象到图形中去。使用命令 `help(annotate)` 查看其基本用法为：

`annotate(geom, x = NULL, y = NULL, xmin = NULL, xmax = NULL, ymin = NULL, ymax = NULL, ...)`

　　其中，`geom` 是用于创建注释的几何对象的名称，例如文本、线段、矩形等。`x`、`y`、`xmin`、`ymin`、`xmax`、`ymax` 是用来决定注释摆放位置的图形属性，即定位图形属性（positionining aesthetics）。`...` 表示其他可以设置的参数，例如，通过 `label` 设定所要添加的文本注释，通过 `colour` 设置颜色等。

　　继续利用测试数据集 `longley`，我们来看注释函数的一些典型用法。

1. 向图形中添加普通文本和数学表达式

　　例如，我们想要在图形中注明失业人口数量的最小值（1953 年，187）和最大值（1961年，480.6）。

　　为了使添加的文本注释不影响图形的整体效果，我们使用 `ylim()` 函数拓展了 y 轴的坐标取值范围。

代码 8-38

```
p<-ggplot(longley,aes(Year,Unemployed))+geom_line()+ylim(150,500)
p+annotate("text",x=c(1953,1961),y=c(187-10,480.6+10),label=c("min=187","max=4
80.6"),color="blue")
```

　　代码 8-38 中的 `text` 表示此处使用的是一个文本类的几何对象，这实际上是 `geom="text"` 的简写，请注意要使用双引号。

　　输出结果如图 8-28 所示。

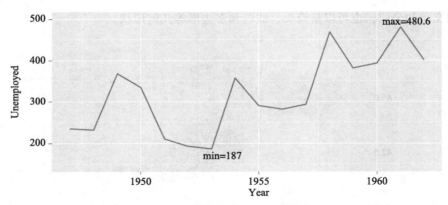

图 8-28　向图形中添加文本注释

注：依照代码 8-38，图中的 "min = 187" "max = 480.6" 应为蓝色。

一类特殊的文本就是数学表达式，或者说含有数学符号的文本注解。继续上面的例子，我们添加代表失业人口数量均值的水平线，并添加表示均值的计算公式。

代码 8-39

```
p<-ggplot(longley,aes(Year,Unemployed))+ylim(150,500)
p+geom_hline(yintercept=mean(longley$Unemployed),color="blue",size=1.2,lty="dashed")+geom_line(size=1.2)
+annotate("text",x=1959,y=280,parse=TRUE,label="'MEAN:'* frac(sum(Unemployed[i],i==1947,1962),16)")
```

输出结果如图 8-29 所示。

在如代码 8-39 所示的命令中，我们首先启动一个图形窗口，并赋值给 p；接着，绘制一条水平线，代表失业人口数量的均值，为了不让这条曲线遮挡失业人口数量曲线，我们需要将函数 geom_hline() 放在函数 geom_line() 前面；最后，我们添加数学表达式。注意在函数 annotate() 中，当添加数学表达式时，参数 parse（意思为解析）应当设置为 TRUE，否则，label 参数中的设置将被视作普通的文本对待。

对于数学表达式的基本使用方法，可以使用命令 help(plotmath) 进行查看，或者使用 demo(plotmath) 查看图示。

对于在图中添加水平线、垂直线以及带有角度的直线，可以分别使用 geom_hline()、geom_vline() 以及 geom_abline() 函数进行处理。

上面的函数 annotate() 实现的是手动添加注释的功能，因此在函数中并不体现将数据框中的变量进行映射的过程。

使用函数 geom_text() 可以实现自动添加注释的功能，这时需要映射数值型、字符型或者因子型的变量给标签属性。使用命令 help(geom_text) 查看其基本用法为：

```
geom_text(mapping = NULL, data = NULL, stat = "identity", position = "identity",
parse = FALSE, ...)
```

可以看出，参数 mapping 需要我们设定一个映射，设定如代码 8-40 所示。

代码 8-40

```
p<-ggplot(longley,aes(Year,Unemployed))+ylim(150,500)
p+geom_line(size=1.2,color="blue")+geom_text(aes(label=Unemployed),size=4)
```

输出结果如图 8-30 所示。

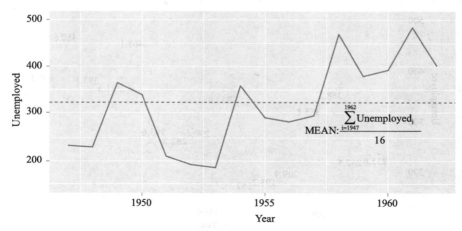

图 8-29 向图中添加数学表达式

注：依照代码 8-39，图中的破折线应为蓝色。

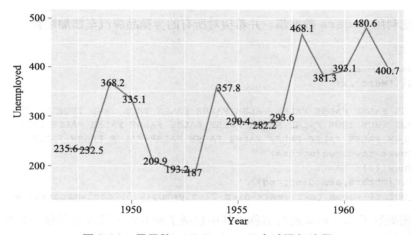

图 8-30 用函数 geom_text() 自动添加注释

注：依照代码 8-40，图中折线应为蓝色。

然而，在图 8-30 中，映射变量的所有值都会出现在图形中，并且折线和所添加的注释之间的重合现象比较严重。为此，我们需要调整一下注释放置的位置。这需要使用到参数 vjust 进行上下调整，参数 hjust 进行左右调整。我们还可以通过修改 x 和 y 来调整文本的放置位置（见代码 8-41）。这些调整都会缓解上面的数据与折线重合现象，但是部分数据仍旧会与折线重合。如果想要达到更好的效果，还是推荐使用函数 annotate()。

代码 8-41

```
p+geom_line(size=1.2,color="blue")+geom_text(aes(x=Year+0.5,y=Unemployed-15,label=
Unemployed),size=4)
```

输出结果如图 8-31 所示。

有时候，我们并非想要添加全部数据点的注释，但也不是只想要添加一两个数据点的注释，同时，我们又希望能够使用自动设定的功能添加位置。这时我们可以结合数据管理中的一些函数来实现这个目标。首先是要向所用的数据框中添加额外的一个变量，这个变量可以用于添加注释。

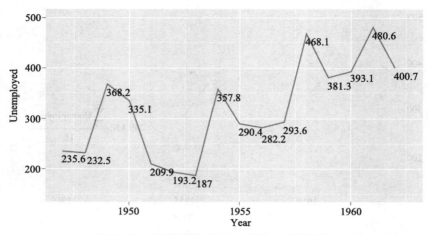

图 8-31　通过调整 x 和 y 坐标值来放置注释

注：依照代码 8-41，图中折线应为蓝色。

我们在此利用 mtcars 数据集，并希望对所有的奔驰品牌汽车添加注释。

代码 8-42

```
x<-rownames(mtcars)
z<-grepl("Merc",x)
z
[1] FALSE FALSE FALSE FALSE FALSE FALSE FALSE TRUE TRUE TRUE TRUE
[12] TRUE TRUE TRUE FALSE FALSE FALSE FALSE FALSE FALSE FALSE FALSE
[23] FALSE FALSE FALSE FALSE FALSE FALSE FALSE FALSE FALSE FALSE
mtcars$new<-rownames(mtcars)
mtcars$new[!z]<-NA
p<-ggplot(mtcars,aes(disp,mpg))
p+geom_point()+geom_text(aes(x=disp+22.5,y=mpg+0.5,label=mtcars$new),size=3)
```

我们首先提取了 mtcars 的行名称，其中包括了所有汽车品牌的名称。其次，使用函数 grepl() 通过搜索返回了一个逻辑向量，表明哪些位置含有字符 Merc。

命令 mtcars$new[!z]<-NA 将变量 new 中的不含 Merc 的元素重写为 NA。最后绘制图形，如图 8-32 所示。

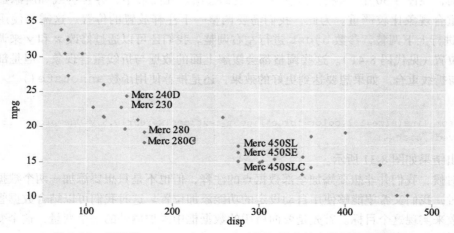

图 8-32　用函数 geom_text() 自动添加某些特定数据点的注释

此外，如果要选择性地添加几种车型的数据点注释，如奔驰、福特、菲亚特等，可以使用 %in% 运算符，基本思路与上面的例子相仿。我们把这个问题留给读者。

2. 向图形中添加阴影区

从数据中可以看出，失业人口数量在 1949 ~ 1953 年出现了连续的下降，因此，这是一个值得关注的区域。为此，我们想要把这一区域进行阴影化处理。此时，几何对象参数应为 rect，如代码 8-43 所示。

代码 8-43

```
p<-ggplot(longley,aes(Year,Unemployed))+geom_line()+ylim(150,500)
p+annotate("rect",xmin=1949,xmax=1953,ymin=150,ymax=400,fill="blue",alpha=0.2)
```

输出结果如图 8-33 所示。

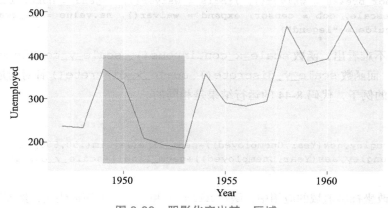

图 8-33　阴影化突出某一区域

注：依照代码 8-43，图中阴影部分应为蓝紫色。

8.4.7　修改坐标轴

对坐标轴进行个性化的设置有助于更好地展示数据所包含的信息。对坐标轴进行修改（自定义）主要涉及以下五个方面：

（1）修改坐标轴的值域；

（2）修改坐标轴标签的文本和文本样式；

（3）修改坐标轴上的刻度线；

（4）修改刻度标签的文本样式；

（5）设置对数坐标轴。

我们通过几个具体的例子来看修改坐标轴的具体操作。这里涉及的主要函数为标度函数和主题函数，典型的有 scale_x_continuous()、scale_y_continuous()、scale_x_discrete()、scale_y_discrete()、theme() 等。对标度函数和主题函数的深入分析将出现在稍后的内容中，此处仅简单介绍上面几个函数在修改坐标轴方面的用途。

1. 修改坐标轴的值域

在前面的内容中，我们已经使用过 xlim()、ylim() 这两个函数来修改过坐标轴的取值范围，其使用起来非常简便。

当上面两个函数的参数为数值型时（当然也可以是因子或字符），如 xlim(0,100)，它们实际上是标度函数 scale_x_continuous()、scale_y_continuous() 的便捷函数。我们这里要重点介绍后面两个标度函数，因为它们可以通过设置更多的参数来对坐标轴实现个性化的调整。标度函数 scale_x_continuous()、scale_y_continuous() 构建的是连续的定位标度（continuous position scales）。

使用命令 help(scale_x_continuous) 查看其基本用法为：

```
scale_x_continuous(..., expand = waiver())
```

其中，... 为各种可添加的连续标度参数（continuous scale parameters），如 name、breaks、labels、na.value、limits、trans 等。读者可以通过使用命令 help(continuous_scale) 来获取更多的信息，其基本用法为：

```
continuous_scale(aesthetics, scale_name, palette, name = NULL, breaks =
waiver(), minor_breaks = waiver(), labels = waiver(), legend = NULL, limits = NULL,
rescaler = rescale, oob = censor, expand = waiver(), na.value = NA_real_, trans =
"identity", guide = "legend")
```

从名称上不难看出，函数 scale_x_continuous()、scale_y_continuous() 针对的是连续型变量，而函数 scale_y_discrete()、scale_x_discrete() 针对的是类别型变量。

延续此前的例子，代码 8-44 的运行结果是相同的。

代码 8-44
```
ggplot(longley,aes(Year,Unemployed))+geom_line()+ylim(150,500)
ggplot(longley,aes(Year,Unemployed))+geom_line()+scale_y_continuous(limits=
c(150,500))
```

尽管在修改坐标轴值域的应用中，函数 xlim() 和 ylim() 简捷快速，然而其功能仅限于此。标度函数 scale_x_continuous() 或 scale_y_continuous() 可以通过添加其他参数而使得修改坐标轴变得十分简便，这正是我们想要的。需要注意的是，为了避免错误，尽量不要在同一条命令中同时使用函数 xlim() 和函数 scale_x_continuous()。如果需要添加修改坐标轴的其他参数，在函数 scale_x_continuous() 中设置坐标轴值域是更好的选择。

2. 修改坐标轴标签的文本和文本样式

对坐标轴标签的文本和文本样式也可以进行自定义的设置。与自定义坐标轴的值域相似，我们可以使用便捷函数 xlab()、ylab()，或者使用函数 labs()，当然，使用函数 scale_x_continuous() 或 scale_y_continuous() 是我们推荐的。延续上面的例子，代码 8-45 的运行结果是相同的。

代码 8-45
```
p<-ggplot(longley,aes(Year,Unemployed))
p+geom_line()+xlab("Year (1947-1962)")+ylab("number of unemployed")
p+labs(x="Year (1947-1962)",y="number of unemployed")
p+scale_x_continuous(name="Year (1947-1962)")+scale_y_continuous(name="number
of unemployed")
```

输出结果如图 8-34 所示。

在修改坐标轴的标签时，我们也可以向坐标轴添加数学公式，例如使用函数 expression() 等。

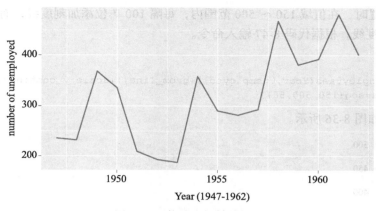

图 8-34　修改坐标轴的标签

如果要修改坐标轴文本的样式，则需要借助主题函数 theme()。读者可以首先阅读后面的修改图形主题部分的内容，了解函数 theme() 的基本用法。如代码 8-46 所示的命令实现了当前所需要的任务。

代码 8-46

```
ggplot(longley,aes(Year,Unemployed))+geom_line()+xlab("Year \n (1947-1962)")+theme
(axis.title.x=element_text(color="blue",size=20,face="bold.italic"),axis.title.
y=element_text(angle=45))
```

通过主题函数 theme()，指定需要修改的对象是 x 轴的标签，即 axis.title.x，其函数类型是 element_text()。我们对 x 轴标签的颜色、尺寸和字体进行了修改；对 y 轴标签进行了旋转，角度 angle=45。

注意，我们在 xlab() 中使用了换行符号"\n"。

输出结果如图 8-35 所示。

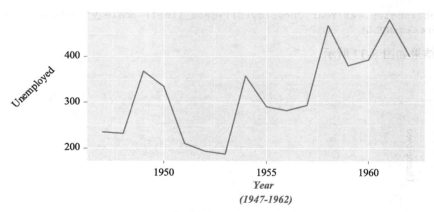

图 8-35　修改坐标轴标签的文本样式

注：依照代码 8-46，图中 Year（1947-1962）应为蓝色。

3. 修改坐标轴上的刻度线

有时，我们想要修改坐标轴上刻度线的位置，使得刻度变得更密集或者更稀疏，这就需要使用到参数 breaks。延续之前的例子，我们修改 y 轴的刻度线，使其变得更密集。在不指定刻度线位置时，在值域 150 ～ 500 范围内，每隔 100 单位添加刻度线，而修改后为每隔 50 单位添加刻度线，根据代码 8-47 输入命令。

代码 8-47

```
ggplot(longley,aes(Year,Unemployed))+geom_line()+scale_y_continuous(limits=c(1
50,500),breaks=seq(150,500,50))
```

输出结果如图 8-36 所示。

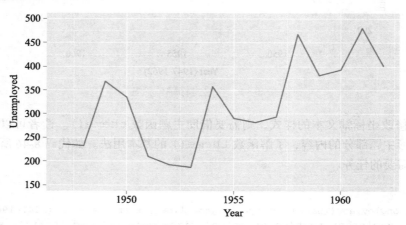

图 8-36　设置参数 breaks 以修改坐标轴的刻度

需要注意的是，坐标轴上的刻度线的位置对应着图形中主网格线的位置。这一概念这在下面这个例子中将得到更加清楚的体现。

如果我们设置 breaks=NULL，那么，此时相应坐标轴的刻度线、刻度的标签以及网格线就会全部移除（见代码 8-48）。

代码 8-48

```
ggplot(longley,aes(Year,Unemployed))+geom_line()+scale_y_continuous(limits=c(1
50,500),breaks=NULL)
```

输出结果如图 8-37 所示。

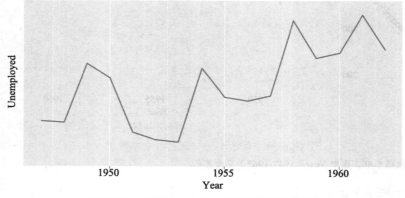

图 8-37　设置 breaks=NULL 移除刻度线

有时，我们想要保留网格线，移除刻度线。但这在当前的函数中无法实现，而是要借助主题函数 theme()。读者可以首先阅读修改图形主题部分的内容，了解函数 theme() 的基本用法。如代码 8-49 所示的命令实现了保留网格线，移除刻度线的需求（见图 8-38）。注意：下面的操作都是针对 y 轴。

代码 8-49

```
ggplot(longley,aes(Year,Unemployed))+geom_line()+scale_y_continuous(limits=c(1
50,500))+theme(axis.ticks.y=element_blank(),axis.text.y=element_blank())
```

通过设定 axis.ticks.y=element_blank()，我们移除了 y 轴的刻度线，通过设定 axis.text.y=element_blank()，我们移除了刻度标签的文本。

输出结果如图 8-38 所示。

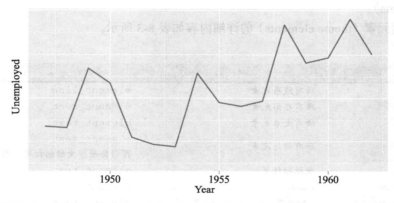

图 8-38　用主题函数 theme() 移除 y 轴的刻度线和刻度标签但保留网格线

4. 修改刻度标签的文本样式

完成这一任务同样需要使用 theme() 函数，我们在这里只给出一个简单的例子。关于函数 theme() 的更多功能，将在下一节内容中完整呈现。

代码 8-50

```
ggplot(longley,aes(Year,Unemployed))+geom_line()+theme(axis.text.x=element_tex
t(face="italic",color="blue",size=15,angle=90))
```

输出结果如图 8-39 所示。

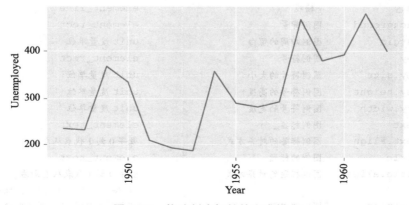

图 8-39　修改刻度标签的文本样式

注：依照代码 8-50，图中刻度标签应为蓝色。

8.4.8　修改图形主题

图形主题指的是图形中绝大多数不与数据元素设置相关联的内容，如标题、坐标轴标签、图例标签、网格线、图形背景等。一些图形主题设置我们已经在前面的内容中有所涉及。

通过函数 theme() 可以修改图形的主题，从而对图形进行非常个性化的设置。为此，函数 theme() 具有非常多的参数，尽管如此，它们也是有规律的，比较容易记忆。

使用命令 help(theme) 查看其基本用法为：

```
theme(..., complete = FALSE)
```

其中，... 表示各种用于修改主题的主题元素，complete 为 TRUE 时表示完备主题（complete theme）。

关于主题元素（theme elements）的详细内容如表 8-3 所示。

表 8-3　主题元素

元素名称	含义	函数类型和说明
line	所有线条元素	element_line
rect	所有矩形元素	element_rect
text	所有文本元素	element_text
title	所有标题元素	element_text 图形标题、坐标轴标题、图例标题
axis.title	坐标轴标签	element_text
axis.title.x	x 轴标签	element_text
axis.title.y	y 轴标签	element_text
axis.text	坐标轴刻度标签	element_text
axis.text.x	x 轴刻度标签	element_text
axis.text.y	y 轴刻度标签	element_text
axis.ticks	坐标轴刻度	element_line
axis.ticks.x	x 轴刻度	element_line
axis.ticks.y	y 轴刻度	element_line
axis.ticks.length	刻度长度	unit 度量单位
axis.ticks.margin	坐标轴刻度与刻度标签之间的留白	unit 度量单位
axis.line	坐标轴线	element_line
axis.line.x	x 轴线	element_line
axis.line.y	y 轴线	element_line
legend.background	图例背景	element_rect
legend.margin	图例四周的留白	unit 度量单位
legend.key	图例符号	element_rect
legend.key.size	图例符号的大小	unit 度量单位
legend.key.height	图例符号的高度	unit 度量单位
legend.key.width	图例符号的宽度	unit 度量单位
legend.text	图例标签	element_text
legend.text.align	图例标签的对齐方式	数字 0 到 1 代表从左向右
legend.title	图例的标题	element_text
legend.title.align	图例标题的对齐方式	数字 0 到 1 代表从左向右
legend.position	图例的位置	none、left、right、bottom、top，如需放置在绘图区，则指定放置位置（两个元素的数值向量）

（续）

元素名称	含义	函数类型和说明
legend.direction	图例的放置方向	horizontal 或 vertical
legend.justification	图例放置于绘图区的锚点	center 或指定放置位置
legend.box	多个图例的排放	horizontal 或 vertical
legend.box.just	多个图例在图例框中的锚点	top、bottom、left、right
panel.background	绘图区背景	element_rect
panel.border	绘图区边界	element_rect
panel.margin	分面绘图时的留白	unit 度量单位
panel.margin.x	水平位置上分面绘图时的留白	unit 度量单位
panel.margin.y	垂直位置上分面绘图时的留白	unit 度量单位
panel.grid	网格线	element_line
panel.grid.major	主网格线	element_line
panel.grid.minor	次网格线	element_line
panel.grid.major.x	垂直的网格线	element_line
panel.grid.major.y	水平的网格线	element_line
panel.grid.minor.x	垂直的次网格线	element_line
panel.grid.minor.y	水平的次网格线	element_line
plot.background	整个图形的背景	element_rect
plot.title	图形标题	element_text
plot.margin	图形四周的留白	top、right、bottom、left 加上度量单位
strip.background	分面标签的背景	element_rect
strip.text	分面标签	element_text
strip.text.x	水平位置的分面标签	element_text
strip.text.y	垂直位置的分面标签	element_text

　　从表 8-3 中可以看出，这些控制主题的元素或者说主题外观的元素函数是有规律可循的。其中，line、rect、text 和 title 是最顶层的元素函数。其他的大多数函数都是其"继承者"。事实上，上面这些元素函数可以分为四个基础类型（注意上面表格最后一栏的函数类型），它们分别是：文本、线条、矩形和空白。因此，元素函数的使用方法都可以参考函数 element_text()、element_line()、element_rect() 和 element_blank() 的函数设置。使用相应的帮助文件可以获得这些函数的用法。

　　（1）文本：element_text() 控制标题和标签。

　　使用命令 help(element_text) 查看其基本用法为：

```
element_text(family = NULL, face = NULL, colour = NULL, size = NULL, hjust =
NULL, vjust = NULL, angle = NULL, lineheight = NULL, color = NULL)
```

　　其中，参数 family 表示字体族，如无衬线、衬线、等宽等。参数 face 表示字体样式，如 plain 为普通、bold 为加粗、italic 为斜体、bold.italic 为加粗斜体等。参数 colour 为颜色。参数 size 控制尺寸。参数 hjust、vjust 控制横向和纵向的对齐方式，从 0 到 1 为从左对齐到右对齐，或从底部对齐到顶部对齐，0.5 为居中对齐。参数 angle 为旋转角度。参数 lineheight 控制行间距倍数。

（2）线条：element_line() 控制线条或线段。

基本用法如下，其中，参数 linetype 控制线型，参数 lineend 控制线条的端点类型。

```
element_line(colour = NULL, size = NULL, linetype = NULL, lineend = NULL, color = NULL)
```

（3）矩形：element_rect() 控制绘图中所有矩形背景。

基本用法如下，其中参数 fill 控制填充颜色。

```
element_rect(fill = NULL, colour = NULL, size = NULL, linetype = NULL, color = NULL)
```

（4）空白：element_blank() 绘制空白主题，可删去不需要的绘图元素。其基本用法即为 element_blank()。

继续使用前面的 longley 数据集，我们对主题函数的用法给出几个例子。

代码 8-51

```
p<-ggplot(longley,aes(Year,Unemployed))+geom_line() p+theme(panel.background=element_
rect(colour="black",size=5),axis.title.y=element_text(family="serif",face="bold.ital
ic",colour="blue",size=20),axis.line=element_line(colour="red",size=1.5),axis.text=
element_blank())
```

代码 8-51 中分别使用了函数 element_text()、element_line()、element_rect() 和 element_blank()。输出结果如图 8-40 所示，尽管有些简陋，但表达了基本含义。

注意设定主题函数时的用法，在函数 theme() 内部，首先要给出主题元素的名称，然后对应到相关联的函数类型，在函数类型中指定需要修改的参数。例如，在本例中，我们修改了绘图背景（panel.background），对应到函数 element_rect()，在其中修改了边框的颜色和宽度。其他主题元素的设置以此类推。本例还去掉了坐标轴刻度标签，注意函数 element_blank() 的用途。

输出结果如图 8-40 所示。

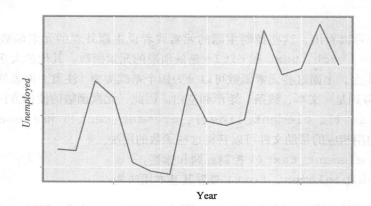

图 8-40　用主题函数修改图形主题

注：依照代码 8-51，图中纵轴坐标名称应为蓝色，左、下侧边框外缘为红色。

在修改图形主题时，还有一些实用的方法。

（1）使用命令 theme_get() 获取当前的主题设置。

该命令可以获得当前的各种主题设置，返回结果是列表，内容很多，如果读者对某个主题元素感兴趣，可以使用 $ 添加关键词（见代码 8-52）。

代码 8-52

```
theme_get()$text
List of 8
$ family     : chr ""
$ face       : chr "plain"
$ colour     : chr "black"
$ size       : num 12
$ hjust      : num 0.5
$ vjust      : num 0.5
$ angle      : num 0
$ lineheight : num 0.9
- attr(*, "class")= chr [1:2] "element_text" "element"
```

代码 8-52 的返回结果显示了 element_text() 函数的默认参数设置及其属性，读者可据此进行自定义的设置。

（2）内置主题 theme_grey() 和 theme_bw()。

这是两个内置的主题，前一个使用淡灰色的背景和白色的网格线，后一个使用白色的背景和深灰色的网格线。输入命令 theme_grey() 和 theme_bw() 可以返回这两个内置主题的各种参数设置。

当你对图形的主题进行了修改后，想要重新使用这两个内置主题，可以使用命令 theme_set(theme_grey()) 和 theme_set(theme_bw())。这属于全局性的主题设置。

如果仅是对图形的局部性的主题进行更改，可以像上面的例子中那样，在绘图的主题语句之后通过加号添加主题函数。

（3）在内置主题基础上添加自定义的主题元素。

在上面两个内置主题的基础上，可以通过 theme() 函数局部添加（修改）图形主题，如代码 8-53 所示。

代码 8-53

```
p<-ggplot(longley,aes(Year,Unemployed))+geom_line()
mytheme<-theme_grey()+theme(axis.title=element_text(face="italic",size=20))
p+mytheme
```

此外，扩展包 ggthemes 提供了更多的主题、标度和几何对象函数，作为对扩展包 ggplot2 的补充。读者可以尝试其中的一些主题函数，如 theme_economist() 等。

8.4.9　修改图例

在 8.1 节的内容中，我们已经介绍了使用 ggplot2 绘图所需要的几个重要部件，如映射、几何对象、统计变换等。还有两个重要的部件，标度和引导元素我们尚未进行更多的解释。

在修改坐标这一块内容中，我们已经接触到过标度的概念。简单地讲，标度是一种映射，用来将数据映射到图形属性，即把数据变成视觉上所呈现出来的大小、形状、位置和颜色等图形属性。坐标的位置和图例等图形属性可以通过标度进行修改。比方说，一个连续型变量的 x 轴标度会将较大的数值映射到图中水平位置更靠右侧的位置上。前面我们使用过的命令 scale_y_continuous(limits=c(150,500)) 就把指定的数据映射到了坐标轴上。

我们还可以这样来理解标度，即标度是具有各种参数的函数，标度的定义域是数据空间中的相关值，标度的值域是图形属性空间（位置、颜色、大小、形状、线条类型）中的相关值。从中可以看到，定义域可以是连续的，也可以是离散的。在一般情况下，当我们在使用ggplot2作图时，标度会自动地把数据映射到图形属性，因此可以不用去理会标度的执行过程。但是，使用自定义的标度可以更加个性化地绘制图形，正如我们前面修改坐标轴值域时看到的。

引导元素（guide）简单地说就是让用户在图形上看到数据的工具，常见的引导元素是坐标轴上的刻度线、标签、图例等。准确地讲，引导元素是图形属性空间到数据空间的逆向映射。

接下来，在对图例进行修饰的过程中，我们将会看到标度和引导元素的重要性。

1. 添加和删除图例

如果在图形属性参数中仅指定 x 和 y 值，如代码 8-34 所示，则不会在图形中绘制图例。

代码 8-54

```
ggplot(mpg,aes(displ,hwy))+geom_point()+theme_bw()
```

通过将分类变量映射给形状、颜色、填充等参数，可以按照默认设置来改变散点图中属于不同分类的点的形状、颜色等，并自动添加图例，为辨别数据之间的关系提供了帮助。使用数据集 mpg，并输入如代码 8-55 所示的命令。

代码 8-55

```
ggplot(mpg,aes(displ,hwy,shape=factor(cyl),colour=factor(cyl)))+geom_point
(size=3)+theme_bw()
```

输出结果如图 8-41 所示。

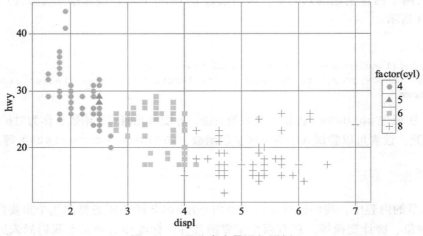

图 8-41　用分类变量添加图例

如果在作图时不想绘制图例，同时又保持在图形中以不同的形状或颜色等区分数据点，可以使用引导元素函数 guides() 通过如代码 8-56 所示的命令实现。

代码 8-56

```
p<-ggplot(mpg,aes(displ,hwy,shape=factor(cyl),colour=factor(cyl)))+geom_point
(size=3)+theme_bw()
p+guides(shape=FALSE,colour=FALSE)
```

输出结果如图 8-42 所示。

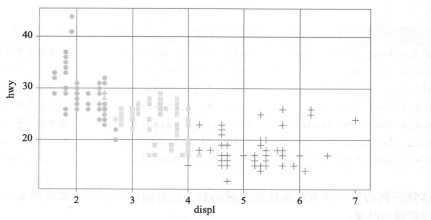

图 8-42　删除图例同时保持数据点之间的区分

在如代码 8-56 所示的命令中，引导元素函数 guides() 的作用是为每一个标度设置引导元素。使用命令 help(guides) 查看其基本用法为：

```
guides(...)
```

函数的形式看上去非常简单，... 表示与标度对应的各种引导元素。

命令 guides(shape=FALSE,colour=FALSE) 移除了两个标度的图例，即 shape 和 colour。为了看清楚这一点，读者可以分别使用命令 p+guides(shape=FALSE) 和 p+guides(shape=FALSE)+guides(colour=FALSE) 来观看绘图的结果。

上面的命令与下面的命令得到的结果是相同的，但是如代码 8-57 所示的命令能够让我们更好地理解标度和引导元素的工作原理，以及它们之间的关系。

代码 8-57
```
p+scale_shape_discrete(guide=FALSE)+scale_colour_discrete(guide=FALSE)
```

在上面的这个例子中，在作图时，当变量（在这里是离散型变量 factor(cyl)，当然也可以是连续型变量）被映射到图形属性 shape 和 colour 上的时候，事实上执行了两个默认的标度：scale_shape_discrete() 和 scale_colour_discrete()，这两个函数的功能是把不同的因子水平映射到对应的形状和颜色的值上。

对于函数 scale_shape_discrete() 而言，使用命令 help(scale_shape) 查看其基本用法为：

```
scale_shape_discrete(..., solid = TRUE)
```

其中，... 表示通用的离散标度参数，如 name、breaks、labels、na.value、limits 和 guide。参数 solid 为 TRUE 表示绘制的形状是实心的，否则为空心的。默认值为 TRUE，也即是我们通常所见的。

其他的标度函数具有类似的结构，可以分别使用帮助命令查看基本用法。常用的标度函数如表 8-4 所示。[○]如果需要自定义标度，则可以使用 scale_colour_manual() 等函数

○　可以使用命令 grep("^scale", objects("package:ggplot2"), value = TRUE) 来查看所有标度函数。

设定，这在分析散点图时已经有所涉及。

表 8-4　常用的标度函数

颜色	填充	形状
scale_colour_continuous()	scale_fill_continuous()	连续型变量不能被映射到形状
scale_colour_hue()	scale_fill_hue()	连续型变量不能被映射到形状
scale_colour_grey()	scale_fill_grey()	连续型变量不能被映射到形状
scale_colour_brewer()	scale_fill_brewer()	连续型变量不能被映射到形状
scale_colour_ gradient()	scale_fill_ gradient()	连续型变量不能被映射到形状
scale_colour_discrete()	scale_fill_discrete()	scale_shape_discrete()
scale_colour_manual()	scale_fill_manual()	scale_shape_manual()

移除图例的另一种方法是使用主题函数，接着前面的例子，如代码 8-58 所示的命令可以获得相同的结果：

代码 8-58

```
p+theme(legend.position="none")
```

2. 改变图例的摆放位置

改变图例的摆放位置，可以使用主题元素 legend.position。相关的参数有：none、left、right、bottom、top，分别表示不摆放、靠左、靠右、靠底部、靠上部。此外，如需将图例放置在绘图区，则应指定放置位置（两个元素的数值向量）。例如：

代码 8-59

```
p<-ggplot(mpg,aes(displ,hwy,shape=factor(cyl),colour=factor(cyl)))+geom_
point(size=3)+theme_bw()
p+theme(legend.position=c(0.85,0.8))
```

输出效果如图 8-43 所示。

在这个例子中，使用了指定放置位置的向量 c(0.85,0.8)。向量中两个元素的取值均为 0 ～ 1 之间，第一个元素从 0 到 1 表示从左至右，第二个元素从 0 到 1 表示从下到上。换句话说，是标准化后的位置参数。

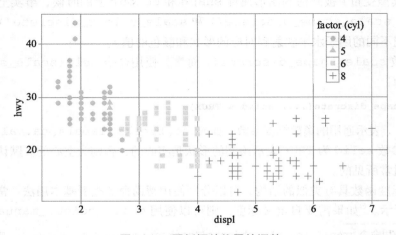

图 8-43　图例摆放位置的调整

一般来说，在选择图例的摆放位置时，是将图例的中心点摆放在设定的坐标上面。当然，也可以选择图例的任何一部分，例如最右上角的点，放置在设定的坐标上面。此时可以调整主题元素 legend.justification，其默认值为 center，即 c(0.85,0.8)，如果要将最右上角的点放置在指定的位置，可设定 legend.justification=c(1,1) 即可，向量中的数字取值的含义与上面的相同。

如果要将图例水平放置而不是垂直放置，可以将主题元素 legend.direction 设定为 legend.direction="horizontal" 即可。请读者尝试。

3. 修改图例的符号

图例的符号（key）也可以进行修改。例如，可以对宽度和长度进行调整，同时，可以设置图例符号的背景，如填充色、边框等（见代码 8-60）。

代码 8-60

```
p<-ggplot(mpg,aes(displ,hwy,shape=factor(cyl),colour=factor(cyl)))+geom_point
(size=3)+theme_bw()
p+theme(legend.key.width=unit(2,"cm"),legend.key.height=unit(1,"cm"),legend.
key=element_rect(color="black",fill="lightyellow"))
```

其中，函数 unit() 需要加载扩展包 grid，输出结果如图 8-44 所示。

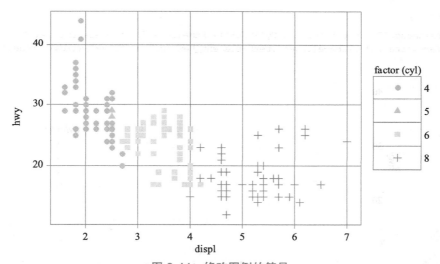

图 8-44　修改图例的符号

注：依照代码 8-60，图中图例背景应为明黄色。

4. 修改图例的标题和标签

我们还能够对图例的标题和标签进行修改，完成这项工作也是非常简单的。

首先，我们修改图例标题的名称。继续采用上面的例子，注意，这里需要对标度进行修改（见代码 8-61）。

代码 8-61

```
p<-ggplot(mpg,aes(displ,hwy,shape=factor(cyl),colour=factor(cyl)))+geom_point
(size=3)+theme_bw()
p+labs(shape="Cylinder",colour="Cylinder")
```

输出结果如图 8-45 所示。

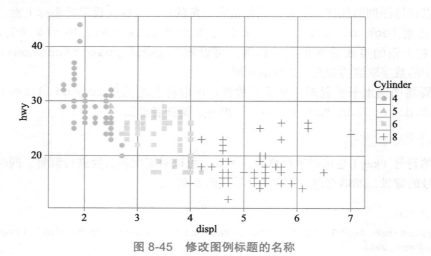

图 8-45　修改图例标题的名称

其次，可以通过主题函数修改图例的标题与标签的样式，继续上面的例子（见代码 8-62）。输出结果如图 8-46 所示。

代码 8-62

```
p+labs(shape="Cylinder",colour="Cylinder")+theme(legend.title=element_text(colour="blue",size=15,face="italic"))+theme(legend.text=element_text(colour="blue",size=15,face="italic"))
```

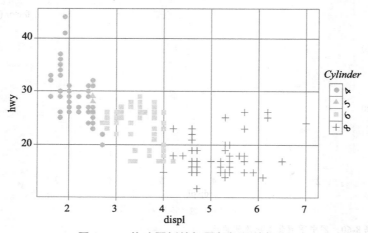

图 8-46　修改图例的标题与标签的样式

注：依照代码 8-62，图中图例文字应为蓝色。

8.5　使用 ggplot2 绘制其他常用图形

8.5.1　使用函数 geom_tile() 绘制相关系数热图

在描述性统计分析中，变量之间的相关系数是常用的统计量。尽管相关系数可以用列表的形式进行表达，但是我们也可以借助图形的方式加以视觉上的呈现。这在一些场合，如工作报告中使用能够达到很好的效果。

这里我们继续使用测试数据集 `mtcars` 中的相关数据来进行分析和演示。我们希望展示出 `mpg`、`hp`、`wt` 和 `disp` 之间的两两相关关系。

首先，我们必须要计算这些变量之间的相关系数。函数 `cor()` 可以帮助我们计算（见代码 8-63）。

代码 8-63

```
cor(mtcars$mpg,mtcars$hp)
[1] -0.7761684
```

如果要计算所有四个变量之间的相关系数，可以这样来实现（见代码 8-64）。

代码 8-64

```
cordata<-mtcars[c("mpg","disp","hp","wt")]
cordata2<-cor(cordata)
cordata2
                mpg           disp            hp            wt
Mpg       1.0000000     -0.8475514    -0.7761684    -0.8676594
Disp     -0.8475514      1.0000000     0.7909486     0.8879799
Hp       -0.7761684      0.7909486     1.0000000     0.6587479
Wt       -0.8676594      0.8879799     0.6587479     1.0000000
```

现在我们得到了四个变量的相关系数矩阵，为了进行绘图，我们必须要将数据 `cordata` 转换成长格式的数据，这需要使用扩展包 reshape2（见代码 8-65）。

代码 8-65

```
moltencordata<-melt(cordata2,varnames=c("x","y"),value.name="correlation")
moltencordata
       x      y    correlation
1    mpg    mpg      1.0000000
2   disp    mpg     -0.8475514
3     hp    mpg     -0.7761684
4     wt    mpg     -0.8676594
5    mpg   disp     -0.8475514
6   disp   disp      1.0000000
7     hp   disp      0.7909486
8     wt   disp      0.8879799
9    mpg     hp     -0.7761684
10  disp     hp      0.7909486
11    hp     hp      1.0000000
12    wt     hp      0.6587479
13   mpg     wt     -0.8676594
14  disp     wt      0.8879799
15    hp     wt      0.6587479
16    wt     wt      1.0000000
```

在对数据进行重塑后，我们就可以进行绘图了（见代码 8-66）。

代码 8-66

```
p<-ggplot(moltencordata,aes(x,y,fill=correlation))
p+geom_tile()
```

输出结果如图 8-47 所示。

在代码 8-66 中，我们使用了瓦片图函数 `geom_tile()` 来对相关系数进行绘图。然而，绘图的结果似乎不理想，这主要表现在越深的颜色表示的是相关系数越小的情况，并且正相关和负相关没有很好地区别开来。为此，我们要对数据和图形进行进一步的加工（见代码 8-67）。

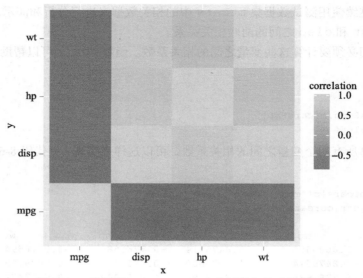

图 8-47 用函数 geom_tile() 绘制的相关系数热图

注：请见文前彩插。

代码 8-67

```
p+geom_tile()+scale_fill_gradient2(low="red",mid="white",high="purple",limits=c
(-1,1))+labs(x=NULL,y=NULL)+geom_text(aes(label=round(correlation,2)),colour="white")
```

输出结果如图 8-48 所示。

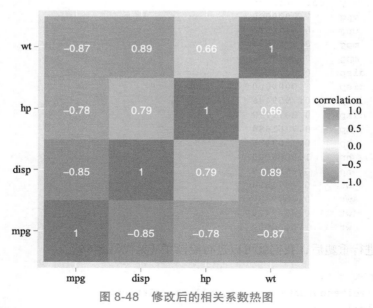

图 8-48 修改后的相关系数热图

注：请见文前彩插。

在绘图函数中，我们对填充颜色进行了更改，使用了分散型的标度函数，即函数 scale_fill_gradient2()，这是为了更好地展示数据之间的差异。同时扩展了图例的取值范围，从完全负相关 –1 到完全正相关 1。最后，我们还向图形中添加了相关系数的数据，并取两位小数。

8.5.2　使用函数 `geom_ribbon()` 绘制带状图

有时候，我们想在两条曲线之间进行填充，以便展示出随着 x 的连续变化，y 变化的跨度。这需要使用到函数 `geom_ribbon()`，使用命令 `help(geom_ribbon)` 查看其基本用法为：

```
geom_ribbon(mapping = NULL, data = NULL, stat = "identity", position =
"identity", na.rm = FALSE, ...)
```

其中，在图形属性参数中必须设置 `x`、`ymin` 和 `ymax`，`ymax` 与 `ymin` 之间就是 `y` 变化的跨度，如代码 8-68 所示。

代码 8-68

```
mydata<-data.frame(x=1:20,y1=rnorm(20,2,0.5),y2=rnorm(20,4,0.5))
ggplot(mydata,aes(x))+geom_ribbon(aes(ymin=y1,ymax=y2),fill="blue")+ylim(0,5)+
geom_line(aes(x,y1),size=1)+geom_line(aes(x,y2),size=1)
```

输出结果如图 8-49 所示。

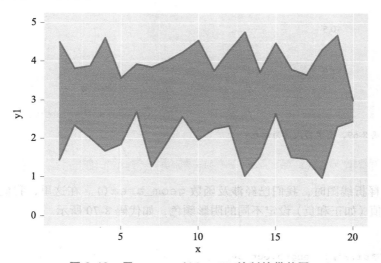

图 8-49　用 `geom_ribbon()` 绘制的带状图

注：依照代码 8-68，图中阴影部分应为蓝色。

8.5.3　使用函数 `stat_function()` 绘制任意函数的曲线图

对于一个自定义的函数，如何绘制该函数的图形？这需要使用到函数 `stat_function()`，使用命令 `help(stat_function)` 查看其基本用法为：

```
stat_function(mapping = NULL, data = NULL, geom = "path", position = "identity",
fun, n = 101, args = list(), ...)
```

其中，参数 `fun` 是指所要绘制曲线的方程；参数 `geom` 用来控制展示数据的几何对象，默认是 `path`，可以修改成为 `point`、`bar`、`area` 等；参数 `n` 为设定的插值个数，以提高绘图的近似效果。参数 `args` 是额外需要传递的参数，例如当使用到某些统计量时，会用到该参数。

代码 8-69

```
myfun<-function(x){(sin(x))^4-cos(x)}
```

```
ggplot(data=data.frame(x=c(-2*pi,2*pi)),aes(x))+stat_function(fun=myfun,colour=
"red",size=1)
```

在代码 8-69 中，我们首先定义了方程为 myfun，然后进行绘图。由于是对给定的函数作图，我们需要给出自变量 x 的取值范围。在绘图过程中，需要告诉 ggplot() 使用的数据集是什么。由于绘图时必须使用数据框，在这个例子中，我们定义了一个数据框 data.frame(x=c(-2*pi,2*pi))，这实际上指定了函数的定义域。

输出结果如图 8-50 所示。

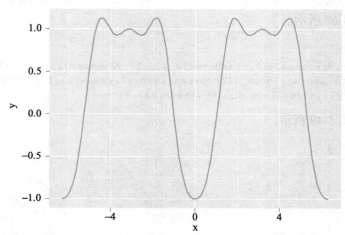

图 8-50　用函数 stat_function() 绘制任意函数的图形

注：依照代码 8-69，图中曲线应为红色。

8.5.4　使用函数 geom_area() 根据数值绘制不同的阴影颜色

在前面解释折线图时，我们已经涉及函数 geom_area()。在这里，我们将使用该函数来根据不同数值（如正和负）设定不同的阴影颜色，如代码 8-70 所示。

代码 8-70

```
x<-seq(-2*pi,2*pi,length.out=50)
y<-sin(x)
d<-data.frame(x,y)
ggplot(d,aes(x,y))+geom_line()
```

在上面的代码中，我们设定变量 x 在 -2*pi 和 2*pi 之间取 50 个值，并令 y=sin(x)，然后将二者组成为数据框 d，并绘图，如图 8-51 所示。

我们现在想要达到的目标是，以 0 为界限，对取值大于 0 的曲线部分填充一种颜色，对取值小于 0 的曲线部分填充另一种颜色。为此，我们使用代码 8-71：

代码 8-71

```
d$value[d$y>=0]<-"above"
d$value[d$y<0]<-"below"
ggplot(d,aes(x,y))+geom_area(aes(fill=value))+geom_line(size=1)+geom_
hline(yintercept=0,size=1)
```

在代码 8-71 中，我们在数据框中实际上增加了一列，即变量 value，当 y 大于等于 0 时，取值为 above，当 y 小于 0 时，取值为 below。绘制的图形如图 8-52 所示。

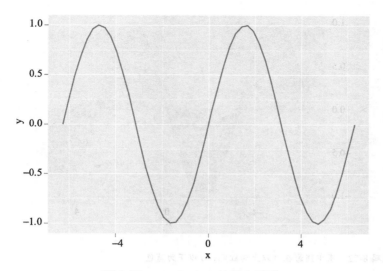

图 8-51　**y=sin(x)** 的基本图形

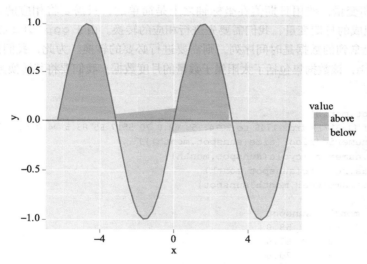

图 8-52　根据 **y** 的取值设定不同的阴影颜色

　　在图 8-52 中，我们基本上达成了目标。但是对于图形的中间部分，阴影颜色有些不正常。这主要是因为我们绘制的图形是多边形，由于插值数量不够多，所以图形的近似度不高。为了纠正这一现象，我们试图将定义域 x 的取值数量增加，增加到 2 000 个。如果是对于给定的数据框，我们也可以使用插值函数的方法，效果是相似的，如图 8-53 所示。

代码 8-72

```
x<-seq(-2*pi,2*pi,length.out=2000)
y<-sin(x)
d<-data.frame(x,y)
d$value[d$y>=0]<-"above"
d$value[d$y<0]<-"below"
ggplot(d,aes(x,y))+geom_area(aes(fill=value))+geom_line(size=1)+geom_hline(yin
tercept=0,size=1)+scale_fill_manual(values=c("red","blue"),guide=FALSE)
```

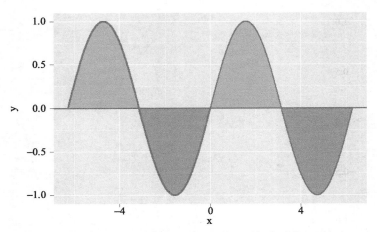

图 8-53　根据 y 的取值设定不同的阴影颜色（修正后）

注：依照代码8-72，图中阴影在 0 以上为红色，0 以下为蓝色。

8.5.5　时间序列与日期值坐标

如果有日期变量，使用日期值在坐标轴之上是简单的，只需要将相应的日期变量映射即可。如果没有现成的日期变量，我们需要先进行相应的转换。由于 ggplot2 必须使用数据框，如果我们手头上拿到的数据是时间序列，则需要进行必要的转换。为此，我们使用测试数据集 sunspot.month，该数据集包括了太阳黑子数量的月度数据，我们要将其转换为数据框的结构。

代码 8-73

```
str(sunspot.month)
Time-Series [1:3177] from 1749 to 2014: 58 62.6 70 55.7 85 83.5 94.8 66.3 75.9 75.5 ...
year<-as.numeric(floor(time(sunspot.month)))
month<-as.numeric (cycle(sunspot.month))
sunspot<-as.numeric(sunspot.month)
sun<-data.frame(year,month,sunspot)
head(sun)
    year    month    sunspot
1   1749        1       58.0
2   1749        2       62.6
3   1749        3       70.0
4   1749        4       55.7
5   1749        5       85.0
6   1749        6       83.5
```

在代码 8-73 中，函数 time() 返回的是每个观察值的时间值，但是，对于月度数据而言，如果仅适用函数 time()，其返回的结果如代码 8-74，即按照 1/12=0.083 333 33 来计算月份，对于 1 749 年 1 月而言，对应值为 1 749.000，对于 1749 年 12 月而言，对应值为 1 749 + 1/12*11 = 1 749.917。为了得到年份的信息，我们使用了函数 floor()，返回其小数点之前的值。

代码 8-74

```
time(sunspot.month)[1:12]
 [1] 1749.000 1749.083 1749.167 1749.250 1749.333 1749.417
 [7] 1749.500 1749.583 1749.667 1749.750 1749.833 1749.917
```

进一步地，我们使用函数 cycle() 返回月度的数值，cycle 就是周期。然后，我们将相应的变量组合成一个数据框。但是，这个数据框中仍然没有时间类型的变量。为此，我们要利用 year 和 month 的值来创建一个，如代码 8-75 所示。

代码 8-75

```
t<-paste(year,month,1,sep="-")
t[1:12]
 [1] «1749-1-1»  «1749-2-1»  «1749-3-1»  «1749-4-1»  «1749-5-1»
 [6] «1749-6-1»  «1749-7-1»  «1749-8-1»  «1749-9-1»  «1749-10-1»
[11] «1749-11-1» «1749-12-1»
tt<-as.Date(t)
str(tt)
 Date[1:3177], format: "1749-01-01" "1749-02-01" "1749-03-01" ...
sun$tt<-tt
head(sun)
     year    month    sunspot            tt
1    1749       1       58.0      1749-01-01
2    1749       2       62.6      1749-02-01
3    1749       3       70.0      1749-03-01
4    1749       4       55.7      1749-04-01
5    1749       5       85.0      1749-05-01
6    1749       6       83.5      1749-06-01
```

在代码 8-75 中，我们首先建立一个字符串向量 t，在 paste() 函数中，需要连接的变量分别为 year、month 和 1，分别代表年、月、日，之所以用到 1，是为了下面将字符串向量转换为日期值所用。在绘图时，我们可以去掉日，这对绘图结果不产生影响。

然后，我们使用 as.Date() 函数将字符串向量转变为日期向量。最后，将变量 tt 结合到数据框中。接下来就可以绘图了。

代码 8-76

```
library(scales)
ggplot(subset(sun,year>=2010),aes(tt,sunspot))+geom_line()+geom_point(size=3)+
scale_x_date(labels=date_format("%Y/%m"))
```

在代码 8-76 中，我们加载了扩展包 scales，这是为了使用更多的标度函数。在绘图时，我们使用了 2010 年开始的数据。在标度函数 scale_x_data() 中，我们将日期值的输出格式变为如 2010/01 这样的类型，对应为 date_format("%Y/%m")。

输出结果如图 8-54 所示。

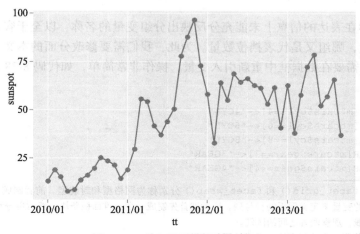

图 8-54   将日期值绘制在坐标上

8.5.6 分面：分组数据的多图呈现

根据分组变量，使用图形呈现数据在组间的比较是非常重要的数据可视化技术。这在 ggplot2 中可以通过分面函数 facet_grid() 或者 facet_wrap() 实现。[⊖]我们使用测试数据集 mtcars 来对此进行说明，所要考察的是 mpg 和 disp 之间的关系，分组变量有 cyl、gear 等。

使用 help(facet_grid) 查看其基本用法为：

```
facet_grid(facets, margins = FALSE, scales = "fixed", space = "fixed", shrink =
TRUE, labeller = "label_value", as.table = TRUE, drop = TRUE)
```

其中，参数 facets 是指用波形符号"~"连接的一个表达式，波形符号右边的变量反映在分面图形上为"列"，左边的变量反映在分面图形上为"行"。

代码 8-77

```
ggplot(mtcars,aes(mpg,disp))+geom_point()
ggplot(mtcars,aes(mpg,disp))+geom_point()+facet_grid(gear~cyl)
```

输出结果如图 8-55 所示。

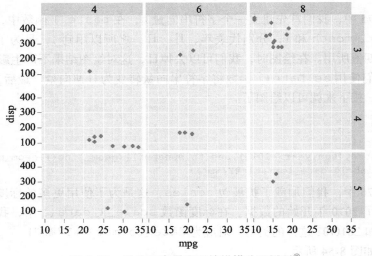

图 8-55　用分组变量实现的纵横分面图形[⊖]

上面的图形在表达的信息上未能充分反映出分组变量的名称，以至于容易弄错哪组数据是代表气缸数量，哪组又是代表挡位数量。为此，我们需要修改分面的本文标签，将信息充分反映出来。这需要在数据框中重新引入变量，操作非常简单，如代码 8-78 所示。

代码 8-78

```
mtcars$CYL[mtcars$cyl==4]<-"4CYL"
mtcars$CYL[mtcars$cyl==6]<-"6CYL"
mtcars$CYL[mtcars$cyl==8]<-"8CYL"
mtcars$GEAR[mtcars$gear==3]<-"3GEAR"
mtcars$GEAR[mtcars$gear==4]<-"4GEAR"
```

⊖ 分面函数 facet_grid() 和 facet_wrap() 分别称为网格型和封装型。前者制成一个二维面板网格，根据指定的变量来定义面板的行与列。后者则首先制成一个一维面板条块，然后再分装到二维中。读者可以自行实践，观察两者之间的区别。

⊖ 读者可以使用一个分组变量，看看绘图的结果。

```
mtcars$GEAR[mtcars$gear==5]<-"5GEAR"
ggplot(mtcars,aes(mpg,disp))+geom_point()+facet_grid(GEAR~CYL)+theme(strip.text=
element_text(size=12),strip.background=element_rect(fill="white",colour="blue",size=1))
```

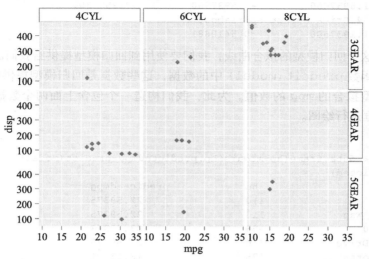

图 8-56　修改分面的文本标签

注：依照代码 8-78，图中上方及右侧边框应为蓝色。

在图 8-56 中，我们使用主题函数，通过设置参数 strip.text 和 strip.background，对分面的文本标签进行了适当的修改。

8.5.7　向散点图添加回归模型的拟合线

在建立回归模型后，我们通常希望将模型的拟合线添加到变量的散点图上，从而反映出拟合的真实效果。为了达到这个目的，我们使用以下方法。

首先，要建立回归模型。使用测试数据集 mtcars，我们对 mpg 和 hp 之间建立回归模型，mpg 为被解释变量，hp 为解释变量。从下面的回归结果中我们可以看到，hp 与 mpg 负相关，即 hp 越大，mpg 越小，也就是说，马力越大，耗油量越高。

进一步，我们使用函数 predict() 查看了回归模型的部分拟合值，使用函数 residuals() 查看了回归模型的部分残差值（见代码 8-79）。

代码 8-79

```
model<-lm(mpg~hp,mtcars)
model

Call:
lm(formula = mpg ~ hp, data = mtcars)

Coefficients:
(Intercept)          hp
   30.09886     -0.06823

predict(model)[1:5]
        Mazda RX4      Mazda RX4 Wag         Datsun 710
         22.59375           22.59375           23.75363
   Hornet 4 Drive Hornet Sportabout
```

```
        22.59375              18.15891
residuals(model)[1:5]
        Mazda RX4       Mazda RX4 Wag           Datsun 710
       -1.5937500          -1.5937500           -0.9536307
    Hornet 4 Drive Hornet Sportabout
       -1.1937500           0.5410881
```

为了绘制这个回归模型的拟合曲线，我们要使用到回归模型提供给我们的拟合值，也就是刚才看到的函数 predcit(model) 中的数据，这些数据是回归模型提供的给定 hp 的某个数值时，模型拟合的 mpg 的数值。为此，我们构造一个包含上面两个数据的数据框，然后利用该数据框进行绘图。

代码 8-80

```
predicted<-data.frame(hp=mtcars$hp,predictedmpg=predict(model))
head(predicted)
                        hp            predictedmpg
Mazda RX4              110                22.59375
Mazda RX4 Wag         110                22.59375
Datsun 710             93                23.75363
Hornet 4 Drive        110                22.59375
Hornet Sportabout     175                18.15891
Valiant               105                22.93489
ggplot(mtcars,aes(hp,mpg))+geom_point()+geom_line(data=predicted,aes(hp,predic
tedmpg),size=1.25,colour="red")
```

输出结果如图 8-57 所示。

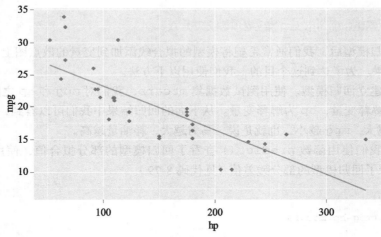

图 8-57　绘制拟合曲线

注：依照代码 8-80，图中直线应为红色。

在上面的回归模型中，解释变量只使用了 hp 的一次项，如果我们在回归模型中加入 hp 的二次项，然后再来绘制拟合曲线，会发生什么情况？让我们来看下面的例子（见代码 8-81）。

代码 8-81

```
model2<-lm(mpg~hp+I(hp^2),mtcars)
predicted2<-data.frame(hp=mtcars$hp,predictedmpg=predict(model2))
ggplot(mtcars,aes(hp,mpg))+geom_point()+geom_line(data=predicted2,aes(hp,predi
ctedmpg),size=1.25,colour="red")
```

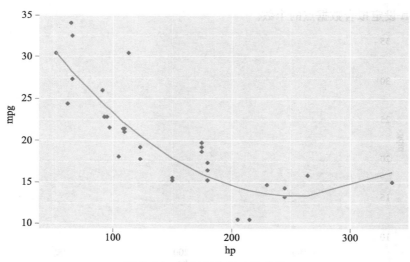

图 8-58　绘制拟合的二次曲线

注：依照代码 8-81，图中曲线应为红色。

在图 8-58 中，绘制了拟合的二次曲线。在这条二次曲线中，后半段的拟合效果似乎不佳，看上去不是真正的抛物线形状。这是因为数据量有限的缘故（32 个观测值），为此，我们可以进行插值。

代码 8-82

```
hpmin<-min(mtcars$hp)
hpmax<-max(mtcars$hp)
predicted3<-data.frame(hp=seq(hpmin,hpmax,length.out=200))
predicted3$predictedmpg<-predict(model2,predicted3)
ggplot(mtcars,aes(hp,mpg))+geom_point()+geom_line(data=predicted3,aes(hp,predictedmpg),size=1.25,colour="red")
```

在代码 8-82 中，图 8-59 的二次曲线更加光滑，尤其是经过曲线底部的右半段拟合效果更好。我们生成一个序列，在 hp 的最大值和最小值之间，一共生成 200 个数据。然后，使用 predict() 函数，根据新生成的 hp 数据，按照 model2 的拟合方法，生成新的经过拟合的 mpg 序列。接着就可以进行绘图了。

我们还可以使用函数 stat_smooth() 函数来向散点图中添加拟合曲线。使用命令 help(stat_smooth) 查看其基本用法为：

```
stat_smooth(mapping = NULL, data = NULL, geom = "smooth", position = "identity",
method = "auto", formula = y ~ x, se = TRUE, n = 80, fullrange = FALSE, level = 0.95,
na.rm = FALSE, ...)
```

其中，

参数 method 可以用来指定所添加的拟合曲线的拟合方法，例如使用 method=lm，此时将调用函数 lm() 向图形中添加的拟合曲线来表现线性回归方程。

参数 formula 用来指定拟合曲线的回归方程的形式，例如，采用 formula=y~x+I(x^2) 这样的方式，注意，这里 y 代表被解释变量，x 代表解释变量，不需要使用具体的变量来替代，只需 y 和 x 即可。

参数 se 用来指定是否添加置信区间，默认是 TRUE；参数 level 对应的是置信水平的设定；参数 n 设定拟合数据点的个数。

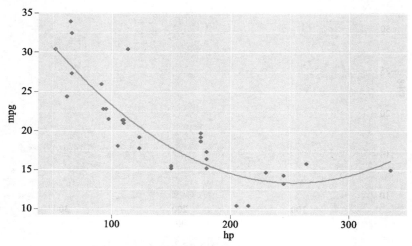

图 8-59　经过插值调整后的拟合二次曲线

注：依照代码 8-82，图中曲线应为红色。

对于上面的拟合二次曲线，我们也可以这样来做，如代码 8-83 所示。

代码 8-83

```
ggplot(mtcars,aes(hp,mpg))+geom_point()+stat_smooth(method=lm,level=0.99,size=
1.25,colour="red",formula=y~x+I(x^2),n=200)
```

输出结果如图 8-60 所示。

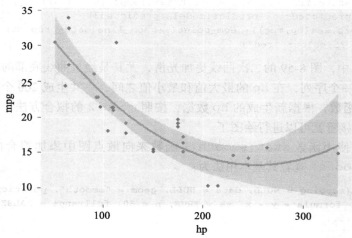

图 8-60　用函数 stat_smooth() 绘制的拟合曲线及置信区间

注：依照代码 8-83，图中曲线应为红色。

如果在 `stat_smooth()` 函数中不指定所采用的拟合方法，即不指定参数 method 的值，则该函数会自动使用 loess 曲线，即局部加权多项式，如代码 8-84 和图 8-61 所示。

代码 8-84

```
ggplot(mtcars,aes(hp,mpg))+geom_point()+stat_smooth(level=0.99,size=1.25,colou
r="red",n=200)
```

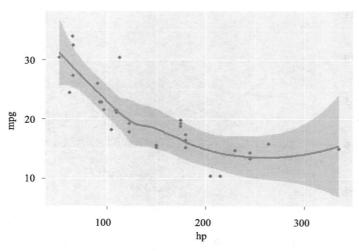

图 8-61　用默认拟合方法 loess 绘制的拟合曲线

注：依照代码 8-84，图中曲线应为红色。

采用默认的拟合方法 loess 时，使用 stat_smooth() 函数绘制拟合曲线的一个好处是，可以让我们从图形上非常直观地看出数据之间可能存在的关系。正如上面这幅图形告诉我们的，在线性回归模型中加入二次项可能是一个不错的选择。

上面介绍的两种添加回归曲线的方法都可以在实践中使用。一方面，通过手动的方式添加拟合曲线虽然过程稍微烦琐一些，但是可以让我们更好地看到拟合曲线的产生过程，同时，使用手动方法的前提是建立回归模型，而回归模型中包含了更多的信息可供我们使用。另一方面，通过 stat_smooth() 函数可以指导我们更好地选择可用的回归模型。

作为一个练习，请读者使用手动添加拟合曲线的方法，利用 mpg 和 hp 数据，在同一幅图形中同时添加仅包含一次项的拟合曲线以及包含一次向和二次项的拟合曲线。

8.5.8　处理绘图数据点的重叠

有时候，我们处理的样本中包含大量的数据，如果将这些数据绘制成散点图，就会产生大量的数据重叠问题。为了缓解这种情况，并显示出数据能够给我们提供的信息，就需要采用一些特别的绘图方法。

假设我们有 5 000 个数据，如果使用简单的散点图型，其结果就会如图 8-62 所示。

代码 8-85

```
set.seed(100)
x<-rnorm(5000,0,1)
y<-rnorm(5000,2,3)
z<-cbind(x,y)
z<-as.data.frame(z)
ggplot(z,aes(x,y))+geom_point()
```

从图 8-62 中可以看到，大量的数据重叠在一起，我们无法对数据的分布情况做出直观性的判断。

解决数据重叠问题的一个办法是设置透明度系数，如代码 8-86 所示。

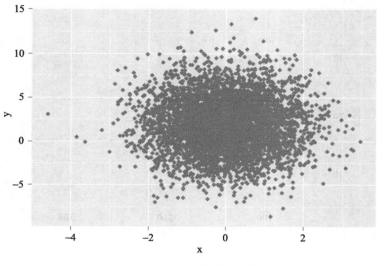

图 8-62　大量数据的重叠

代码 8-86

```
ggplot(z,aes(x,y))+geom_point(alpha=0.2)
```

输出结果如图 8-63 所示。

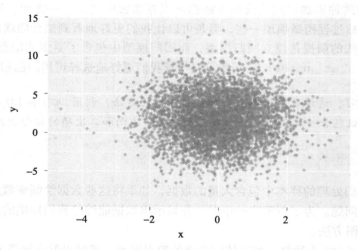

图 8-63　用透明度参数来处理数据重叠问题

在图 8-63 中，我们将数据点的透明度设置为 80% 透明，结果显示大量数据集中在变量 x 和 y 的均值附近，这与我们对变量的初始设定是一致的。

然而，通过设置透明度还是未能很好地展示数据的分布情况，因为数据点的重叠现象依然十分严重。为此，我们可以尝试使用对数据点进行分箱处理的方法，使用 stat_bin2d() 函数，将数据点进行分箱，以一个个矩形来展示，并将数据点的密度映射到矩形的颜色中。这种方法操作起来十分简单。使用命令 help(stat_bin2d) 查看其基本用法为：

```
stat_bin2d(mapping = NULL, data = NULL, geom = NULL, position = "identity", bins =
30, drop = TRUE, ...)
```

　　该函数对数据点进行分箱，即用一个个矩形把若干数据点围起来，并计算被围起来的数据点的个数（密度）。默认的分箱个数为 30，即横轴和纵轴各 30 个数据组，我们可以自定义分箱个数。

代码 8-87

```
ggplot(z,aes(x,y))+stat_bin2d(bins=100)+scale_fill_gradient(low="blue",high="red")
```

　　在图 8-64 中，分箱中数据的密度以不同的颜色来进行区分。这样，我们对全部数据的分布情况就有了更加深入的了解。

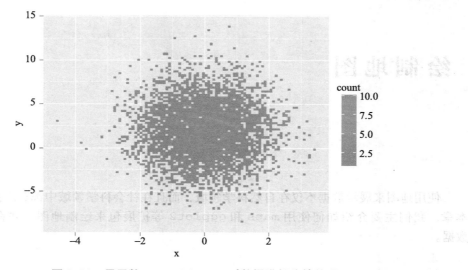

图 8-64　用函数 **stat_bin2()** 对数据进行分箱处理

注：请见文前彩插。

第9章
Chapter9

绘制地图

使用地图来展示数据不仅在自然科学领域，而且在社会科学领域中都有广泛的应用。在本章，我们主要介绍如何使用 maps 和 ggplot2 等扩展包来绘制地图，并在地图上展示数据。

9.1 扩展包 maps

使用扩展包 maps 用来绘制地图。安装该扩展包后，使用命令 help(package="maps") 查看 maps 包的基本信息。其中，用于绘制地图的函数为 map()，使用命令 help(map) 查看其基本用法为：

```
map(database = "world", regions = ".", exact = FALSE, boundary = TRUE, interior = TRUE,
projection = "", parameters = NULL, orientation = NULL, fill = FALSE, col = 1, plot = TRUE,
add = FALSE, namesonly = FALSE, xlim = NULL, ylim = NULL, wrap = FALSE, resolution =
if(plot) 1 else 0, type = "l", bg = par("bg"), mar = c(4.1, 4.1, par("mar")[3], 0.1), myborder =
0.01, ...)
```

其中，函数 map() 的第一个参数为 database，用来指定所要绘制地图的数据集名称，它是字符串，例如这里的 database="world"，表示绘图所用到的数据集名为 world，即世界地图。在如代码 9-1 所示的例子中，我们绘制了一幅意大利地图。

代码 9-1
```
map("italy")
```

值得注意的是，由于扩展包 maps 自带的地图数据有些比较老旧，没有得到更新，因此，绘制的地图也是老旧的版图。更多的说明可见该函数的解释文档。上述现象在不同的扩展包中都存在，因此，读者在使用过程中务必多加注意。

输出结果如图 9-1 所示。

图 9-1 通过简单命令获得的意大利地图

为了进一步解释函数 map() 的相关参数，了解一下地图数据的结构是非常必要的。以意大利地图数据集 italy 为例，如代码 9-2 所示。

代码 9-2

```
italymapdata<-map_data("italy")
head(italymapdata)
        long      lat    group  order         region  subregion
1 11.83295 46.50011       1      1    Bolzano-Bozen       <NA>
2 11.81089 46.52784       1      2    Bolzano-Bozen       <NA>
3 11.73068 46.51890       1      3    Bolzano-Bozen       <NA>
4 11.69115 46.52257       1      4    Bolzano-Bozen       <NA>
5 11.65041 46.50721       1      5    Bolzano-Bozen       <NA>
6 11.63282 46.48045       1      6    Bolzano-Bozen       <NA>
str(italymapdata)
'data.frame':    10284 obs. of 6 variables:
 $ long     : num  11.8 11.8 11.7 11.7 11.7 ...
 $ lat      : num  46.5 46.5 46.5 46.5 46.5 ...
 $ group    : num  1 1 1 1 1 1 1 1 1 1 ...
 $ order    : int  1 2 3 4 5 6 7 8 9 10 ...
 $ region   : chr  "Bolzano-Bozen" "Bolzano-Bozen"...
 $ subregion: chr  NA NA NA NA ...
```

函数 map_data() 是扩展包 ggplot2 中的函数，我们一般用它来把地图数据转变为数据框。在代码 9-2 中，我们首先通过函数 map_data() 创建新对象 italymapdata，然后观察其开头部分的数据。返回的结果是数据框。6 个变量名称分别为 long（经度数据）、lat（纬度数据）、group（组别）、order（排序）、region（区域）、subregion（次区域）。从数据结构看，该数据集包含了 10 284 个观测值。

变量 group 和 order 在绘制地图的过程中有着重要的作用。对于地图上的任何一个区域而言，其本质上就是一个多边形。group 就是将各个多边形进行分组的变量，每个多边形都有一个分组的编码。order 是每一个组中，表示地理坐标的数据点的连接顺序。

代码 9-3

```
x<-sort(unique(italymapdata$region))
str(x)
chr [1:95] "Agrigento" "Alessandria" "Ancona" "Aosta" "Arezzo" "Ascoli Piceno" "Asti" ...
head(x)
[1] "Agrigento" "Alessandria" "Ancona" "Aosta" "Arezzo" "Ascoli Piceno"
tail(x)
[1] "Varese"    "Venezia"   "Vercelli" "Verona"    "Vicenza"  "Viterbo"
```

从代码 9-3 中可以看出，italy 数据集中包括了意大利的 95 个地区（省份）的地图数据。我们按照字母顺序分别截取了前 6 个和后 6 个地区（省份）的名称。如果我们要从 italy 数据集中绘制意大利米兰的地图，可以使用如代码 9-4 所示的命令。

代码 9-4

```
map(database="italy",regions="Milano")
```

输出结果如图 9-2 所示。

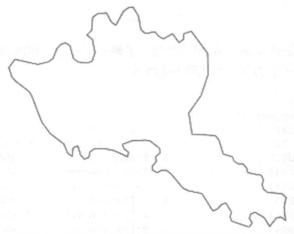

图 9-2　使用 italy 地图数据集绘制的米兰地图

这样，我们就知道了 map() 函数中 regions 的含义了。读者可以通过类似的方式在同一张图形中绘制欧洲其他国家（如瑞士、德国、法国）的地图，并将此作为一个练习。

9.2　在地图中展示数据

9.2.1　一个假想的简单例子

在地图中展示数据的一个方法是使用不同的颜色填充地图上的不同区域，不同大小的数据对应着不同深浅的颜色。

我们使用 ggplot2 扩展包中的相关函数来制作一个简单的例子。假设我们有一个正方形的城市 CITY，该城市又进一步分成 A、B、C、D 四个正方形的城区，如图 9-3 所示。

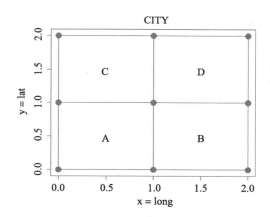

图 9-3　一个假想的城市及其四个城区

　　由于城市及其下属的 4 个城区是正方形，因此需要 16 个坐标来确定其地理范围。图中的 9 个黑色圆点代表了这些坐标，注意城区之间的坐标有重叠。在图中，x 轴用来表示经度 long，y 轴用来表示纬度 lat。

　　假设 4 个城区的人口数量不同，A、B、C、D 四个城区分别有 10、20、30、40 万人。我们的任务是通过不同的颜色表示这四个城区人口数量的差异，按照以下六个步骤进行。

　　第一步，我们确定四个城区的村庄，从而确定整个城市的地理坐标，即经纬度，注意数据应当是配对出现的。

代码 9-5

```
x<-c(0,0,1,1,1,1,2,2,0,0,1,1,1,1,2,2)
y<-c(0,1,1,0,0,1,1,0,1,2,2,1,1,2,2,1)
```

　　第二步，给出四个城区的标识名称和相应的人口数量，如代码 9-6 所示。

代码 9-6

```
regionid<-factor(LETTERS[1:4])
population<-c(40,30,20,10)
```

　　第三步，输入每个城区对应的人口数量的数值，形成一个数据框，如代码 9-7 所示。

代码 9-7

```
citypop<-data.frame(id=regionid,pop=population)
citypop
        id      pop
  1      A       10
  2      B       20
  3      C       30
  4      D       40
```

　　第四步，将城区的标识和地理坐标对应地放在一起。读者可以检验返回的结果是否正确。例如，对于 A 城区而言，其四个经纬度坐标分别为：（0，0）、（0，1）、（1，1）、（1，0）。

代码 9-8

```
positions<-data.frame(id=rep(regionid,each=4),long=x,lat=y)
positions
```

	id	long	lat
1	A	0	0
2	A	0	1
3	A	1	1
4	A	1	0
5	B	1	0
6	B	1	1
7	B	2	1
8	B	2	0
9	C	0	1
10	C	0	2
11	C	1	2
12	C	1	1
13	D	1	1
14	D	1	2
15	D	2	2
16	D	2	1

在这个数据框中，id 表示城区标识，long 表示经度，lat 表示纬度。

现在，我们拥有了关键的两个数据框 citypop 和 positions，将两者联系起来的"中间变量"是 id。

第五步，通过如代码 9-9 所示的命令，可以绘制假想的城市地图，并展示区域人口数量的差异。

代码 9-9

```
p<-ggplot(citypop,aes(fill=pop))+geom_map(aes(map_id=id),map=positions)+xlim(0,2)+ylim(0,2)
```

输出结果如图 9-4 所示。该图形反映了城区之间人口的差异情况，符合我们的预期。但是，我们希望人口越多的城区对应的颜色越深，而图中却不是这样。为此，我们需要对绘图过程再稍加修改。

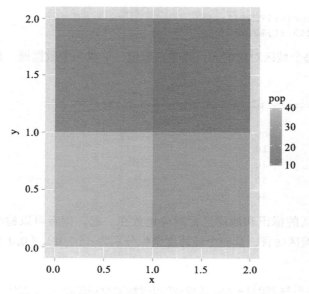

图 9-4　假想城市地图与人口分布情况的初步绘图

第六步，在代码 9-9 的基础上，进一步结合扩展包 ggplot2 中的标题、注释和标度函数，修改图形到我们满意的程度位置。

代码 9-10

```
p+labs(list(title="CITY",x="x=long",y="y=lat"))+annotate("text",x=c(0.5,1
.5,0.5,1.5),y=c(0.5,0.5,1.5,1.5),label=c("A","B","C","D"),color="white",size=-
7.5)+scale_fill_gradient(low="yellow",high="red")
```

输出结果如图 9-5 所示。

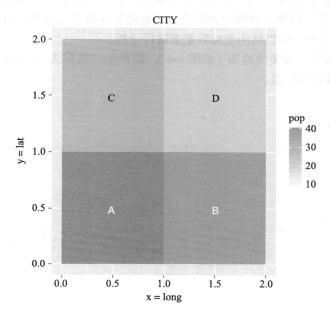

图 9-5　修饰后的假想城市地图与人口分布情况

在上面的内容中，我们使用到了几何对象函数 geom_map()。使用命令 help(geom_map) 查看其基本用法为：

```
geom_map(mapping = NULL, data = NULL, map, stat = "identity", ...)
```

其中，

mapping 代表图形属性映射，即 aes()。geom_map 可以理解以下图形属性：map_id（地图标识，在函数 aes() 中必须添加）、alpha、colour、fill、linetype、size。在上面的例子中，我们使用的 map_id 为数据中的 id 变量。

需要读者注意的一个地方是，在上面的假想城市地图例子的绘图代码中，在 geom_map(aes(map_id=id),map=positions) 中，必须指定 aes(map_id=id)（见代码 9-9）。

data 表示用于该图层上的数据集，如不另外指定，则采用默认数据集。

map 指定一个数据框，该数据框包含了地图的坐标（map coordinates）。通常使用 fortify() 函数进行转化。该数据框必须包括 *x* 列或经度列、*y* 列或纬度列以及地区或 id 变量。

stat 表示要在该图层上使用的统计变换。

... 表示在该图层上使用的其他参数。

从以上分析中看出，绘制地图的图层函数 geom_map() 与其他图层函数相比，并无十分特殊之处。但是，在使用过程中，读者需要注意的是，函数 geom_map() 不能像其他图层函数那样自动地设置坐标轴的限值，因此，我们在代码 9-9 中，还辅助使用了 xlim() 和 ylim() 这两个函数。

9.2.2　使用扩展包 maps 中的地图数据

从假想的例子推广到实际的例子是非常容易的。在这个过程中，我们无非要获取两个关键的数据集，一是需要可视化数据的数据框，二是绘制地图所需的坐标数据的数据框。下面我们将结合扩展包 maps 中提供的坐标数据来进行分析。

代码 9-11 展示了一幅美国地图（见图 9-6），数据集的名称为 state，包含美国大陆地区 49 个地区的地理数据信息。

代码 9-11

```
library(maps)
map("state")
```

图 9-6　用函数 map() 和数据集 state 绘制的美国地图

为了要使用扩展包 ggplot2 中的相关函数进行绘图，我们需要把扩展包 maps 中的地理信息数据集转换为 ggplot2 中所接受的数据框结构。为此，我们需要使用函数 map_data()（见代码 9-12）。

代码 9-12

```
mapusa<-map_data("state")
head(mapusa)
       long         lat     group      order     region    subregion
1    -87.46201   30.38968     1          1       alabama      <NA>
2    -87.48493   30.37249     1          2       alabama      <NA>
3    -87.52503   30.37249     1          3       alabama      <NA>
4    -87.53076   30.33239     1          4       alabama      <NA>
5    -87.57087   30.32665     1          5       alabama      <NA>
```

```
6          -87.58806      30.32665    1        6        alabama      <NA>
unique(mapusa$region)
  [1]      "alabama"            "arizona"             "arkansas"
  [4]      "California"         "colorado"            "connecticut"
  ...
 [46]      "Washington"         "west Virginia"       "wisconsin"
 [49]      "wyoming"
```

从代码 9-12 中可以看到，经过转化后的数据集 mapusa 包含了 region、long、lat、group 等信息。总共有 49 个地区的信息。

现在，我们假设有一组各个地区的年平均气温的数据，如代码 9-13 所示。

代码 9-13

```
temp<-data.frame(region=unique(mapusa$region),values=rnorm(length(unique(mapus
a$region)),mean=20,sd=5))
head(temp)
              region      values
  1          alabama     14.94809
  2          arizona     25.64932
  3          arkansas    19.79143
  4          california  19.08699
  5          colorado    22.51920
  6          Connecticut 16.79289
```

数据集 mapusa 和 temp 是我们所需要的关键数据集。在前面的例子中，我们是将两个数据集分开使用的，在这里，我们把两个数据集合并起来，使用基础包中的函数 merge() 就可以实现。合并后的结果如代码 9-14 所示。由于数据集 mapusa 和 temp 中的地区名称 region 是完全匹配的，所以合并后的新数据集在结构上的良好的（有时候可能还需要利用其他函数对合并后的结果进行处理）。

代码 9-14

```
usatemp<-merge(mapusa,temp,by.x="region")
head(usatemp)
        region      long        lat       group    order    subregion    values
  1     alabama    -87.46201   30.38968    1        1        <NA>         14.94809
  2     alabama    -87.48493   30.37249    1        2        <NA>         14.94809
  3     alabama    -87.52503   30.37249    1        3        <NA>         14.94809
  4     Alabama    -87.53076   30.33239    1        4        <NA>         14.94809
  5     Alabama    -87.57087   30.32665    1        5        <NA>         14.94809
  6     Alabama    -87.58806   30.32665    1        6        <NA>         14.94809
```

在这些并不复杂的准备工作基础上，我们就可以进行地图绘制与数据展示工作了。如代码 9-15 所示，这与此前的方法相同。

代码 9-15

```
p<-ggplot(usatemp,aes(long,lat,fill=values))+geom_map(aes(map_id=region),map=
usatemp)+expand_limits(usatemp)
p+scale_fill_gradient(low="lightblue",high="purple")+labs(list(title="USA
TEMP",x="x=long",y="y=lat"))
```

输出结果如图 9-7 所示。

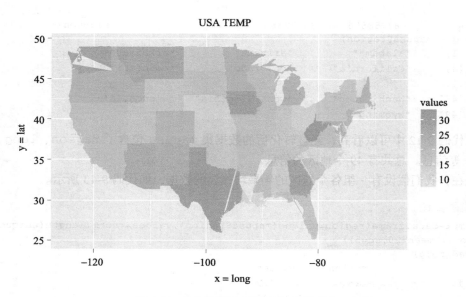

图 9-7　美国地图和假想的温度数据

到目前为止，我们已经介绍了如何绘制地图并展示数据的基本方法。当然，这其中还有很多地方可以进行改善，从而使得图形在数据上变得更加美观。

例如，我们可以选择不同的坐标系。此前的图形都是绘制在直角坐标系中的，但是，地理数据的特点是"地球是圆的"。为此，我们可以使用不同的坐标系。

完成这一任务需要用到函数 coord_map()，使用命令 help(coord_map) 查看其基本用法为：

```
coord_map(projection = "mercator", ..., orientation = NULL, xlim = NULL,ylim = NULL)
```

其中，参数 projection 用来控制地图投影（map projection）的方法，默认采用的方法是墨卡托（Mercator）方法。由于地球是表面不规则的近似球体，所以需要用一定的方法来把地球表面上的经度和维度转换成为平面上的对应坐标。在这一转换过程中，任何一种数学算法都会产生误差或发生变形，每一种方法都有各自的优缺点。读者可以通过查阅相关资料来获取关于地图投影的各种方法。

延续上面的例子，我们修改投影方法为 polyconic，如代码 9-16 所示。

代码 9-16
```
p+scale_fill_gradient(low="lightblue",high="purple")+labs(list(title="USA TEMP",x="x=long",y="y=lat"))+coord_map("polyconic")
```

输出结果如图 9-8 所示。

有时候，我们希望在绘制地图后将其用于学术论文等地方，这时，就可能不需要各种各样的主题，如背景、网格线等，只需留下地图和图例。我们可以通过加载扩展包 ggthemes，然后使用 theme_map() 函数来实现。扩展包 ggthemes 也是非常有用处的。读者可以通过查看帮助文件而获得更多的信息，它与扩展包 ggplot2 配套，语法上保持一致。延续上面的例子，请看代码 9-17 和输出结果（见图 9-9）。

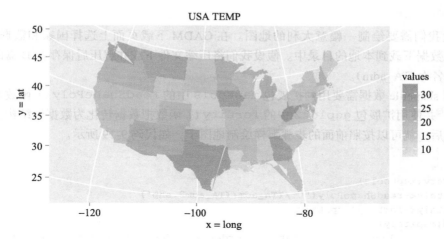

图 9-8　修改地图投影方法后的地图效果

图 9-9　去掉诸多主题元素后的地图效果

代码 9-17

```
library(ggthemes)
p+scale_fill_gradient(low="lightblue",high="purple")+coord_map("polyconic")+
theme_map()
```

除了使用函数 geom_map() 之外，我们还可以使用 geom_polygon() 函数，后者要求一个分组变量的映射。在前面的 usatemp 数据集中，有分组变量 group，我们就可以使用它。请读者尝试在代码 9-18 的基础上修饰完善美国假想温度数据的地图。

代码 9-18

```
ggplot(usatemp,aes(long,lat,fill=values,group=group))+geom_polygon()
```

9.2.3　从外部数据库获取地图数据并绘制地图

有时候，我们需要不断更新的地图数据，这就需要从外部数据库获取这些数据，从而绘制精准的地图。

GADM（Global Administrative Areas）数据库是一个提供了全球行政区划的优质数据库，几乎包括了所有国家和地区的国界以及下属行政区划的充沛数据。我们可以从其主页 http://www.gadm.org/ 下载相关国家和地区的数据。GADM 提供下载的数据格式有很多种，在这里，我们主要涉及两种：一是空间数据格式（shapefile），二是 R 数据格式（R Spatial Polygons Data Frame）。

1. 空间数据格式

假设我们需要绘制一幅意大利的地图。在 GADM 下载页面上选择国家和数据格式后，就可以把数据下载到本地的目录中。假设我们将压缩文件下载并解压后保存在 D 盘的根目录下（文件名为 ITA_adm）。

使用 shapefile 数据需要用到扩展包 maptools 中的 readShapePoly() 函数来读取数据文件，[⊖]并使用扩展包 ggplot2 中的 fortity() 函数把数据转化为数据框结构。在完成这两步之后，就可以按照前面的步骤那样绘制地图了，如代码 9-19 所示。

代码 9-19

```
library(maptools)
shpitaly<-readShapePoly("D:/ITA_adm/ITA_adm2.shp")
mapitaly<-fortify(shpitaly)
head(mapitaly)
       long        lat    order    hole    piece    group    id
1   14.25403   42.44514       1   FALSE        1      0.1     0
2   14.25403   42.44486       2   FALSE        1      0.1     0
3   14.25458   42.44486       3   FALSE        1      0.1     0
4   14.25458   42.44458       4   FALSE        1      0.1     0
5   14.25486   42.44458       5   FALSE        1      0.1     0
6   14.25486   42.44431       6   FALSE        1      0.1     0
ggplot(mapitaly,aes(long,lat,group=group))+geom_path()
```

从最后的结果上看（见图 9-10），mapitaly 是我们熟悉的数据框结构的地图数据。我们使用 geom_path() 函数绘制了图形。

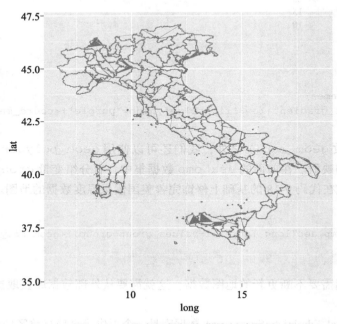

图 9-10　用空间数据格式绘制地图

⊖ shapefile 文件格式的后缀名为 ".shp"。在扩展包 maptools 中，有三个函数可以用来读取地图数据：readShapePoints()、readShapeLines() 和 readShapePoly()，分别对应点、线、面（多边形）三种数据。这里使用的是读取多边形数据的 readShapePoly() 函数。

2. R 数据格式

扩展包 maptools 中的函数 readShapePoly() 的作用实际上就是把 shapefile 数据读取成为 Spatial Polygons Data Frame 对象。我们不妨直接下载 R 数据格式的文件。方法如前，保存位置仍旧在 D 盘根目录下，文件名为 ITA_adm2.rds。

为了读取数据，我们需要使用到扩展包 sp（见代码 9-20）。

代码 9-20

```
library(sp)
rdsitaly<-readRDS("D:/ITA_adm2.rds")
mapitaly<-fortify(rdsitaly)
head(mapitaly)
       long       lat     order   hole    piece    group   id
  1   14.25403   42.44514      1   FALSE       1     1.1    1
  2   14.25403   42.44486      2   FALSE       1     1.1    1
  3   14.25458   42.44486      3   FALSE       1     1.1    1
  4   14.25458   42.44458      4   FALSE       1     1.1    1
  5   14.25486   42.44458      5   FALSE       1     1.1    1
  6   14.25486   42.44431      6   FALSE       1     1.1    1
```

从代码 9-20 的数据处理结果上看，mapitaly 是我们熟悉的数据框结构的地图数据。我们可以据此绘制地图。

9.3　绘制浙江省地图并展示数据

下面，我们借助 GADM 数据库提供的中国地图信息来绘制浙江省的地图并展示数据。下载的文件为 CHN_adm.zip，解压后保存路径为：D:\mapchina\CHN_adm。我们需要使用的是其中的文件 CHN_adm2.shp。

按照此前介绍的方法，我们逐步展开分析过程。

第一步，载入全部数据，如代码 9-21 所示。

代码 9-21

```
shpchina<-readShapePoly("D:/mapchina/CHN_adm/CHN_adm2.shp")
```

由于 CHN_adm2.shp 包含的是中国市一级的地图信息，我们可以用来绘制浙江省及其下属市的地图。但是，目前载入的数据是全国性的，因此我们暂时将数据命名为 shpchina。

第二步，分离出浙江省的数据，形成新的数据集如代码 9-22 所示。

代码 9-22

```
head(shpchina@data[1:3,1:7])
        ID_0     ISO    NAME_0      ID_1    NAME_1     ID_2       NAME_2
  0      49      CHN    China         1     Anhui        1       Anqing
  1      49      CHN    China         1     Anhui       10       Huainan
  2      49      CHN    China         1     Anhui       11       Huangshan
shpZhejiang<-shpchina[shpchina$NAME_1=="Zhejiang",]
shpZhejiang2<-shpZhejiang@data
shpZhejiang2[,1:7]
          ID_0     ISO    NAME_0      ID_1      NAME_1     ID_2      NAME_2
  265      49      CHN    China        32     Zhejiang     335      Hangzhou
```

266	49	CHN	China	32	Zhejiang	336	Huzhou
267	49	CHN	China	32	Zhejiang	337	Jiaxing
268	49	CHN	China	32	Zhejiang	338	Jinhua
269	49	CHN	China	32	Zhejiang	339	Lishui
270	49	CHN	China	32	Zhejiang	340	Ningbo
271	49	CHN	China	32	Zhejiang	341	Quzhou
272	49	CHN	China	32	Zhejiang	342	Shaoxing
273	49	CHN	China	32	Zhejiang	343	Taizhou
274	49	CHN	China	32	Zhejiang	344	Wenzhou
275	49	CHN	China	32	Zhejiang	345	Zhoushan

在代码 9-22 中，head(shpchina@data[1:3,1:7]) 显示了在 shpchina 数据中，各列的名称，其中 NAME_1 为各省的名称，NAME_2 为省下属的市的名称，例如，在第一行中（编码是 0），数据对应的是安徽省的安庆市。

所以，如果我们需要分离出浙江省的数据，只要在变量 NAME_1 中找到 Zhejiang 即可。命令 shpZhejiang<-shpchina[shpchina$NAME_1=="Zhejiang",] 实现了这一目标。浙江省的数据集现在是 shpZhejiang。

通过命令 shpZhejiang2[,1:7]，我们验证了代码 9-22 运行结果的正确性，浙江省下辖 11 个市，按字母顺序排列，分别是 Hangzhou（杭州）、Huzhou（湖州）、Jiaxing（嘉兴）、Jinhua（金华）、Lishui（丽水）、Ningbo（宁波）、Quzhou（衢州）、Shaoxing（绍兴）、Taizhou（台州）、Wenzhou（温州）、Zhoushan（舟山）。

请务必注意数据集 shpZhejiang2 中每一行的序号和下辖市的对应关系，如 265 对应的是 Hangzhou，275 对应的是 Zhoushan。这组对应关系我们在后面会用到。

第三步，建立两个数据框，其中包含中间变量 id（见代码 9-23）。

代码 9-23

```
mapZhejiang<-fortify(shpZhejiang)
head(mapZhejiang)
         long         lat      order     hole     piece      group      id
1    119.7997     30.51053        1     FALSE         1      265.1     265
2    119.8033     30.50904        2     FALSE         1      265.1     265
3    119.8068     30.50961        3     FALSE         1      265.1     265
4    119.8113     30.51062        4     FALSE         1      265.1     265
5    119.8140     30.51077        5     FALSE         1      265.1     265
6    119.8180     30.51041        6   246FALSE        1      265.1     265
```

命令 mapZhejiang<-fortify(shpZhejiang) 将数据变成数据框的结构。在数据框 mapZhejiang 中，有一个关键变量 id，我们仅显示了其中的部分，不难发现，265 对应的是 Hangzhou（见代码 9-24）。

代码 9-24

```
id<-rownames(shpZhejiang2)
regionnames<-as.character(shpZhejiang2$NAME_2)
Zhejiang<-data.frame(cbind(regionnames,id))
Zhejiang
          regionnames       id
1            Hangzhou      265
2              Huzhou      266
3             Jiaxing      267
```

```
4         Jinhua      268
5         Lishui      269
6         Ningbo      270
7         Quzhou      271
8        Shaoxing     272
9        Taizhou      273
10       Wenzhou      274
11       Zhoushan     275
```

在如代码 9-24 所示的命令中，我们构建了一个新的数据框，其中包含了 regionnames（市的名称）和对应的 id 编号。

第四步，将两个带有中间变量 id 的数据框合并在一起（见代码 9-25）。

代码 9-25

```
library(plyr)
mapZhejiang2<-join(mapZhejiang,Zhejiang,type="full")
head(mapZhejiang2)
         long       lat     order    hole    piece    group    id    regionnames
1    119.7997    30.51053      1    FALSE      1     265.1    265    Hangzhou
2    119.8033    30.50904      2    FALSE      1     265.1    265    Hangzhou
3    119.8068    30.50961      3    FALSE      1     265.1    265    Hangzhou
4    119.8113    30.51062      4    FALSE      1     265.1    265    Hangzhou
5    119.8140    30.51077      5    FALSE      1     265.1    265    Hangzhou
6    119.8180    30.51041      6    FALSE      1     265.1    265    Hangzhou
```

通过函数 join()，我们以 id 为中间变量，将两个数据框合并起来。读者可以使用命令 str(mapZhejiang) 来查看详细的信息。

根据上面的数据集 mapZhejiang 和 mapZhejiang2，我们就可以绘制地图了。数据集 mapZhejiang2 的好处是令我们知道了 id 和 regionnames 之间的对应关系，这可以让我们在地图上展示数据。

第五步，在地图上展示数据。

我们假设一组随机的气温数据，然后将其在地图上展示出来（见代码 9-26）。

代码 9-26

```
temp<-data.frame(regionnames,values=rnorm(length(regionnames),mean=15,sd=7.5))
Zhejiangtemp<-merge(mapZhejiang2,temp,by.x="regionnames")
Zhejiangtemp2<-arrange(Zhejiangtemp,group,order)
p<-ggplot(Zhejiangtemp2,aes(long,lat,group=group,fill=values))+geom_polygon()+
geom_path()+theme_map()+scale_fill_gradient(low="green",high="red")
p
```

输出结果如图 9-11 所示。

第六步，在地图上标注地名（见代码 9-27）。

代码 9-27

```
coordZhejiang<-as.data.frame(coordinates(shpZhejiang))
coordZhejiang
          V1        V2
265  119.4853  29.90421
266  119.8710  30.74617
267  120.7539  30.65485
```

```
268 119.9537 29.11635
269 119.5102 28.19819
270 121.4614 29.72064
271 118.6768 28.93447
272 120.6281 29.71296
273 121.0888 28.79227
274 120.4243 27.90361
275 122.1390 30.05542
p+annotate("text",x=coordZhejiang$V1,y=names$V2,label=regionnames)
```

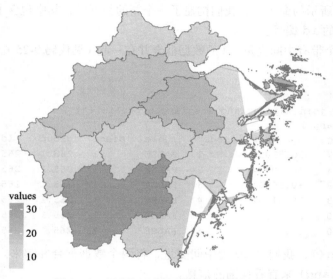

图 9-11　用浙江省地图展示假想的温度数据

输出结果如图 9-12 所示。

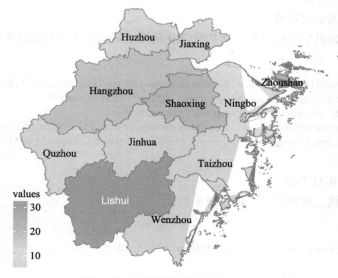

图 9-12　标注地名的假想温度数据

作为一个有益的练习，请读者将中文地名添加到浙江的地图上。

第10章
Chapter10

在 R 语言中进行简单的回归分析

R 语言在统计、计量经济等领域具有显著的优势。R 语言本身是一种数学编程语言，这意味着，R 语言不是一个简单的程序，其功能不局限于一般统计软件所提供的各种预先提供的回归和检验方法。它的强大拓展功能让使用者能够始终接触到前沿性的统计知识和方法。

回归分析在各个领域的研究与决策分析中均得到了广泛的运用。本章将介绍如何在 R 语言中进行基本的回归分析。在回归分析中，不仅各种统计指标是重要的，而且图形能够有效地展示回归分析的直观结果以及帮助我们对回归模型进行检验。本章假设读者对统计模型具有一定程度的了解。

由于 R 语言是一种数学编程语言，而不是专门针对计量经济学所开发的语言，因此，许多与回归分析相关的函数分布在各种各样的包中，有些包并不随 R 语言一同安装。在必要时，我们可以通过帮助文件而获得相关的统计函数信息，并安装这些扩展包。

10.1 基本的线性回归

首先介绍基本的线性回归模型，最简单的情况是描述两个变量——被解释变量和解释变量之间的关系。

使用数据集 `mtcars`，我们来考察 `mpg` 和 `hp` 之间的关系，将 `mpg` 作为被解释变量，将 `hp` 作为解释变量。

双变量的线性回归模型的基本形式如下：

$$y_i = a + bx_i + u_i \tag{10-1}$$

其中，y_i 是被解释变量，x_i 是解释变量。u_i 被假设为独立的并且服从标准正态分布的随机扰动项。因此，被解释变量可以由非随机部分——一条截距为 a，斜率为 b 的直线，以及

随机部分 u_i 来解释。

利用样本数据，我们可以使用最小二乘法对参数 a 和 b 进行估计。对于上面的式子而言，截距项和斜率系数的统计量分别是：

$$\hat{b} = \frac{\sum(x_i - \bar{x})(y_i - \bar{y})}{\sum(x_i - \bar{x})^2} \tag{10-2}$$

$$\hat{a} = \bar{y} - \hat{b}\bar{x} \tag{10-3}$$

在 R 语言中，我们使用 lm() 函数来估计线性模型。使用命令 help(lm) 查看该函数的基本用法为：

```
lm(formula, data, subset, weights, na.action, method = "qr", model = TRUE, x = FALSE, y = FALSE, qr = TRUE, singular.ok = TRUE, contrasts = NULL, offset, ...)
```

其中，formula 是所要设定的回归模型，使用波浪形符号"～"将被解释变量和解释变量连接起来。data 表示数据来源。其他参数暂时采用默认值即可。

现在，利用数据集 mtcars，假设 mpg 和 hp 之间具有线性关系，我们来估计两者之间的回归关系（见代码 10-1）。

代码 10-1

```
lm(mpg~hp,mtcars)

Call:
lm(formula = mpg ~ hp, data = mtcars)

Coefficients:
(Intercept)          hp
   30.09886      -0.06823
```

当我们执行命令 lm(mpg~hp,mtcars) 后，R 语言会显示一些简单的回归结果。从中可以看到，截距系数的估计值为 30.098 86⊖，斜率系数的估计值为 –0.068 23。也就是说，hp 与 mpg 呈现负相关：马力越大，每加仑汽油的行驶里程数越小耗油量越高。

我们能够获取的信息仅限于此吗？答案当然是否定的。我们在第 2.2 节中曾经提到，由函数 lm() 生成的回归结果也是对象，具体来说，是模型对象（model object）或者说拟合模型对象（fitted-model object）。这个模型对象中拥有大量信息，我们可以通过一些函数的帮助来处理这些信息，例如绘图。

不妨将上面所产生的模型对象赋值给变量 x，然后使用函数 summary() 查看其中的内容（见代码 10-2）。

代码 10-2

```
x<-lm(mpg~hp,mtcars)
summary(x)

Call:
lm(formula = mpg ~ hp, data = mtcars)
```

⊖ 在 R 语言中，统计模型预设有截距项（intercept），如果要取消截距项，只要在模型中加入自变量 –1 即可，或者波浪形符号的右侧显式地设置一个"0"截距项，例如 lm(mpg~0+hp,mtcars)。

```
Residuals:
    Min      1Q  Median      3Q     Max
-5.7121 -2.1122 -0.8854  1.5819  8.2360

Coefficients:
             Estimate Std. Error t value Pr(>|t|)
(Intercept) 30.09886    1.63392   18.421  < 2e-16 ***
hp          -0.06823    0.01012   -6.742 1.79e-07 ***
---
Signif. codes: 0 '***' 0.001 '**' 0.01 '*' 0.05 '.' 0.1 ' ' 1

Residual standard error: 3.863 on 30 degrees of freedom
Multiple R-squared:  0.6024,    Adjusted R-squared:  0.5892
F-statistic: 45.46 on 1 and 30 DF,  p-value: 1.788e-07
```

代码 10-2 显示，模型对象 x 中藏有丰富的内容。

首先，代码的结果中显示了残差（Residuals）的基本分布情况，包括最小值、中位数、最大值等。

其次，结果中显示了关于系数（Coefficients）的特征，不仅包括估计的系数，还有标准误、t 检验值和 p 值。其中的星号"*"用来表示显著性水平。

最后，还有一些其他的重要信息，如残差的标准误（Residual standard error）、拟合优度（R 平方和修正的 R 平方）、F 统计量等。

不仅如此，当我们使用如代码 10-3 所示的命令时，还可以找到藏在模型对象 x 中的更多信息。

代码 10-3

```
x<-lm(mpg~hp,mtcars)
names(x)
[1]  "coefficients"  "residuals"    "effects"     "rank"
[5]  "fitted.values" "assign"       "qr"          "df.residual"
[9]  "xlevels"       "call"         "terms"       "model"
```

从上面返回的信息中我们可以通过 x$residuals、x$fitted.values 等命令来获取残差、拟合值等具体结果。

此外，R 语言还提供了一些重要的泛型函数，通过这些泛型函数，我们可以获得模型对象的系数、残差、拟合值、方差分析表等。表 10-1 对这些函数进行了汇总。

表 10-1　用于提取模型对象信息的主要泛型函数

函数	用途
print()	打印简单信息
summary()	返回标准的回归结果
coef()	或者 coefficients()，提取回归系数
residuals()	或者 resid()，提取残差项
fitted()	或者 fitted.values()，提取拟合值
anova()	方差分析，嵌套模型比较
predict()	预测
plot()	诊断分析图形
confint()	斜率系数的置信区间

（续）

函数	用途
deviance()	残差平方和
vcov()	估计的方差—协方差矩阵
logLik()	对数似然估计（假设正态分布扰动项）
AIC()	模型选择信息（假设正态分布扰动项）

资料来源：Kleiber 和 Zeileis（2008）。

以上信息是比较充分的，但是，为了更加直观地显示上述回归模型对于数据的拟合情况，借助图形来进行展示就是一个不错的主意。基于模型对象 x，实现这一目标是非常简单的（见代码 10-4）。

代码 10-4

```
with(mtcars,plot(mpg~hp))
abline(x,col="red",lwd=2)
```

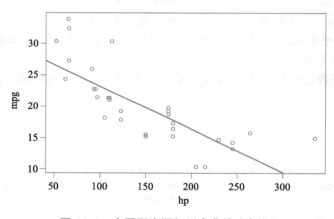

图 10-1　在图形中添加拟合曲线（直线）

注：依照代码 10-4，图中直线应为红色。

在图 10-1 中，拟合曲线被添加进来。可以看到，绝大多数数据点紧密围绕在这条拟合曲线的周围，但是也有个别数据点离拟合曲线较远。

对于拟合曲线而言，其无非就是根据 hp 的数据以及根据线性回归模型所估计出来的截距系数与斜率系数所绘制而成的线条。函数 abline() 能够自动提取模型对象 x 中的信息。

换个角度看，拟合曲线是由一系列拟合值所组成的线条。拟合值与实际 mpg 值之间的差异，就是模型所估计出来的残差。在 R 语言中，可以通过以下两个命令来获取拟合值与残差。由于空间限制，下面的代码只显示拟合值与残差的开头几项数据。

函数 fitted() 用于打印拟合值，函数 resid() 用于打印残差。对于这两个函数的具体内涵可以使用帮助文件进行查阅。代码 10-5 中的最后一行命令帮我们验证了实际值、拟合值与残差之间的关系，即实际值 – 拟合值 = 残差。

代码 10-5

```
head(fitted(x))
```

```
         Mazda RX4      Mazda RX4 Wag          Datsun 710    Hornet 4 Drive
          22.59375           22.59375            23.75363          22.59375
   Hornet Sportabout            Valiant
          18.15891           22.93489
head(resid(x))
         Mazda RX4      Mazda RX4 Wag          Datsun 710    Hornet 4 Drive
        -1.5937500         -1.5937500          -0.9536307        -1.1937500
   Hornet Sportabout            Valiant
         0.5410881         -4.8348913
head(round(mtcars$mpg-fitted(x),2)==round(resid(x),2))
         Mazda RX4      Mazda RX4 Wag          Datsun 710    Hornet 4 Drive
              TRUE               TRUE                TRUE              TRUE
   Hornet Sportabout            Valiant
              TRUE               TRUE
```

由于最小二乘法对于随机扰动项进行了重要的假设，对残差项的统计特征进行查看是非常重要的。例如，在获取残差项后，制作 Q-Q 图将会非常有帮助（见图 10-2）。

代码 10-6

```
qqnorm(resid(x))
```

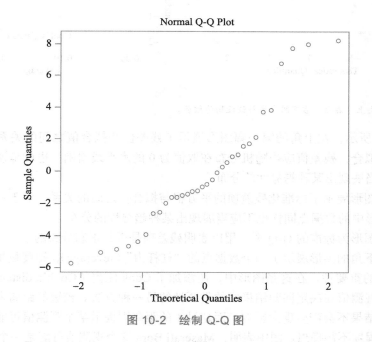

图 10-2　绘制 Q-Q 图

图 10-2 的 Q-Q 图，也可以通过命令 plot(x) 来获得。对于模型对象 x，函数 plot() 会自动绘制若干幅用于诊断模型的图形，其中就包括了 Q-Q 图。

为了获取这些用于诊断模型的图形，可以使用如代码 10-7 所示的命令。

代码 10-7

```
opar<-par(no.readonly=TRUE)
layout(matrix(1:4,2,2))
plot(x)
par(opar)
```

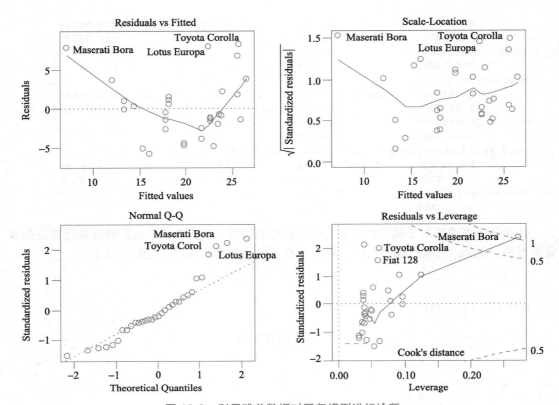

图 10-3　利用残差数据对回归模型进行诊断

注：原图中左上、右上、右下图中线与线段均为红色。

　　如图 10-3 所示，左上角的第一幅图形展示了残差值和拟合值之间的关系，如果一个模型得到较好的拟合，残差值应当随机分布在取值为 0 的水平线周围，也就是说，这张图形中的数据点不应当展现出某种趋势性的分布。

　　右上角的图形展示了标准化残差项的平方根与拟合值之间的关系，对于一个拟合较好的模型，这张图形中的数据点同样也不应当展现出某种趋势性的分布。

　　左下角的图形为标准的 Q-Q 图，用以表明残差项是否是正态分布的。

　　最后，右下角的图形展示了每个数据点的"杠杆力"（leverage），即度量每个数据点在决定回归结果中的重要性。在这张图形中，还添加了 Cook 距离（Cook's distance）的等高线，这是度量每个观测值在决定回归结果中的重要性的另一种方法。较短的距离表示移除某个观测值对于回归结果不会产生重大影响，而超过 1 的距离则提示某个观测值可能是异常值，或者模型的拟合程度不甚理想。图中表明，Maserati Bora 这个观测值可能是一个异常值。

　　作为一个练习，请在删去 Maserati Bora 这个观测值后，重新估计 mpg 和 hp 之间的线性模型。

10.2　多元线性回归

　　在 R 语言中进行多元线性回归分析与双变量情形几乎相同，只要添加解释变量即可。例如，不仅马力会影响耗油量，而且车重也会影响耗油量。

在多元线性回归模型中，只要在第一个解释变量后面使用加号"+"，并增加相应的解释变量即可（见代码 10-8）。

代码 10-8

```
xx<-lm(mpg~hp+wt,mtcars)
summary(xx)

Call:
lm(formula = mpg ~ hp + wt, data = mtcars)

Residuals:
    Min    1Q Median    3Q    Max
-3.941 -1.600 -0.182  1.050  5.854

Coefficients:
            Estimate Std. Error  t value   Pr(>|t|)
(Intercept) 37.22727    1.59879   23.285     2e-16  ***
Hp          -0.03177    0.00903   -3.519    0.00145  **
Wt          -3.87783    0.63273   -6.129   1.12e-06  ***
---
Signif. codes:  0 '***' 0.001 '**' 0.01 '*' 0.05 '.' 0.1 ' ' 1

Residual standard error: 2.593 on 29 degrees of freedom
Multiple R-squared:  0.8268,    Adjusted R-squared:  0.8148
F-statistic: 69.21 on 2 and 29 DF,  p-value: 9.109e-12
```

上面的代码所返回的信息与双变量回归模型所返回的信息内涵是一致的。截距的估计值为 37.23，两个"斜率"的估计值为 –0.03 和 –3.88。

10.3　多项式回归

在进行多元线性回归时，我们会考虑，马力的平方项是否会对耗油量产生影响，或者说，我们是否要考虑马力对于耗油量的非线性影响。需要注意的是，线性一词是针对解释变量前的系数而言，而不是针对解释变量。因此，即便在解释变量中包括了解释变量的平方项或者三次项等，这个回归模型仍旧是线性的。

在设定回归模型时，需要使用 I(hp^2)，括号中为马力的平方项。函数 I() 的主要功能是告诉 R 语言，其括号内的参数正在进行算数运算，而不是其他运算。

代码 10-9

```
xxx<-lm(mpg~hp+I(hp^2)+wt,mtcars)
summary(xxx)

Call:
lm(formula = mpg ~ hp + I(hp^2) + wt, data = mtcars)

Residuals:
   Min     1Q Median    3Q    Max
-3.0589 -1.2603 -0.5089 0.7028 4.9805

Coefficients:
            Estimate  Std. Error   t value  Pr(>|t|)
```

```
(Intercept)      4.108e+01   2.131e+00     19.276    < 2e-16    ***
Hp              -1.158e-01   3.467e-02     -3.341    0.00238    **
I(hp^2)          2.207e-04   8.838e-05      2.497    0.01867    *
Wt              -3.030e+00   6.741e-01     -4.495    0.00011    ***
---
Signif. codes:  0 '***' 0.001 '**' 0.01 '*' 0.05 '.' 0.1 ' ' 1

Residual standard error: 2.387 on 28 degrees of freedom
Multiple R-squared:  0.8583,    Adjusted R-squared:  0.8432
F-statistic: 56.55 on 3 and 28 DF,  p-value: 5.292e-12
```

10.4 交互项

有时候，我们希望引入交互项（interaction terms）。交互项是指两个变量的乘积项。引入交互项的目的是考察一个变量对被解释变量的边际影响是否会随着另一个变量的取值不同而不同。

在上面的例子中，我们在回归模型中引入了马力的平方项，这可以被视为交互项的一个特例，即一个变量与自身的乘积。

下面这个例子说明了在线性回归模型中如何引入交互项。例如，我们希望考察车重是否会影响到马力对于耗油量的边际影响。在回归模型设定中，通常使用符号"："来连接两个变量，告诉 R 语言这是交互项。其他方法会产生相同的效果，如 I(wt*hp)（见代码 10-10）。

代码 10-10

```
with(mtcars,lm(mpg~hp+wt:hp))

Call:
lm(formula = mpg ~ hp + wt:hp)

Coefficients:
(Intercept)          hp        hp:wt
  27.475109    0.005332    -0.015865
```

上面的结果表明，马力对耗油量的边际影响可以写成：(0.005332-0.015865*wt)。假设所估计的系数都是显著的，则这个结果表明，当 wt<0.336 086 时，hp 对于 mpg 的边际影响是正的，即 hp 越大，mpg 越多。事实上，wt 的实际值都大于这个数值，从而表明，(0.005 332-0.015 865*wt)<0,hp 对于 mpg 的边际影响是负的，即 hp 越大,mpg 越少,并且，wt 越重，这种效果就越强。

10.5 方差分析表与 F 检验

进行方差分析（analysis of variance，ANOVA）的目的（用途）在于，找出影响数据差异的众多因素中的主要因素。

例如，玉米的亩产量受到可控制的因素（如日照、温度、降雨量、施肥量、品种）以及其他一些不可控制的因素的影响。如果将玉米的亩产量视为观测变量，将日照、温度等视为可以控制的控制变量（控制变量具有不同的水平），将不可控制的因素视为随机变量，对于这种情况，方差分析就是要找出观测变量的变动主要是由控制因素造成的，还是由随机因素造成的，进一步，还要分析控制变量的各个水平对观测变量造成了何种影响。

给定一个多元线性回归模型：

$$y_i = \beta_0 + \beta_1 x_{i_1} + \beta_2 x_{i_2} + \cdots + \beta_{k-1} x_{i_{k-1}} + u_i \tag{10-4}$$

其中，y_t 是被解释变量（$t = 1, 2, \cdots, T$），x_{tj} 是解释变量（$j = 1, 2, \cdots, k-1$），β_i 是回归系数（$i = 0, 1, \cdots, k-1$）。

在这个多元线性回归模型中，总平方和 SST 等于回归平方和 SSR 加上残差平方和 SSE，即 $SST = SSR + SSE$。其中，SST、SSR 和 SSE 的自由度分别为：$T-1$、$k-1$ 和 $T-k$。在此基础上，回归均方定义为 $MSR = \dfrac{SSR}{k-1}$，误差均方定义为 $MSE = \dfrac{SSE}{T-k}$。[⊖]

表 10-2　方差分析表

方差来源	平方和	自由度	均方
回归	$SSR = \sum\limits_{t=1}^{T}(\hat{y}_t - \bar{y})^2$	$k-1$	$MSR = \dfrac{SSR}{k-1}$
误差	$SSE = \sum\limits_{t=1}^{T}\hat{u}_t^2$	$T-k$	$MSE = \dfrac{SSE}{T-k}$
总和	$SST = \sum\limits_{t=1}^{T}(y_t - \bar{y})^2$	$T-1$	—

基于方差分析表（见表 10-2），构建 F 统计量为：

$$F = \frac{MSR}{MSE} = \frac{SSR/(k-1)}{SSE/(T-k)} \sim F_{(k-1, T-k)} \tag{10-5}$$

首先来看双变量线性回归模型情形下的方差分析。如下面的代码所示，在进行 mpg 对 hp 的回归后，通过 summary() 函数可以看到回归结果的详细信息。在该函数返回结果的最后一行，我们看到了 F 统计量的结果，F 值为 45.46，并且是显著的。这表明，我们有较大的把握拒绝全部系数同时为零的原假设，接受全部系数不全为零的备择假设。

然后，使用命令 avova(lm1)，从返回的结果中可以看到，其现实的 F 检验结果与刚才是一致的。

代码 10-11

```
lm1<-lm(mpg~hp,mtcars)
summary(lm1)

Call:
lm(formula = mpg ~ hp, data = mtcars)

Residuals:
    Min      1Q  Median      3Q     Max
-5.7121 -2.1122 -0.8854  1.5819  8.2360

Coefficients:
            Estimate Std. Error t value  Pr(>|t|)
(Intercept) 30.09886    1.63392  18.421   < 2e-16 ***
Hp          -0.06823    0.01012  -6.742  1.79e-07 ***
---
```

⊖　均方对应的英文为 mean sum of squares。

```
Signif. codes:  0 '***' 0.001 '**' 0.01 '*' 0.05 '.' 0.1 ' ' 1

Residual standard error: 3.863 on 30 degrees of freedom
Multiple R-squared:  0.6024,    Adjusted R-squared:  0.5892
F-statistic: 45.46 on 1 and 30 DF,  p-value: 1.788e-07

anova(lm1)
Analysis of Variance Table

Response: mpg
          Df Sum Sq Mean Sq F value    Pr(>F)
hp         1 678.37  678.37   45.46 1.788e-07 ***
Residuals 30 447.67   14.92
---
Signif. codes:  0 '***' 0.001 '**' 0.01 '*' 0.05 '.' 0.1 ' ' 1
```

对于多元线性回归模型而言，解释变量不止一个。此时，使用 anova() 函数返回的结果有些不同。

在代码 10-12 中，被解释变量是 mpg，解释变量是 hp 和 wt。使用 summary() 函数，可以发现，F 检验的 F 值为 69.21，并且是显著的，因此，我们有较大的把握拒绝全部系数同时为零的原假设，接受全部系数不全为零的备择假设。

代码 10-12

```
lm2<-lm(mpg~hp+wt,mtcars)
summary(lm2)

Call:
lm(formula = mpg ~ hp + wt, data = mtcars)

Residuals:
    Min    1Q  Median     3Q     Max
-3.941 -1.600 -0.182  1.050   5.854

Coefficients:
             Estimate  Std. Error  t value  Pr(>|t|)
(Intercept)  37.22727     1.59879   23.285   < 2e-16 ***
Hp           -0.03177     0.00903   -3.519   0.00145 **
Wt           -3.87783     0.63273   -6.129  1.12e-06 ***
---
Signif. codes:  0 '***' 0.001 '**' 0.01 '*' 0.05 '.' 0.1 ' ' 1

Residual standard error: 2.593 on 29 degrees of freedom
Multiple R-squared:  0.8268,    Adjusted R-squared:  0.8148
F-statistic: 69.21 on 2 and 29 DF,  p-value: 9.109e-12
```

当使用 anova(lm2) 命令时，返回的结果与双变量回归模型不同。此时，对于每个自变量，都有一个 F 值。从结果上看，这两个 F 值都是显著的。

此时，anova() 函数返回的结果表明的是变量的边际贡献，即增加某个解释变量是否是值得的。对应到下面这个例子中，就是说在模型已经将 hp 作为解释变量之后，再增加 wt 作为解释变量是否是合意的。从结果上来看，增加 wt 是合意的。

另一个值得注意的问题是，在双变量回归模型中，解释变量只有一个，因此，斜

率系数的 t 值的平方等于 anova 分析中的 F 值。在多元回归模型中，解释变量不止一个，此时，相对于双变量情形下新增的解释变量的息率系数 t 值等于考察变量边际贡献的 F 值。

作为一个验证，在双变量情形中，hp 的斜率系数的 t 值为 –6.742，其平方值为 45.46，即 F 检验中的 F 值。在多元回归情形中，wt 的斜率系数的 t 值为 –6.129，其平方值为 37.561。

代码 10-13

```
anova(lm2)
Analysis of Variance Table

Response: mpg
          Df Sum Sq  Mean Sq   F value     Pr(>F)
hp         1 678.37   678.37   100.862   5.987e-11     ***
wt         1 252.63   252.63    37.561   1.120e-06     ***
Residuals 29 195.05     6.73
---
Signif. codes:  0 '***' 0.001 '**' 0.01 '*' 0.05 '.' 0.1 ' ' 1
```

10.6　模型的诊断性检验

在实际应用中，回归模型通常是根据理论预期来设定的。当完成回归模型的系数估计后，并不意味着回归分析过程的结束。相对于参数估计而言，对于模型的诊断显得更加重要，因为后者表明，我们能够在多大程度上相信回归模型的真实性和有效性。

1. 异方差检验

在横截面回归中，异方差是一个挥之不去的问题，在时间序列回归中，自相关性也会产生相同的困扰。我们将在下一章中介绍时间序列回归分析，因此，让我们首先来看横截面回归中的一些主要问题。

对于横截面回归而言，一个重要的假设是同方差性，⊖即每一个随机扰动项的方差都是相同的。如果存在异方差性，尽管回归参数的估计量仍然是无偏的（unbiased）和一致的（consistent），但是回归参数的估计量不再是有效的（efficient），即不再具有无偏估计量族中的最小方差。从而，通常的 t 检验和 F 检验就不会给我们提供准确的信息。

在 lmtest 这个扩展包中，⊖提供了 bptest() 这个函数，即使用布伦斯 – 帕甘（Breusch-Pagan）方法来检验异方差性（见代码 10-14）。

代码 10-14

```
library(lmtest)
x<-lm(mpg~hp,data=mtcars)
bptest(x)

        studentized Breusch-Pagan test

data:  x
BP = 0.049298, df = 1, p-value = 0.8243
```

⊖ 注意：横截面数据和时间序列数据中，均有可能出现异方差性，只不过其具体表现存在差异。
⊖ lmtest 提供了各种线性回归模型的检验方法。

上面的结果表明，在使用 hp 对 mpg 进行解释的模型中，*BP* 统计量的 *p* 值很大，因此，我们没有足够的把握来拒绝同方差的原假设。因此，在这个回归模型中，我们不用担心异方差的问题。

在 car 这个扩展包中，提供了 ncvTest() 这个函数，该函数提供了一个计分检验（score test），原假设是同方差（见代码 10-15）。

代码 10-15

```
library(car)
x<-lm(mpg~hp,data=mtcars)
ncvTest(x)
Non-constant Variance Score Test
Variance formula: ~ fitted.values
Chisquare = 0.04768862    Df = 1      p = 0.8271352
```

上面的结果同样表明，在 hp 对 mpg 进行解释的模型中，我们不用担心异方差的问题。然而，如果回归模型存在严重的异方差性，我们该如何解决这个问题？请看代码 10-16。

代码 10-16

```
x<-lm(dist~speed,data=cars)
bptest(x)

        studentized Breusch-Pagan test

data: x
BP = 3.2149, df = 1, p-value = 0.07297

ncvTest(x)
Non-constant Variance Score Test
Variance formula: ~ fitted.values
Chisquare = 4.650233    Df = 1      p = 0.03104933

summary(x)

Call:
lm(formula = dist ~ speed, data = cars)

Residuals:
    Min      1Q  Median      3Q     Max
-29.069  -9.525  -2.272   9.215  43.201

Coefficients:
            Estimate  Std. Error  T value  Pr(>|t|)
(Intercept)  -17.5791     6.7584   -2.601    0.0123   *
Speed          3.9324     0.4155    9.464  1.49e-12   ***
---
Signif. codes:  0 '***' 0.001 '**' 0.01 '*' 0.05 '.' 0.1 ' ' 1

Residual standard error: 15.38 on 48 degrees of freedom
Multiple R-squared:  0.6511,    Adjusted R-squared:  0.6438
F-statistic: 89.57 on 1 and 48 DF,  p-value: 1.49e-12
```

在代码 10-16 中，我们使用了数据集 cars。从异方差检验的结果中可以推断，在回归模型中，存在一定程度的异方差性。由于存在异方差性，通常的 *t* 检验和 *F* 检验就不会给我们提供准确的信息。在上面的回归结果中，speed 的斜率系数为 3.932 4，标准误差为 0.415 5，*t* 值为 9.464。这个结果表明 speed 的斜率系数估计值是显著的。但是，由于存在异方差，我们对此结果要保持警惕。

　　前面提到，如果存在异方差性，尽管回归参数的估计量仍然是无偏的和一致的，但是回归参数的估计量不再是有效的，即不再具有无偏估计量族中的最小方差。为此，我们要重新计算异方差稳健性的协方差矩阵。

　　我们可以利用扩展包 car 中的 hccm() 函数（Heteroscedasticity-Corrected Covariance Matrices），或者扩展包 sandwich 中的 vcovHC() 函数（Heteroskedasticity-Consistent Covariance Matrix）等函数来获得异方差稳健性的协方差矩阵。[⊖]

　　从代码 10-17 中可以看出，使用 vcoc() 函数得到的协方差矩阵与使用 hccm() 和 vcovHC() 所得到的结果不同。

代码 10-17

```
vcov(x)
               (Intercept)         speed
(Intercept)     45.676514    -2.6588234
Speed           -2.658823     0.1726509
hccm(x)
               (Intercept)         speed
(Intercept)     35.186291    -2.3898767
Speed           -2.389877     0.1827881
vcovHC(x)
               (Intercept)         speed
(Intercept)     35.186291    -2.3898767
Speed           -2.389877     0.1827881
```

　　使用扩展包 lmtest 中的 coeftest() 函数，我们可以通过设定协方差矩阵来进行斜率系数的显著性检验，如代码 10-18 所示。

代码 10-18

```
coeftest(x,vcov=hccm(x))

t test of coefficients:

              Estimate    Std. Error    t value    Pr(>|t|)
(Intercept)   -17.57909      5.93180    -2.9635    0.004722    **
speed           3.93241      0.42754     9.1978    3.636e-12   ***
---
Signif. codes:  0 '***' 0.001 '**' 0.01 '*' 0.05 '.' 0.1 ' ' 1
```

　　从上述结果中可以看到，使用异方差稳健性的协方差矩阵后，斜率系数的 *t* 检验值与此前不同，尽管在这个例子中，斜率系数仍旧是显著的。

2. 线性假设检验

　　在使用 summary() 函数后，我们可以看到回归模型中针对单个斜率系数显著性的 *t* 检验和针对所有斜率系数联合显著性的 *F* 检验。但是，有时候，我们想要知道某个斜率系数是

　　⊖　在扩展包 sandwich 中，还有 vcovHAC() 和 NeweyWest() 函数，它们被用来计算异方差 – 自相关稳健性的协方差矩阵。

否显著地不同于某个特定的值，或者斜率系数的线性组合是否等于某个特定的值。这就需要我们进行更为一般化的检验。在扩展包 car 中，函数 linearHypothesis() 为此提供了帮助。

假设斜率系数的估计值满足下列线性组合关系：

$$L\beta = c \qquad (10\text{-}6)$$

式中，β 是 $k \times 1$ 斜率系数向量，L 是 $n \times k$ 矩阵，等号右边的 c 是 $n \times 1$ 向量。

在下面这个例子中，我们首先估计了 hp 和 wt 对 mpg 的影响。从结果中看到，hp 的斜率系数的 t 值为 -3.519，p 值为 0.001 45。

在线性假设检验中，我们设定 hypothesis.matrix=c(0,1,0)，右手边的向量 rhs=0，这相当于检验 hp 的斜率系数是否显著为 0。从检验结果中可以看出，F 值为 12.381 的，p 值为 0.001 45。基于 t 值和 F 值的关系（12.381^0.5=3.519），这个结果是意料之中的。

进一步，我们还检验了 wt 的斜率系数是否显著为 -4，如代码 10-19 所示，结果表明，我们最好不要拒绝这个假设。

代码 10-19

```
x<-lm(mpg~hp+wt,data=mtcars)
summary(x)

Call:
lm(formula = mpg ~ hp + wt, data = mtcars)

Residuals:
    Min     1Q Median     3Q    Max
-3.941 -1.600 -0.182  1.050  5.854

Coefficients:
            Estimate   Std. Error   t value   Pr(>|t|)
(Intercept) 37.22727    1.59879     23.285    <2e-16    ***
Hp          -0.03177    0.00903     -3.519    0.00145   **
Wt          -3.87783    0.63273     -6.129    1.12e-06  ***
---
Signif. codes:  0 '***' 0.001 '**' 0.01 '*' 0.05 '.' 0.1 ' ' 1

Residual standard error: 2.593 on 29 degrees of freedom
Multiple R-squared:  0.8268,    Adjusted R-squared:  0.8148
F-statistic: 69.21 on 2 and 29 DF,  p-value: 9.109e-12

linearHypothesis(x,hypothesis.matrix=c(0,1,0),rhs=0)
Linear hypothesis test

Hypothesis:
hp = 0

Model 1: restricted model
Model 2: mpg ~ hp + wt

      Res.Df      RSS  Df    Sum of Sq        F    Pr(>F)
1         30   278.32
2         29   195.05   1       83.274   12.381  0.001451   **
```

```
---
Signif. codes:  0 '***' 0.001 '**' 0.01 '*' 0.05 '.' 0.1 ' ' 1

linearHypothesis(x,hypothesis.matrix=c(0,0,1),rhs=-4)
Linear hypothesis test

Hypothesis:
wt = - 4

Model 1: restricted model
Model 2: mpg ~ hp + wt
```

	Res.Df	RSS	Df	Sum of Sq	F	Pr(>F)
1	30	195.30				
2	29	195.05	1	0.25074	0.0373	0.8482

3. 模型设定偏误检验

最小二乘法的经典假设之一是随机扰动项的均值为零。如果这个假设被违背，则最小二乘估计量将不再是无偏有效的一致估计量。在实践中，模型设定偏误是导致该假设被违背的一个主要原因。如果模型设定出现偏误，则可以预计，模型的估计结果肯定会偏离真实的情况。通常，对真实情况偏离的性质和程度与模型设定偏误的类型相关联。

模型设定偏误主要分为两大类：一类与解释变量的选取偏误有关，即遗漏相关变量或者多选相关变量，分别称为遗漏相关变量偏误（omitting relevant variable bias）和包含无关变量偏误（including irrelevant variable bias）；另一类与模型的函数形式选取错误有关，这被称为错误函数形式偏误（wrong functional form bias），例如，真实模型是非线性的，而设定的模型是线性的。

如果模型的设定偏误表现为包含无关变量，我们可以借助通常的 t 检验和 F 检验加以判断。其中的检验思想是：如果我们在模型中添加了无关的变量，则某个或者某几个变量的斜率系数真实值应当为零。于是，我们需要关注变量的斜率系数的显著性检验。

如果模型的设定偏误表现为遗漏相关变量或者错误设定函数形式，则存在两种检验方法，一种是非正式的图示法，即查看模型估计所得到的残差，在正常情况下，残差不应当表现出某种规律性或者趋势性变动。例如，使用残差与拟合值作图，正常情况下，残差应当随机分布在均值 0 周围，这在图 10-3 中得到了体现。另一种是比较正式的方法，即拉姆齐于 1969 年提出的 RESET 检验（regression error specification test）。

RESET 检验的基本思想是：如果我们知道遗漏的是哪个变量，只需要将该变量引入模型，并考察其显著性即可。但是，关键问题在于我们不知道遗漏了哪个变量，因此，需要找到一个替代变量，比如说 z，来进行上述检验。于是，选择替代变量 z 就显得非常关键。在 RESET 检验中，我们采用所设定模型的被解释变量的估计值的若干次幂，如被解释变量的平方项、三次方项等来作为替代变量。当然，RESET 检验对于检验函数形式设定偏误问题也是适用的。

在扩展包 lmtest 中，函数 resettest() 允许我们进行模型设定偏误检验。该函数使用拟合值的二次方项和三次方项作为替代变量（或者辅助变量）。

代码 10-20

```
library(lmtest)
```

```
x<-lm(mpg~hp,data=mtcars)
resettest(x)

        RESET test

data:  x
RESET = 9.2467, df1 = 2, df2 = 28, p-value = 0.0008255

y<-lm(mpg~hp+I(hp^2),data=mtcars)
resettest(y)

        RESET test

data:  y
RESET = 0.25311, df1 = 2, df2 = 27, p-value = 0.7782
```

在代码 10-20 中，我们首先估计了 hp 对 mpg 的影响，然后进行 RESET 检验，从结果中可以看出，RESET 的 p 值非常小，这说明回归模型中可能遗漏了重要的变量。当我们将 hp 的平方项纳入回归模型中后，RESET 检验的 p 值非常大，因此，模型设定偏误得到了纠正。

10.7　广义线性模型

广义线性模型（generalized linear models，GLMs）是最小二乘法（OLS）的拓展形式。对于连续型的被解释变量和服从正态分布的随机扰动项，最小二乘法是适用的。但是现实中，我们还可能面对非连续型的被解释变量以及并非服从正态分布的随机扰动项。广义线性模型允许我们对此类情况进行处理和分析。例如，当分析考试前的复习时间长短对是否通过考试产生影响这一现象时，被解释变量就是一个二元变量（binary variable）。此时就要借助于广义线性模型。

广义线性模型仍旧具有线性模型的特征，即被解释变量的总体均值通过一个非线性的连接函数（link function）而依赖于线性组合的解释变量。常见的广义线性模型包括 logistic 回归模型（或称为 logit 模型）、Probit 回归模型等。

在 R 语言中，可以使用函数 glm() 来估计广义线性模型。使用命令 help(glm) 查看其基本用法为：

```
glm(formula, family = gaussian, data, weights, subset, na.action, start =
NULL, etastart, mustart, offset, control = list(...), model = TRUE, method = "glm.
fit", x = FALSE, y = TRUE, contrasts = NULL, ...)
```

其中，参数 family 是用来描述随机扰动项的分布特征的，默认值为 gaussian，此时，函数 glm() 等同于函数 lm()。其他的选项包括：binomial、poisson 等。其他参数设置暂时可以采用默认值。

如代码 10-21 所示的例子说明了使用函数 glm() 来对被解释变量为二元型（binary），而非连续型的函数进行线性回归分析，即通常所称的 logistic 回归（logistic regression）。需要注意的是，在对 logistic 模型进行回归分析时，使用的是极大似然法（maximum likelihood），而不是最小二乘法（ordinary least squares）进行估计。

　　使用 R 语言中的数据集 faithful。在该数据集中，有两个变量，eruptions 是指泉水喷发的时间，waiting 是指等待下一次喷发的时间，waiting 变量的平均值大约在 70 分钟左右。我们在此数据集中构造一个新的变量 more，即将等待时间大于等于 70 分钟的观测值设置为 1，其余设置为 0。在此基础上，我们将 more 作为被解释变量，将 eruptions 作为解释变量，来考察喷发时间的长短对等待下一次喷发是否超过 70 分钟的影响。

代码 10-21

```
F<-faithful
F$more[F$waiting>=60]<-1
F$more[F$waiting<60]<-0
head(F)
      eruptions    waiting      more
1        3.600         79         1
2        1.800         54         0
3        3.333         74         1
4        2.283         62         1
5        4.533         85         1
6        2.883         55         0
F.logistic<-glm(more~eruptions,data=F,family=binomial(link="logit")
summary(F.logistic)

Call:
glm(formula = more ~ eruptions, family = binomial, data = F)

Deviance Residuals:
     Min        1Q      Median        3Q        Max
-1.86283   -0.41065   0.03532    0.07549    2.41073

Coefficients:
                Estimate    Std. Error    z value    Pr(>|z|)
(Intercept)     -8.8685       1.3830       -6.412    1.43e-10    ***
Eruptions        3.6107       0.6135        5.885    3.97e-09    ***
---
Signif. codes:  0 '***' 0.001 '**' 0.01 '*' 0.05 '.' 0.1 ' ' 1

(Dispersion parameter for binomial family taken to be 1)

    Null deviance: 324.140  on 271  degrees of freedom
Residual deviance:  93.883  on 270  degrees of freedom
AIC: 97.883

Number of Fisher Scoring iterations: 8
```

　　在函数 gml() 中，参数 family 指定为 binomial(link="logit")，即连接函数为 logit，或者默认地指定为 binomial()。

　　从模型的估计结果中可以看到，本次喷发时间越长，等待下一次喷发时间超过 70 分钟的可能性越大。在使用 lm() 函数时，会报告斜率系数的 t 值，但是在 glm() 函数中，报告的是斜率系数的 z 值，两者的作用是相似的。对应 z 值，p 值来自于标准正态分布而不是 t 分布。

　　不同于最小二乘法在估计参数时直接使用公式进行计算，在使用极大似然法来估计参数时，计算机会进行迭代（iteration）运算，直到所找到的参数符合最大可能性标准。因此，在

glm() 函数所返回的结果中，会显示迭代运算的次数，如上面代码中的最后一行，这表示经过了多少次迭代运算才找到了最为理想的参数估计。

使用如代码 10-22 所示的命令，可以得到更多隐藏在模型对象 F.logistic 中的信息。

代码 10-22

```
names(F.logistic)
[1]   "coefficients"   "residuals"      "fitted.values"
[4]   "effects"        "R"              "rank"
[7]   "qr"             "family"         "linear.predictors"
[10]  "deviance"       "aic"            "null.deviance"
[13]  "iter"           "weights"        "prior.weights"
[16]  "df.residual"    "df.null"        "y"
[19]  "converged"      "boundary"       "model"
[22]  "call"           "formula"        "terms"
[25]  "data"           "offset"         "control"
[28]  "method"         "contrasts"      "xlevels"
```

图 10-4 显示了模型拟合值与喷发时间之间的关系。显然，这与 logistic 曲线非常接近。

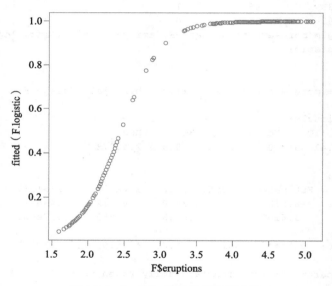

图 10-4　logistic 回归的拟合值曲线

除此之外，还可以通过如代码 10-23 所示的命令来获取关于模型估计结果的更多信息。

代码 10-23

```
confint(F.logistic)          # 系数的 95% 置信区间
Waiting for profiling to be done...
               2.5 %       97.5 %
(Intercept) -12.15055    -6.598158
eruptions     2.63779     5.096214
exp(coef(F.logistic))        # 获得指数化的系数
 (Intercept)     eruptions
 0.000140753  36.990231563
exp(confint(F.logistic))     # 获得指数化系数的 95% 置信区间
Waiting for profiling to be done...
```

```
                    2.5 %         97.5 %
(Intercept) 5.285450e-06 1.362876e-03
eruptions   1.398226e+01 1.634020e+02
```

作为一个练习，请读者使用扩展包 AER 中的数据集 SwissLabor，将是否参与劳动（participation）作为被解释变量，其他变量作为解释变量，建立 logistic 回归模型进行分析。

10.8　分位数回归模型

最小二乘回归方法针对因变量的条件均值（conditional mean）分布和自变量之间的关系进行建模。但是，除了条件均值分布之外，其他条件分布，如中位数也包含重要的信息。分位数回归（quantile regression）可以帮助我们捕获这些信息。

我们知道，如果回归模型的随机扰动项满足零均值、同方差的分布要求，则普通最小二乘法所估计的回归系数具有良好的性质，如无偏性、有效性等。然而，在很多情况下，OLS 所要求的条件无法得到满足。针对 OLS 的这种弱点，Laplace 早在 1818 年就提出了中位数回归（median regression）的思想，其所使用的方法为最小绝对离差估计（least absolute deviance，LAD）。在 20 世纪 70 年代，Koenker 和 Bassett 将上述方法推广为一般性的分位数回归方法——加权最小绝对离差和法（weighted least absolute deviation, WLAD）。

简单而言，分位数回归分析的对象是因变量的分位数与自变量之间的回归关系。基于此，分位数回归的主要特点或者说优点表现在：

第一，分位数回归不仅可以估计被解释变量的条件均值，也可以得到解释变量对被解释变量不同分位数的（条件）影响，即在不同的分位数下，可以得到不同的回归系数。

第二，相对于最小二乘法来说，分位数回归的估计结果对于异常值或离群值来说更加稳健。这意味着，即使是对于具有非正态分布特征的数据，分位数回归的估计结果也表现得相对稳健。

在 R 语言中，可以使用扩展包 quantreg 来进行分位数回归。我们借助该扩展包中的数据集 engel 来对此加以分析。该数据集包括两个变量，即家庭收入 income 和食物开支 foodexp。首先，我们使用 OLS 来分析 income 对 foodexp 的影响（见代码 10-24）。

代码 10-24

```
library(quantreg)
data(engel)
engel.lm<-lm(foodexp~income,data=engel)
summary(engel.lm)

Call:
lm(formula = foodexp ~ income, data = engel)

Residuals:
    Min     1Q  Median     3Q     Max
-725.70  -60.24   -4.32   53.41  515.77

Coefficients:
             Estimate   Std. Error   t value   Pr(>|t|)
(Intercept) 147.47539     15.95708     9.242    <2e-16   ***
Income        0.48518      0.01437    33.772    <2e-16   ***
---
Signif. codes: 0 '***' 0.001 '**' 0.01 '*' 0.05 '.' 0.1 ' ' 1
```

```
Residual standard error: 114.1 on 233 degrees of freedom
Multiple R-squared:  0.8304,    Adjusted R-squared:  0.8296
F-statistic:  1141 on 1 and 233 DF,  p-value: < 2.2e-16
library(lmtest)
bptest(engel.lm)

        studentized Breusch-Pagan test

data:  engel.lm
BP = 109.26, df = 1, p-value < 2.2e-16
```

从上面的结果中可以看到，收入对食物支出的影响非常显著，但是，我们也看到，在这个回归模型中，存在显著的异方差问题，BP 检验的 p 值非常小。

代码 10-25

```
plot(foodexp~income,data=engel)
abline(engel.lm,lwd=2)
```

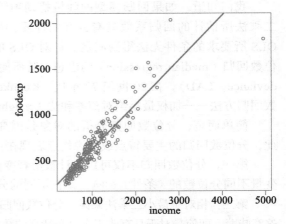

图 10-5　收入和食物开支散点图

如果从图形上来看（见图 10-5），随着收入的增加，食物开支也在增加，但是，数据点并不是"紧密"地围绕在回归线周围，而是随着收入的增加，呈现出一种"烟花绽放"式的发散情况。这表明，在这个数据集中，数据并不符合正态性的假设。因此，简单地使用传统的回归方法会导致错误的判断结果。

在加载扩展包 quantreg 后，使用函数 rq() 就可以进行分位数回归。该函数的基本用法为：

rq(formula, tau=.5, data, subset, weights, na.action, method="br", model = TRUE, contrasts, ...)

其中，参数 tau 用来设定分位数，如 0.5 表示中位数。这个参数可以设定为一个向量，例如 tau=(0.25,0.5,0.75)，这样，就可以估计多个分位数回归方程。参数 method 用来设定不同的估计方法，默认值为 br，其他取值可以参考帮助文档。

代码 10-26 使用 engel 数据集进行了中位数回归。

代码 10-26

```
engel.rq<-rq(foodexp~income,data=engel,tau=0.5)
summary(engel.rq)

Call: rq(formula = foodexp ~ income, tau = 0.5, data = engel)

tau: [1] 0.5

Coefficients:
            coefficients  lower bd  upper bd
(Intercept) 81.48225      53.25915  114.01156
Income      0.56018       0.48702   0.60199engel.lm
```

```
Call:
lm(formula = foodexp ~ income, data = engel)

Coefficients:
(Intercept)        income
   147.4754        0.4852
```

可以看到，中位数回归模型的估计结果与普通的均值回归结果具有非常明显的差异。

作为一个练习，请读者使用 foodexp 和 income 绘制散点图，并根据均值回归结果和中位数回归结果绘制回归线，并比较两条回归线的差异。

上面我们进行了中位数回归，其他分位数的回归实现起来也非常方便，只需对参数 tau 加以设定即可，如代码 10-27 所示。[⊖]

代码 10-27

```
engel.rq<-rq(foodexp~income,data=engel,tau=c(0.25,0.5,0.75))
summary(engel.rq,se="ker")

Call: rq(formula = foodexp ~ income, tau = c(0.25, 0.5, 0.75), data = engel)

tau: [1] 0.25

Coefficients:
              Value      Std. Error   t value      Pr(>|t|)
(Intercept)   95.48354   24.16392     3.95149      0.00010
Income        0.47410    0.02955      16.04474     0.00000
Call: rq(formula = foodexp ~ income, tau = c(0.25, 0.5, 0.75), data = engel)

tau: [1] 0.5

Coefficients:
              Value      Std. Error   t value      Pr(>|t|)
(Intercept)   81.48225   30.21532     2.69672      0.00751
Income        0.56018    0.03732      15.01139     0.00000
Call: rq(formula = foodexp ~ income, tau = c(0.25, 0.5, 0.75), data = engel)

tau: [1] 0.75

Coefficients:
              Value      Std. Error   t value      Pr(>|t|)
(Intercept)   62.39659   29.11876     2.14283      0.03316
Income        0.64401    0.03622      17.78255     0.00000
plot(summary(engel.rq),lwd=2,pch=19,xlab="tau",mar = c(5.1, 4.1, 2.1, 2.1))
```

输出结果如图 10-6 所示。

在代码 10-27 中，我们设置 tau=(0.25,0.5,0.75)，结果返回了三组估计系数。

通过在函数 summary() 中设置计算标准误的方法，可以获取参数的假设检验值。使用命令 help(summary.rq) 可以得到标准误参数的详细说明。

⊖　当参数 tau 在 0 到 1 之间取值时，rq() 函数返回相应取值的回归结果。当 tau 被设定为不在这一区间中的取值，如 tau 为 –1 时，则返回全部分位点取值。

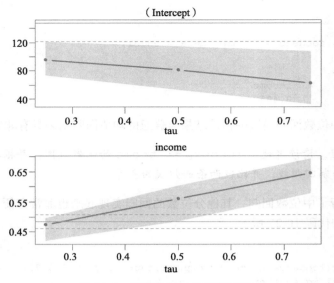

图 10-6　不同分位数的回归系数

　　在代码 10-27 的最后，我们绘制了不同分位数情况下的回归系数图形（见图 10-6）。可以看到，在关于食物开支和收入这个数据集中，不同分位数情况下的截距项是不断下降的，而回归系数则是不断上升的。这说明，在高收入群体中，截距项相对较低，而收入的边际效应相对较大。这种情况与恩格尔定律所述的内容相一致：收入较高的家庭食物开支比例较低。

　　不同分位数下的回归结果可以通过另一幅图形来加以反映（见图 10-7）。

代码 10-28

```
plot(foodexp~income,data=engel)
abline(engel.lm,col="red",lwd=2)
for (i in c(0.25,0.5,0.75)){
abline(rq(foodexp~income,data=engel,tau=i),lwd=2)
}
```

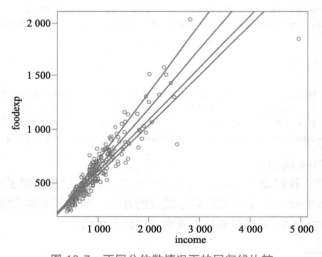

图 10-7　不同分位数情况下的回归线比较

　　注：依照代码 10-28，图中第 3 条线应为红色。

　　接着，我们来比较不同分位数情况下的回归模型，也就是说，考察不同情况下收入对食物开支的影响方式。这可以通过方差分析来实现。

代码 10-29

```
anova(engel.rq0.25,engel.rq0.5,engel.rq0.75)
Quantile Regression Analysis of Deviance Table

Model: foodexp ~ income
Joint Test of Equality of Slopes: tau in {  0.25 0.5 0.75  }

    Df Resid Df F value    Pr(>F)
1    2      703  15.557 2.449e-07 ***
---
Signif. codes:  0 '***' 0.001 '**' 0.01 '*' 0.05 '.' 0.1 ' ' 1
```

　　从结果中发现，不同分位数情况下的回归模型具有显著差异。换句话说，在不同的分位点上，收入对食物开支的影响是不同的。

第11章
Chapter11

时间序列模型

时间序列模型是我们时常接触到的一类重要模型。时间序列数据具有独特的性质，在进行统计处理和分析时需要格外谨慎。R 语言提供了性能良好的处理时间序列数据的程序包，使我们的工作变得更加容易。本章主要介绍时间序列数据的基本特征以及对时间序列数据进行分析的主要方法。此外，对时间序列数据进行作图也是一项常用的绘图技能，我们将通过具体的例子来对此加以实践。

11.1 日期、时间与时间序列数据的构造

11.1.1 时间序列数据

我们日常生活中遇到的大量经济、金融时间序列都包含趋势，例如一国的 GDP 就是一个递增的时间序列，股票的价格也在时间趋势中上下波动。所谓时间序列，就是按照时间的先后顺序有规律排序后的数据序列。这类数据最重要的特点就是有一个时间维度，数据的变化也往往与时间的变化紧密相连，而时间序列分析就是针对时序数据的特征发展起来的特殊统计或计量方法。

由于时间序列数据的特殊性，R 语言设计了专门的对象，用于储存、处理和展现时间序列数据。在 R 语言里 stats 包里的 ts 对象以及 zoo 包里的 zoo 对象都是用于管理时间序列数据的对象。其中，zoo 包在处理非规则数据时更为灵活。

stats 包中的 ts 和 mts 比较适合构造等距间隔的规则时间序列，如月度、季度或者年度的 GDP 数据。如果是类似于股票日价格数据，由于停盘等原因形成非等距间隔的不规则时间序列数据，那么 timeSeries、zoo 和 xts 这 3 个包，都是比较理想的处理工具。这之中又以 zoo 包的运用最为广泛。因此，在本章中，我们以 zoo 包里的 zoo 对象为主，介绍时间序列数据的读入和处理。

就时间序列的构造而言，可以把它看作包含时间索引和对应数据的结构体。构造时间序列的关键在于处理时间，在 R 语言中，时间通常是一个特殊的对象，但本质上时间是一个等距递增的数值序列，因此才可以加减。在进一步探讨前，首先理清一个最基本的概念差异，"日期"和"时间"在 R 语言里面是两个对象。就"日期"而言，仅仅包含年、月、日的信息；而"时间"则在此基础上，增加了小时、分钟和秒。

1. 日期的定义

在 R 语言里面，Date 对象是仅仅包含日期而不包含时间的类型。计算机内部日期其实就是一个递增的自然数序列，它的 0 位置对应于 1970 年 1 月 1 日；而我们看到的实际是带上日期格式的显示形式，对于 Date 对象而言，其默认的格式是"YYYY/m/d"或者"YYYY-m-d"。其中 YYYY 表示四位数字的年份，m 表示月，d 表示日。as.Date() 函数用来定义一个 Date 对象，注意输入的参数通常是以符号"-"间隔的日期形式的字符变量，如"2016-1-1"。

代码 11-1
```
dt<-as.Date(c('1970-1-1','2016-1-1'))
dt
[1] "1970-01-01" "2016-01-01"
class(dt)
[1] "Date"
```

日期的本质是一个以"日期格式"显示的递增数值序列，既然是数值序列，则可以进行加减，其可进行的相关变化如代码 11-2 所示。

代码 11-2
```
dt+1
[1] "1970-01-02" "2016-01-02"
dt-1
[1] "1969-12-31" "2015-12-31"
dt[2]-dt[1]
Time difference of 16801 days
as.numeric(dt)
[1]     0 16801
```

日期也可以通过数值创建，如代码 11-3 所示。

代码 11-3
```
as.Date(0:5, origin="2015-1-1")
[1] "2015-01-01" "2015-01-02" "2015-01-03" "2015-01-04"
[5] "2015-01-05" "2015-01-06"
```

通过设置 format 格式，我们还可以转化非默认形式的日期，如代码 11-4 所示。

代码 11-4
```
as.Date("1/1/2016", format="%m/%d/%Y")
[1] "2016-01-01"
as.Date(" 一月 1, 2016", format="%B %d, %Y")
[1] "2016-01-01"
as.Date("01 八月 16", format="%d%b%y")
[1] "2016-08-01"
```

表 11-1 列出了常用的时间格式的缩写。

表 11-1　常用时间格式缩写对照表

符号	含义	示例
%d	日（0-31）	01-31
%a %A	星期缩写　星期	Mon Monday
%m	月（00-12）	00-12
%b %B	缩写月份　月份	Jan January
%y %Y	2 位年份 4 位年份	07 2007

2. 递增日期序列的生成方法

有时候我们要批量生产规则的日期对象，可以使用 seq(from,to,by) 函数来实现。其中 from 设置起始日期，to 设置结束日期，by 设置间隔方式，可选参数可以是日、月、季度、年，分别对应为 days、months、quarters、years，如代码 11-5 所示。

代码 11-5
```
seq(as.Date("2016-1-29"),as.Date("2016-2-5"),by="days")
[1] "2016-01-29" "2016-01-30" "2016-01-31" "2016-02-01"
[5] "2016-02-02" "2016-02-03" "2016-02-04" "2016-02-05"
seq(as.Date("2016-1-29"),as.Date("2016-8-5"),by="months")
[1] "2016-01-29" "2016-02-29" "2016-03-29" "2016-04-29"
[5] "2016-05-29" "2016-06-29" "2016-07-29"
seq(as.Date("2015-1-29"),as.Date("2016-8-5"),by="quarters")
[1] "2015-01-29" "2015-04-29" "2015-07-29" "2015-10-29"
[5] "2016-01-29" "2016-04-29" "2016-07-29"
seq(as.Date("2015-1-29"),as.Date("2016-8-5"),by="years")
[1] "2015-01-29" "2016-01-29"
```

3. 日期函数的使用

对于日期数据，有时候需要提取年、月、日的信息，这时候就需要用到日期函数，常用的日期函数有提取月份的 weekdays()，提取季度的 months()，提取星期的 week-days()，如代码 11-6 所示。

代码 11-6
```
months(dt)
[1] "一月" "一月"
quarters(dt)
[1] "Q1" "Q1"
weekdays(dt)
[1] "星期四" "星期五"
```

对于提取年份信息，我们可以使用 format() 函数，采用设置参数 "%Y" 的方法获取日期的年份，当然同样我们也可以用此函数获得月和日的信息，如代码 11-7 所示。

代码 11-7
```
format(dt,"%Y")
[1] "1970" "2016"
format(dt,"%m")
[1] "01" "01"
format(dt,"%d")
[1] "01" "01"
```

11.1.2　时间的定义（POSIXct 对象）

POSIXct 是 R 语言中常用的时间对象，本质上它也是一个递增序列，不同于日期对象对应的是日，这个序列的最小间隔单位对应的是时间中的秒。这个序列的数值 0 对应的时间为格林尼治时间（GMT 标准时间）1970 年 1 月 1 日的午夜 0 点。

代码 11-8

```
dt<-as.POSIXct("2016-1-1 12:05:21")
dt
[1] "2016-01-01 12:05:21 MST"
class(dt)
[1] "POSIXct" "POSIXt"
as.numeric(dt)
[1] 1451675121
```

与 Date 对象相似，POSIXct 对象可以进行加减，只是此时是基于秒的变化，其可进行的相关变化如代码 11-9 所示。

代码 11-9

```
dt+1
[1] "2016-01-01 12:05:22 MST"
dt-1
[1] "2016-01-01 12:05:20 MST"
```

POSIXct 函数下，时间对象也可以通过数值创建，下面的例子是数值为 0 对应的是北京时间 1969 年 12 月 31 日下午 5 点整。

代码 11-10

```
as.POSIXct(0, origin="1970-01-01")
[1] "1969-12-31 17:00:00 MST"
```

对于常用的时间对象 POSIXct，日期函数 weekdays()、months()、weekdays()等依然有效。

代码 11-11

```
months(dt)
[1] " 一月 "
quarters(dt)
[1] "Q1"
weekdays(dt)
[1] " 星期五 "
```

同样，可以通过 format() 函数，设置对应的参数获得年、月、日、小时、分钟、秒等信息。请读者使用 format() 函数尝试一下获取相关信息。

类似于日期递增序列生成的方法，时间递增序列同样可以通过 seq(from,to,by) 函数来实现。其中 from 设置起始日期，to 设置结束日期，by 设置间隔方式，可选参数可以是时、分、秒，分别对应为 hour、min、sec，如代码 11-12 所示。

代码 11-12

```
startDate<-as.POSIXct("2016-1-23 9:30:00")
endDate<-as.POSIXct("2016-1-23 11:30:00")
```

```
dat<-seq(from=startDate, to=endDate, by="15 min")
dat
[1] "2016-01-23 09:30:00 MST" "2016-01-23 09:45:00 MST"
[3] "2016-01-23 10:00:00 MST" "2016-01-23 10:15:00 MST"
[5] "2016-01-23 10:30:00 MST" "2016-01-23 10:45:00 MST"
[7] "2016-01-23 11:00:00 MST" "2016-01-23 11:15:00 MST"
[9] "2016-01-23 11:30:00 MST"
```

11.1.3 时间序列数据的构造、运算和作图

时间序列数据有两部分构成，一部分是时间或者日期，另一部分是每个时间点对应的数据。zoo 包中有一个 zoo 函数，用来绑定时间以及对应的数据。zoo 函数的参数设置格式为：

```
zoo(x = NULL, order.by = index(x), frequency = NULL)
```

其中，x 是要分析的时间数据，order.by 是标明对某个变量进行排序，frequency 则定义间隔结构。

代码 11-13
```
library(zoo)
x.Date<-as.Date("2016-02-01")+c(1, 3, 7, 9, 15)-1
x.Date
[1] "2016-02-01" "2016-02-03" "2016-02-07" "2016-02-09"
[5] "2016-02-15"
x<-zoo(rnorm(5), x.Date)
x
2016-02-01 2016-02-03 2016-02-07 2016-02-09 2016-02-15
 0.2686177  -0.3269131  0.5340076  0.9078055  1.0309805
```

滞后、差分运算是时间序列数据处理当中最常用的方法，一旦我们把数据转化为专门的 zoo 类型，就能方便地使用 R 语言中的函数对数据进行滞后、差分。其中，滞后函数 lag() 生成滞后项，缺失的数据自动用 NA 填充，如代码 11-14 所示。

代码 11-14
```
mydate<-seq(as.Date("2016-1-29"),as.Date("2016-3-18"),by="days")
x<-zoo(rnorm(length(mydate)), mydate)
head(x)
 2016-01-29  2016-01-30  2016-01-31  2016-02-01  2016-02-02
-0.55274330 -0.20353366 -0.09467386  1.20754779 -1.37403688
 2016-02-03
 0.33068247
x.lag<-lag(x, 1)
head(x.lag)
 2016-01-29  2016-01-30  2016-01-31  2016-02-01  2016-02-02
-0.20353366 -0.09467386  1.20754779 -1.37403688  0.33068247
 2016-02-03
-1.38556452
length(x)
[1] 50
length(x.lag)
[1] 49
```

```
x.diff<-diff(x, 1)
head(x.diff)
2016-01-30 2016-01-31 2016-02-01 2016-02-02 2016-02-03
 0.3492096  0.1088598  1.3022216 -2.5815847  1.7047194
2016-02-04
-1.7162470
```

生成了 zoo 类型的数据，对时间序列数据绘制折线图的工作也相应变得更为简便，绘图函数 plot() 能够自动识别出 zoo 类型的时间，并把它作为折线图的横轴内容，zoo 对象中的数据部分如果有多列，就会自动多图输出，并行排列（见图 11-1）。

代码 11-15

```
y<-zoo(rnorm(length(mydate)), mydate)
mydata<-cbind(x, y)
head(mydata)
                      x                 Y
2016-01-29   -0.55274330          1.7278465
2016-01-30   -0.20353366         -0.3914512
2016-01-31   -0.09467386          0.8069790
2016-02-01    1.20754779         -1.1536082
2016-02-02   -1.37403688          0.2047050
2016-02-03    0.33068247          0.7627061
plot(mydata, lwd=2)
```

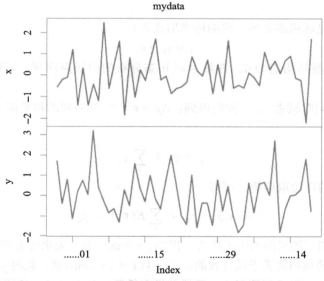

图 11-1　对时间序列数据作图（并行排列）

如果想在一张图上绘制折线图，只要设置 plot.type="single"，就能够实现。程序如代码 11-16 所示。

代码 11-16

```
plot(mydata, plot.type="single", lty=c(1, 3), lwd=2)
legend("top", c("x","y"), lty=c(1, 3),lwd=2)
```

输出结果如图 11-2 所示。

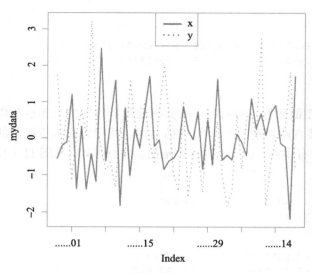

图 11-2　对时间序列数据作图（组合）

11.2　随机游走与伪回归

11.2.1　随机游走

如果一个变量是随机游走的，它的标准形式为：

$$y_t = y_{t-1} + \epsilon_t \tag{11-1}$$

其中是 ϵ_t 一个服从均值为 0，方差为 σ^2 正态分布的白噪声序列。下面我们来看研究一下随机游走的性质。

在上式的两边同时减去 y_{t-1}，我们得到：$\Delta y_t = \epsilon_t$。如果序列的初始值为 y_0，则式（11-1）的解应为：

$$y_t = y_0 + \sum_1^t \epsilon_i \tag{11-2}$$

在式（11-2）的两边取期望，可得：

$$E(y_t) = y_0 + \sum_1^t E(\epsilon_i) = y_0 \tag{11-3}$$

式（11-3）说明了随机游走的无序性，即在 $t = 0$ 这一点对未来任意时间值预测的结果都等于 y_0，显然这样的预测就等于没有预测，而一旦 $t = 1$ 时刻出现，此时 $y_0 \neq y_1$，$t > 1$ 的未来任意时间点预测的结果又都等于 y_1，显然并没有任何让其趋于某一值的趋势。

我们举一个更容易理解的例子。假设你与朋友就足球比赛的结果玩一个小小的游戏，游戏规则是这样的：如果你选择的球队赢了，你会获得 1 元钱，如果输了，你则需要赔偿 1 元钱，如果平局则不赢不亏，球赛赢、输、平的概率各是 1/3。现在你的起始资金是 10 元钱，那么在第一场球开赛前，预测最终的收益就应该是期望加上初始资金，显然就是 10 元钱。而结果你赢了 1 元钱，最后收益是 11 元钱，那么下一场球赛收益预测的结果就变为 11 元钱。显然任何一次对获知比赛结果后收益的预测都是无意义的。这就意味着现在你根本不知道 10 局以后，或者 20 局以后收益会是多少，这个过程就是生活中的随机游走现象。

我们在式（11-2）的两边取方差，可得：

$$D(y_t) = D(y_0) \sum_1^t D(\epsilon_i) = \sum_1^t \sigma^2 = t\sigma^2 \tag{11-4}$$

式（11-4）的结果告诉我们随机游走的方差并不是一个常数，而是随着时间的增加不断增大。方差不稳定，则随机游走的值不会收敛，表现出散漫无序的特征。

我们在式（11-2）的两边同乘以 y_{t-i} 并取期望，得到：

$$\gamma_i = (t - i)\sigma^2 \tag{11-5}$$

式（11-5）的结果说明随机游走的方差也不是一个常数，与时间成正比，与滞后阶数成反比。我们进一步计算自相关系数：

$$\rho_i = \frac{(t - i)\sigma^2}{\sqrt{(t\sigma^2)[(t - i)\sigma^2]}} = \sqrt{\frac{t - i}{t}} \tag{11-6}$$

式（11-6）说明对于随机游走的自相关系数而言，当时间序列数据的时间跨度 t 较长时，对于较小的滞后长度 i，对应的自相关系数接近于 1，随着 i 的增大，ρ_i 值就会变小。当使用样本数据时候，随机数据的自相关函数图会出现衰减形态，但与平稳的 AR（1）序列以 θ 指数衰减相比，其衰减幅度要小很多。

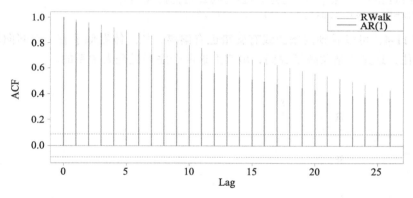

图 11-3　随机游走与 AR（1）的 ACF 图

我们模拟生成了 1 组 500 个样本的随机游走序列和 1 组 500 个样本的 AR（1）序列，其中 AR（1）序列的系数 $\theta = 0.95$，然后绘制出重合的 ACF 图，如图 11-3，其中粗线排列的是 AR（1）对应的自相关系数值，细线排列的是随机游走对应的自相关系数值。我们可以看到 AR（1）的 ACF 呈指数下降，速度比较快；而随机游走的 ACF 呈线性下降，速度相对较慢。从而使随机游走和 AR（1）具有相同滞后阶数的自相关系数之间的差值序列形成一个弧形排列。因此 ACF 也是帮助我们甄别随机游走和平稳自回归过程的工具之一。

下面我们讨论具有趋势的随机游走模型（带漂移的随机游走），模型的标准形式如下：

$$y_t = y_{t-1} + a + \epsilon_t \tag{11-7}$$

式（11-7）与简单随机游走模型的差别在于多了一个常数项 a，a 描绘的是每一期确定性变动。因此如果序列的初始值为 y_0，则式（11-7）的解应为：

$$y_t = y_0 + at + \sum_1^t \epsilon_i \tag{11-8}$$

观测式（11-8），其中第二项 at 是与时间长度有关的趋势项，积累由于时间变化而产生的确定性变化，随着时间变大或者变小。

我们对式（11-8）取期望，得：

$$E(y_t) = y_0 + at \qquad (11\text{-}9)$$

显然期望的大小与时间有关。

11.2.2 伪回归

上面分析了随机游走的定义和相关的性质，下面我们要深入探讨如果研究对象是随机游走的序列，对回归分析会产生什么影响。

首先模拟生成两个独立的、没有任何关系的随机游走过程，其中一个作为自变量 x，另一个作为应变量 y。然后对生成的 x 和 y 作图分析，程序如代码 11-17 所示。

代码 11-17

```
set.seed(438)           # 设置随机数生成的种子
e1<-0.1+rnorm(300)      # 利用正态随机数生成函数 rnorm()，生成 300 个标准正态分布
e2<-0.1+rnorm(300)
y<-cumsum(e1)           # 根据公式 (11-2)，通过累积函数 cumsum() 生成简单随机游走
x<-cumsum(e2)
matplot(1:300,cbind(x,y),type="l",lty=c(1,3),lwd=2)
legend(x="topleft",c("y","x"),lty=c(1,3))
```

观测图 11-4，可以看到两条曲线有交错也有偏离，从总体看似乎有一点同向的趋势。但我们必须记住，这是眼睛蒙蔽了我们，事实上这两个序列是毫无关系的。

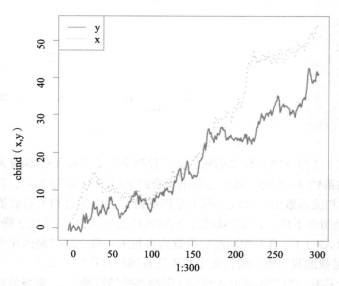

图 11-4　两个模拟的随机游走过程

下一步，我们进行回归分析，以 x 作为自变量，y 作为因变量，如代码 11-18 所示。

代码 11-18

```
summary(lm(y~x))

Call:
```

```
lm(formula = y ~ x)

Residuals:
Min             1Q         Median      3Q          Max
-14.3727    -3.4092      -0.4097    3.8039      14.7340

Coefficients:
                Estimate    Std. Error   t value     Pr(>|t|)
(Intercept)     1.97718     0.51927      3.808    0.00017***
X               1.29373     0.02461      52.566   <2e-16***
---
Signif. codes:  0 '***' 0.001 '**' 0.01 '*' 0.05 '.' 0.1 ' ' 1

Residual standard error: 5.085 on 298 degrees of freedom
Multiple R-squared:  0.9027,    Adjusted R-squared:  0.9023
F-statistic:  2763 on 1 and 298 DF,  p-value: < 2.2e-16
```

　　从上面回归的信息进行分析，我们可以惊奇地发现竟然能得出较好的回归结果。估计系数为 1.29，对应的 t 值为 52.57，统计显著；回归的 R^2 为 0.902 7，拟合的程度相当好。

　　按照上面回归的结论，我们得出 $y_t = 1.98 + 1.29 x_t + \epsilon_t$。回归分析揭示的是一种因果关系，这意味着 x 一个单位的变动，会引起 y 发生 1.29 个单位的变动。事实是如此吗？答案当然是否定的。显然当两个变量都存在随机游走时，即使两者相互独立、毫不相干，对它们进行回归分析也会得出很好的回归结果，回归的模型检验手段无法甄别出出现的问题，这一现象就是"伪回归"。

　　对上面的 x 和 y 序列进行 1 阶差分，分别记作 Δx 和 Δy，再一次进行回归，如代码 11-19 所示。

代码 11-19

```
dx<-diff(x)
dy<-diff(y)
summary(lm(dy~dx))

Call:
lm(formula = dy ~ dx)

Residuals:
    Min        1Q     Median      3Q        Max
-3.1761    -0.7450    0.0289    0.6804    2.4263

Coefficients:
                Estimate    Std. Error   t value     Pr(>|t|)
(Intercept)     0.18380     0.05708      3.220    0.00142**
Dx             -0.04144     0.05692     -0.728    0.46716
---
Signif. codes:  0 '***' 0.001 '**' 0.01 '*' 0.05 '.' 0.1 ' ' 1

Residual standard error: 0.9773 on 297 degrees of freedom
Multiple R-squared:  0.001782,   Adjusted R-squared:  -0.001579
F-statistic: 0.5301 on 1 and 297 DF,  p-value: 0.4672
```

　　这一次我们发现，Δx 前系数的 t 值为 –0.041 44，不再统计显著。R^2 只有 0.001 782，两者几乎无线性相关关系。

　　由于经过 1 阶差分，随机游走序列 $y_t = y_{t-1} + \epsilon_t$ 就变换为 $\Delta y = \epsilon_t$。Δx 和 Δy 之间的回归实际就变为两个相互独立的白噪声之间的回归，它们之间毫无关系，回归的结果自然也就不再显著。

通过上面的分析，我们可以发现造成"伪回归"的原因就在于进行回归的变量是非平稳的随机游走序列，而这样的现象在现实的时间序列数据中十分常见。由于错误运用回归，研究就可能得出错误的结论。因此有必要在分析前，对研究的数据进行特别诊断，检验数据是否存在随机游走，我们称这一过程为"单位根"检验。

11.3 DF 检验

11.3.1 DF 检验的基本思想

我们先看既无截距又无趋势的纯粹随机游走情况。显然检测单位根的方法就是要判断模型 $y_t = \theta_{yt-1} + \epsilon_t$ 中 θ 的值是否等于 1。我们不对此进行直接检验，而是先对式子做一下调整，即在上式的两边同时减去 y_{t-1}，这样式子就变为：

$$\Delta y_t = (\theta - 1) y_{t-1} + \epsilon_t = \gamma y_{t-1} + \epsilon_t \tag{11-10}$$

经过这样的转换，我们要判断序列是否存在随机游走，就只要分析是否 $\gamma=0$。对式（11-10）进行回归，在回归之后我们能够得到一系列结果，其中包括系数 γ 的 t 值。显然我们只要对 γ 的 t 值进行显著性分析，就能判断 θ 是否等于 1。

同理，进过简单转化可以获得包含截距的随机游走检验公式：

$$\Delta y_t = \alpha_0 + \gamma y_{t-1} + \epsilon_t \tag{11-11}$$

以及既包含截距又包含趋势的随机游走检验公式：

$$\Delta y_t = \alpha_0 + \alpha_1 t + \gamma y_{t-1} + \epsilon_t \tag{11-12}$$

11.3.2 R 语言中 DF 检验方法

在 R 语言中可以使用 urca 扩展包中的 ur.df() 进行单位根检验，其语法为：

ur.df(x, type=c("none", "drift", "trend"),lags=0)

其中，x 是需要进行检验的时间序列。参数 type 设置检验的模型类型。如果要运用无截距趋势的模型进行 *DF* 检验，参数设置为 trend="none"；如果要使用包含截距的模型进行 *DF* 检验，参数设置为 type="drift"；使用包含截距趋势的模型，参数设置为 type="trend"，如果不设置该参数，则系统默认为 type="none"。参数 lags 用于设置模型中滞后阶数。*DF* 检验是个 1 阶滞后自回归模型，因此如果选择是 *DF* 检验则设置 lags=0。

下面使用 urca 扩展包的示例数据说明单位根检验的使用方法，设置检验类型为带常数的 drift，对于 *DF* 检验，设置滞后阶 lags 为 0，如代码 11-20 所示。

代码 11-20

```
library(urca)
data(Raotbl3)
attach(Raotbl3)
lc.df <- ur.df(y=lc, lags=0, type="drift")
detach(Raotbl3)
summary(lc.df)

###################################################
# Augmented Dickey-Fuller Test Unit Root Test #
```

```
################################################
Test regression drift


Call:
lm(formula = z.diff ~ z.lag.1 + 1)

Residuals:
       Min        1Q     Median         3Q        Max
 -0.047503  -0.007042   0.001483   0.007879   0.047975

Coefficients:
                  Estimate   Std. Error    t value    Pr(>|t|)
(Intercept)      0.0108672    0.0824621      0.132       0.895
z.lag.1         -0.0004031    0.0076434     -0.053       0.958

Residual standard error: 0.01374 on 96 degrees of freedom
Multiple R-squared:  2.897e-05,  Adjusted R-squared:  -0.01039
F-statistic: 0.002781 on 1 and 96 DF,  p-value: 0.9581

Value of test-statistic is: -0.0527 11.0393

Critical values for test statistics:
           1pct     5pct    10pct
Tau2      -3.51    -2.89    -2.58
Phi1       6.70     4.71     3.86
```

分析输出结果，我们的检验变量应该是 Value of test-statistic 所列出结果的第一个值 $-0.052\,7$，而检验的统计量在 1%、5% 和 10% 水平下分别对应 -3.51、-2.89 和 -2.58，由于 $-0.052\,7$ 大于 -2.58，因此检验结果说明这个时间序列是非平稳序列。

11.4 *ADF* 检验

并非所有的时间序列都能够用 AR（1）表示，有时候需要使用 AR（2）、AR（3）甚至更高阶的 AR（p）模型才能较好拟合。如果是这些高阶 AR（p）模型进行 *DF* 检验，显然我们不能想当然地直接运用上面的 3 个检验式，我们必须使用新的检验方法。增广 *DF* 检验（*ADF*）专门解决这个问题，这一节我们将详细地加以介绍。

11.4.1 *ADF* 检验的基本概念

首先考虑一个 p 阶 AR（p）模型：

$$y_t = \alpha_0 + \alpha_1 y_{t-1} + \cdots + \alpha_{p-2} y_{y-p+2} + \alpha_{p-1} y_{t-p+1} + \alpha_p y_{t-p} + \epsilon_t \qquad (11\text{-}13)$$

我们在式（11-13）的右端加上一项 $\alpha_p y_{t-p+1} - \alpha_p y_{t-p+1}$，稍加整理得：

$$y_t = a_0 + a_1 y_{t-1} + \cdots + (a_{p-1} + a_p)\, y_{t-p} + a_p \Delta y_{t-p+1} + \epsilon_t \qquad (11\text{-}14)$$

经过这次变换，式（11-13）少了一个滞后项 y_{t-p}，多了一个差分项 Δy_{t-p+1}。我们在变换后式子的右端加上一项 $(\alpha_{p-1} + \alpha_p)\, y_{t-p+2} - (\alpha_{p-1} + \alpha_p)\, y_{t-p+2}$，稍加整理后得到：

$$y_t = \alpha_0 + \cdots + (\alpha_{p-2} + \alpha_{p-1} + \alpha_p)\, y_{t-p+2} + (\alpha_{p-1} + \alpha_p)\, \Delta y_{t-p+2} + \alpha_p \Delta y_{t-p+1} + \epsilon_t \qquad (11\text{-}15)$$

不断重复上面过程，最终我们可以得到：

$$\Delta y_t = \alpha_0 + \gamma y_{t-1} + \sum_{i=2}^{p} \beta_i y_{t-i+1} + \epsilon_t \qquad (11\text{-}16)$$

其中$\gamma = -(1 - \sum_{i=1}^{p} \alpha_i)$，而$\beta_i = \sum_{j=i}^{p} \alpha_j$。

在式（11-16）中最重要的一项是γy_{t-1}，如果参数$\gamma = 0$，则意味着式（11-16）为1阶差分方程，存在一个单位根。与 *DF* 检验相似，*ADF* 检验也被分为3个检验模型，只有选择合适的模型才能得出正确的结果。*ADF* 检验模型的具体形式分别为：

（1）无截距趋势的 *ADF* 检验模型：

$$\Delta y_t = \gamma y_{t-1} + \sum_{i=2}^{p} \beta_i y_{t-i+1} + \epsilon_t$$

（2）包含截距的 *ADF* 检验模型：

$$\Delta y_t = \alpha + \gamma y_{t-1} + \sum_{i=2}^{p} \beta_i y_{t-i+1} + \epsilon_t$$

（3）包含截距趋势的 *ADF* 检验模型：

$$\Delta y_t = \alpha + bt + \gamma y_{t-1} + \sum_{i=2}^{p} \beta_i y_{t-i+1} + \epsilon_t$$

通过上面的式子计算出 *ADF* 的 t 值，然后再与临界值比较确定是否存在单位根，其过程与 *DF* 检验方法一致。

11.4.2 *ADF* 检验的经验法则

使用 *ADF* 检验首先要确定检验模型的形式。比较有效的方式就是做出时序数据的线形图，对图形进行判断。下面我们使用模拟的方法，生成3个不同检验模型的时间序列数据，然后根据数据作图并比较各个模型下数据的特征，如代码11-21所示。

代码 11-21

```
set.seed(123)
e<-rnorm(300)
x1<-rep(0, 300)
x2<-x1
x3<-x1
x1[1]<-e[1]
for(i in 2:300){
    x1[i]<-x1[i-1]+e[i]
    }
x2[1]<-e[1]
for(i in 2:300){
    x2[i]<--0.2+x2[i-1]+e[i]
    }
x3[1]<-e[1]
for(i in 2:300){
    x3[i]<--0.2+i*0.01+x3[i-1]+e[i]
    }
td<-paste(2015, rep(3:12,each=30), seq(1,30), sep="-")
td<-as.Date(td)
td<-td[1:300]
dt<-zoo(cbind(x1,x2,x3), order.by=td)
plot(dt)
```

如图 11-5 所示，纵坐标为 $x1$ 的第一张图是简单随机过程，是不存在截距和趋势项模型生成的时序数据，然后根据时序数据绘制而成的线形图。从图形特征我们可以看到图形的走向不存在特定的趋势，在一个常数附近来回往复。

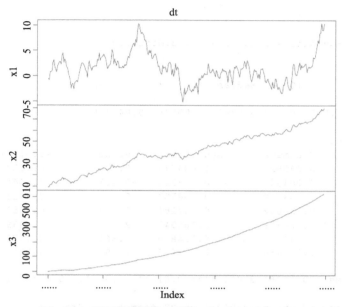

图 11-5　不同模型结构下模拟时序数据的线形图

纵坐标为 $x2$ 的第二张图是根据存在截距项模型生成的时序数据绘制而成的线形图。从图形特征看，由于在差分模型中存在一个截距，即"漂移项"，数据的走势存在特定趋势，而且趋势是线性的。可以看到，我们模拟数据的图形特征存在向上增长的趋势。

纵坐标为 $x3$ 的第三张图是根据存在截距和趋势模型生成数据绘制的线形图，这一图形也存在特定的趋势，与存在截距项模型的第二张图相比，其趋势具有非线性加速增长的特征。

其次，在使用 ADF 检验单位根时，我们要确定模型合理的滞后阶数。如果滞后的阶数太少，则估计模型的残差存在序列相关，则模型统计量的估计结果有偏，这会影响到最终检验结果的可靠性。而如果滞后的阶数过多，同样会使得估计结果的可靠性下降。

一个可行的方法是使用 AIC、BIC 等信息法则来确定一个最优滞后值 p_{max}，然后在进行 ADF 模型估计时使用滞后长度为 p_{max} 的模型。在 R 语言的 ur.df() 函数中，可以使用 AIC、BIC 选择最优的滞后阶数。首先使用 lags 设定最大的滞后阶数，然后设定 selectlags = "AIC"，程序会在最大滞后阶数间根据 AIC 法则选择最优的滞后阶数，然后以这个滞后阶数进行 ADF 单位根检验。

我们以自带数据 Raotbl3 为例，分析 ADF 滞后阶数选择过程。首先，我们设定 $p_{max} = 9$，利用 ur.df() 函数进行 ADF 检验，如代码 11-22 所示。

代码 11-22

```
attach(Raotbl3)
lc.df<-ur.df(y=lc, lags=9, type="drift", selectlags="AIC")
detach(Raotbl3)
summary(lc.df)
```

```
###############################################
# Augmented Dickey-Fuller Test Unit Root Test #
###############################################

Test regression drift

Call:
lm(formula = z.diff ~ z.lag.1 + 1 + z.diff.lag)

Residuals:
Min                 1Q       Median          3Q          Max

-0.043022 -0.007849    0.000382    0.006943 0.042400

Coefficients:
                 Estimate      Std. Error   t value         Pr(>|t|)
(Intercept)      0.045523      0.089579     0.508           0.6127
z.lag.1         -0.003857      0.008326    -0.463           0.6444
z.diff.lag1      0.003928      0.108783     0.036           0.9713
z.diff.lag2      0.136852      0.107181     1.277           0.2053
z.diff.lag3      0.228569      0.105947     2.157           0.0339         *
z.diff.lag4     -0.142770      0.104879    -1.361           0.1772
z.diff.lag5      0.177456      0.104466     1.699           0.0932         .
---
Signif. codes:  0 '***' 0.001 '**' 0.01 '*' 0.05 '.' 0.1 ' ' 1

Residual standard error: 0.01239 on 82 degrees of freedom
Multiple R-squared: 0.1612,    Adjusted R-squared: 0.09978
F-statistic: 2.626 on 6 and 82 DF,  p-value: 0.02226

Value of test-statistic is: -0.4632 2.334

Critical values for test statistics:
         1pct      5pct      10pct
Tau2    -3.51     -2.89     -2.58
Phi1     6.70      4.71      3.86
```

由上面报告的结果，滞后 5 阶的 *ADF* 值为 –0.463 2。1%、5% 和 10% 检验水平下的临界值分别为 –3.51、–2.89 和 –2.58，由于 –0.463 2 大于 –2.58，我们的结论是数据非平稳，存在单位根现象。由这个例子，我们可以发现对于 *ADF* 检验，选择合适的滞后阶数十分重要，可能影响到最后的判断结果。

11.5　格兰杰因果检验

假设我们要研究一对弱平稳的时间序列数据，F_t 是在 t 时刻可得的所有信息集，序列 x 和 y 的信息自然包含其中。χ_t 是 x 当期和过去各期信息的集合，即 $\chi_t \subseteq \{x_t, x_{t-1}, \cdots\}$，同理 λ_t 是 y 当期和过去各期信息的集合。并且定义 $\sigma^2(\cdot)$ 是模型预测误差的方差。基于上述条件，格兰杰（Granger，1969）提出了序列 x、y 因果关系的定义：

定义 1：x 是 y 的长期格兰杰原因：当且仅当以 y 为被解释变量的模型中，相对于不包含信息 χ_t，变量中包含信息 χ_t 后解释效果显著增强。

定义 2：x 是 y 的短期格兰杰原因：当且仅当以 y 为被解释变量的模型中，相对于不包

含信息 χ_t，变量中包含信息 χ_{t+1} 后解释效果显著增强。

定义 3：正反馈（互为因果关系）：如果 x 是 y 的格兰杰原因，并且 y 同样也是 x 的格兰杰原因，那么 x 和 y 之间存在相互影响。

根据上面的定义，我们可以梳理出 8 种不同的可能情况，分别如下：

（1）(x,y)：x 和 y 相互独立；

（2）$(x-y)$：x 是 y 的短期格兰杰原因，x 亦是 y 的短期格兰杰原因；

（3）$(x \rightarrow y)$：x 是 y 的长期格兰杰原因，但 x 不是 y 的短期格兰杰原因；

（4）$(x \leftarrow y)$：y 是 x 的长期格兰杰原因，但 y 不是 x 的短期格兰杰原因；

（5）$(x \Rightarrow y)$：x 是 y 的长期格兰杰原因，x 也是 y 的短期格兰杰原因；

（6）$(x \Leftarrow y)$：y 是 x 的长期格兰杰原因，y 也是 x 的短期格兰杰原因；

（7）$(x \leftrightarrow y)$：x 与 y 之间存在长期格兰杰互为因果关系，但 x 和 y 之间不存在短期格兰杰互为因果关系；

（8）$(x \Leftrightarrow y)$：x 与 y 之间存在长期格兰杰互为因果关系，x 与 y 之间也存在短期格兰杰互为因果关系。

格兰杰检验的思想在于如果解释变量确实是被解释变量变化的原因，那么一旦解释变量发生了变化，经过一段时间的作用积累（时滞效应），则被解释变量也会发生相应的变化。这也就意味着在时间序列模型中，滞后解释变量的引入能够很好地诠释被解释变量的变化，格兰杰检验的主要方法 F 检验和 $Wald$ 检验都是基于这一思想设计的。在这里，我们使用 F 检验来说明格兰杰因果检验的基本逻辑。

就格兰杰检验的本质而言，就是验证增加解释变量的滞后项是否能有效提高模型的解释能力。考虑下面两个式子：

$$y_t = \alpha_0 + \sum_1^n \alpha_i y_{t-i} + \epsilon_t \tag{11-17}$$

和

$$y_t = \alpha_0 + \sum_1^n \alpha_i y_{t-i} + \sum_1^n \beta_j x_{t-j} + \epsilon_t \tag{11-18}$$

式（11-17）中 y_t 的变化只能由 y_t 自身的滞后变量解释。而式（11-18）中引入了 x_t 的滞后变量，即 y_t 的变化由 y_t 自身的滞后变量和 x_t 的滞后变量共同解释。如果 x_t 是 y_t 的格兰杰原因，那么引入 x_t 的滞后变量就能显著提高对 y_t 的解释能力。也即是说，只要检验条件 $\beta_1 = \beta_2 = \cdots = \beta_j = 0$ 不成立，则我们就不能忽略 x_t 的滞后变量对 y_t 的影响，进而证明了 x_t 是 y_t 的格兰杰原因。这一过程可以通过 F 检验实现。

□案例分析

下面讨论一个有趣的例子来说明 F 检验在 R 语言中的运用方法。有一个哲学的命题"先有鸡还是先有蛋"，我们使用 eggs 数据进行实证分析，用格兰杰检验的方法来"解答"这一问题。其中 eggs 数据是 1930～1983 年美国母鸡数量和鸡蛋产量的年度数据，如代码 11-23 所示。

代码 11-23

```
library(lmtest)
data(ChickEgg)
eggs<-ChickEgg
eggs<-cbind(eggs, lag(eggs,-1), lag(eggs,-2), lag(eggs,-3))
```

```
# 首先对不存在和存在滞后项的数据分别进行回归，把结果放入 fit1 和 fit2 中
fit1<-lm(eggs.egg~eggs[,c(4,6,8)], data=eggs)
fit2<-lm(eggs.egg~eggs[,3:8], data=eggs)
# 手工计算 F 统计量
fval<-(sum(fit1$res^2)-sum(fit2$res^2))/3/(sum(fit2$res^2)/44)
fval
[1] 0.5916153
# 我们把对 fit1 和 fit2 运用 summary() 计算后的结果重新赋给变量 fit1 和 fit2
fit1<-summary(fit1)
fit2<-summary(fit2)
# 引用拟合优度 R² 的变量名 rsq，获得对应的 R² 值
fit1$r.sq
[1] 0.966062
fit2$r.sq
[1] 0.9673779
# 运用两个回归 R² 值计算 F 统计量，可以看到两种计算方法得到结果一致
(fit2$r.sq-fit1$r.sq)/3/((1-fit2$r.sq)/44)
[1] 0.5916153
# 计算对应的 P 值
pvalue=1-pf(fval,3,44)
pvalue
[1] 0.6237862
```

从计算的结果来看 P 值显著大于 0.05，因此接受原假设，加入母鸡数量的 3 阶滞后变量并不能有效改善模型的解释能力，因此母鸡数量不是鸡蛋产量的格兰杰原因。我们再反向做一下检验，下面用母鸡的数量作为被解释变量，分析加与不加鸡蛋产量的 3 阶滞后变量，是否会影响模型的解释能力，如代码 11-24 所示。

代码 11-24

```
# 首先对不存在和存在滞后项的数据分别进行回归，把结果放入 fit1 和 fit2。
fit1<-lm(eggs.chicken~eggs[,c(3,5,7)], data=eggs)
fit2<-lm(eggs.chicken~eggs[,3:8], data=eggs)
fval<-(sum(fit1$res^2)-sum(fit2$res^2))/3/(sum(fit2$res^2)/44)
fval
[1] 5.404984
# 同上，对 fit1 和 fit2 运用 summary() 计算后的结果重新赋给变量 fit1 和 fit2
fit1<-summary(fit1)
fit2<-summary(fit2)
fit1$r.sq
[1] 0.7387718
fit2$r.sq
[1] 0.8091165
# 运用两个回归 R² 值计算 F 统计量，可以看到两种计算方法得到的结果一致
(fit2$r.sq-fit1$r.sq)/3/((1-fit2$r.sq)/44)
[1] 5.404984
# 计算对应的 P 值
pvalue<-1-pf(fval, 3, 44)
pvalue
[1] 0.002966397
```

从计算的结果来看 P 值显著小于 0.05，因此接受备择假设，加入鸡蛋产量的 3 阶滞后变量能有效改善模型的解释能力，因此鸡蛋产量是母鸡数量的格兰杰原因。

在 lmtest 包里面提供了进行格兰杰检验的函数 grangertest()，我们可以把它的计算结果和我们自己的结果对比：

第一个检验，检验鸡是否是蛋的格兰杰原因（见代码 11-25），由于 P 值为 0.623 8，接受原假设，说明鸡不是蛋的格兰杰原因。

代码 11-25

```
grangertest(egg ~ chicken, order = 3, data = ChickEgg)
Granger causality test

Model 1: egg ~ Lags(egg, 1:3) + Lags(chicken, 1:3)
Model 2: egg ~ Lags(egg, 1:3)
  Res.Df Df       F Pr(>F)
1     44
2     47 -3 0.5916 0.6238
```

第二个反向检验，分析蛋是否是鸡的格兰杰原因（见代码 11-26），由于 P 值为 0.003，拒绝原假设，说明蛋是鸡的格兰杰原因。

代码 11-26

```
grangertest(chicken ~ egg, order = 3, data = ChickEgg)
Granger causality test

Model 1: chicken ~ Lags(chicken, 1:3) + Lags(egg, 1:3)
Model 2: chicken ~ Lags(chicken, 1:3)
  Res.Df Df      F     Pr(>F)
1     44
2     47 -3 5.405 0.002966 **
---
Signif. codes:  0 '***' 0.001 '**' 0.01 '*' 0.05 '.' 0.1 ' ' 1
```

最后我们得到的结论是"先有蛋后有鸡"。当然这一实证检验证明的并非哲学问题中"鸡与蛋"的因果关系，而是经济运行规律中的因果关系，即鸡蛋的产量对母鸡数量存在较为明显的影响。

11.6 协整与误差修正模型

在金融市场中我们会看到许多价格同步变化的现象，例如黄金的期货价格和现货价格之间就存在高度相关的特点，两者的价格走势虽然也会偏离，但大体总能保持一致。究其原因就在于金融市场套利机制的存在，一旦两者的价差偏离过大，就形成了无风险的套利机会，而市场套利行为的出现必然会缩小价差，从而使得两个金融资产的价格走势大体相同。

我们知道金融资产的价格序列通常是非平稳的，要进行研究时，我们通常利用差分或计算收益率等方法先把它转化为平稳序列，再运用平稳序列的方法建模分析。但如果我们就是要研究不同金融资产价格之间长期均衡关系，就是要研究价格同步变化的特点，那么运用平稳时间序列建模就不一定是最优的方法，因为在差分转化中会损失有效信息。协整与误差修正模型就是专门用来研究具有特殊联系的非平稳数据特性的方法。

11.6.1 协整的概念

1. 单整

如果一个非平稳的时间序列，经过 1 次差分后转变为平稳的时间序列，那么原序列就被称为 1 阶单整，记作 $I(1)$。如果非平稳的时间序列，经过 k 次差分后转变为平稳序列，则

原序列为 k 阶单整，记作 $I(k)$。

如果序列 y_t，其表达式为 $y_t = y_{t-1} + \epsilon_t$（这是个简单的随机游走，其中 ϵ_t 是白噪声），那么对这一序列的 1 阶差分，即差分变换后的数据 $\Delta y_t = \epsilon_t$ 就变换为平稳序列，因此 y_t 为 1 阶单整，即 $I(1)$。

如果序列 y_t，其表达式为 $y_t = 2y_{t-1} - y_{t-2} + \epsilon_t$，该式经过 1 次差分后，变为：$\Delta y_t = \Delta y_{t-1} + \epsilon_t$。显然经过 1 次差分后的数据是个简单随机游走，依然非平稳。因此我们再对其进行一次差分，则变为：$\Delta^2 y_t = (\Delta y_t - \Delta y_{t-1}) = \epsilon_t$。经过 2 次差分后的数据 $\Delta^2 y_t$ 最终平稳，因此原序列 y_t 为 2 阶单整，即 $I(2)$。

如果原始序列 y_t 本身平稳，此时序列无须差分变换，差分变换的次数为 0，因此我们称 y_t 为 0 阶单整，即 $I(0)$。

2. 协整

对协整的一个直观理解，就是多个非平稳序列间共同变化的内在趋势。而协整研究的是 2 个或 2 个以上具有相同变化趋势的非平稳序列之间线性组合关系。通常而言，某些有内在联系的金融时间序列之间存在一组长期均衡关系，如：

$$\beta_1 x_{1t} + \beta_2 x_{2t} + \cdots + \beta_n x_{nt} = 0$$

但实际情况是，从即期看这种长期关系不可能完美保持，总会存在一定的偏离，这种偏离或正或负，使得实际值总有向长期均衡回归的趋势。相对于长期均衡的偏离，我们可以用随机变量 ϵ_t 来表示：

$$\beta_1 x_{1t} + \beta_2 x_{2t} + \cdots + \beta_n x_{nt} = \epsilon_t$$

如果长期均衡的偏离 ϵ_t 是平稳的，则这时长期均衡才存在、稳定、有意义。

我们已经学习了平稳序列分析，也知道如果遇到非平稳序列，可以通过差分把非平稳序列转化为平稳序列后再进行分析。既然如此，为什么我们还要专门研究协整呢？其原因在于当我们试图研究不同金融资产价格之间长期均衡关系，也就是要研究价格同步变化的特点时，对非平稳序列进行差分变换损失了重要的长期信息，运用平稳时间序列建模不是最合适的方法。

问题讨论到这里，可能有人要提出疑问：正是因为非平稳序列回归会产生"伪回归"问题，我们才要进行差分把非平稳序列转化为平稳序列后分析，那么如果在这里我们直接对非平稳序列进行回归分析，"伪回归"的问题是否会产生？

事实是"伪回归"中的非平稳序列和协整中的非平稳序列的内在结构完全不同。"伪回归"中的非平稳序列是两个毫不相关的随机游走过程，而协整中的两个非平稳序列是由同一个随机游走过程生产的。下面我们来看看两者之间的差别。

分析图 11-6，我们可以看到不同机制下产生的序列走势图存在明显的差别。（a.1）是两个不相关的随机游走序列的走势表现，虽然看上去有些地方它们有共同的变动趋势，但在其他地方它们的变动趋势恰好是相反的。（a.2）是两个不相关的随机序列在回归后的残差分布图，可以看到这一残差序列并不是白噪声，而是一个呈现有规律的变化，存在序列相关的序列。（b.1）是产生于同一随机游走过程的两个非平稳序列的走势表现，可以看到两者如影随形，几乎同步变化。（b.2）是产生于同一随机游走过程的两个非平稳序列在回归后的残差分布图，这一残差序列是个明显的白噪声。显然，尽管同样是非平稳序列，但由于内在形成机制的不同，两个序列最后表现出的结果是截然不同的。

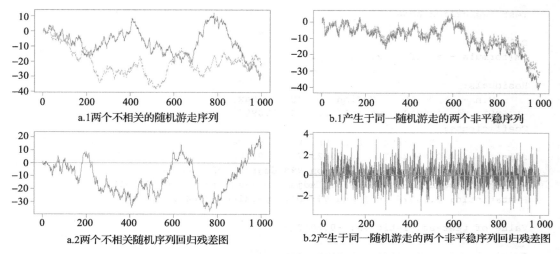

图 11-6　不同生产机制下的非平稳序列比较图

　　这就告诉我们必须找到检验协整的合理方法，把具有协整关系的非平稳序列区分出来，这样才能更好地对数据进行科学分析。如果检验结果显示存在协整关系，那么我们对非平稳序列的回归分析是恰当的；反之，则有可能存在"伪回归"，我们通常仍要把非平稳序列转化为平稳序列后进行分析。

11.6.2　两个变量的协整分析

1. 协整检验的基本思想

　　现在要解决的第一个问题是如何检验非平稳变量之间是否存在协整关系。切入点应从协整的定义入手。回忆前面的内容，对于 $\beta_1 x_{1t} + \beta_2 x_{2t} + \cdots + \beta_n x_{nt} = \epsilon_t$，只有长期均衡的偏离 ϵ_t 是平稳的，长期均衡才存在、才稳定、才有意义。这启发我们，如果我们以 y 作为被解释变量，x 作为解释变量，对两者进行回归分析，我们能够得到两者之间的线性关系。此时，长期均衡偏差 ϵ_t 正是回归的误差项，因此我们只要对 ϵ_t 做 DF 检验或 ADF 检验，就能判断 ϵ_t 是否平稳，也就能判断原序列 y 与 x 是否存在协整关系。对此，我们使用如代码 11-27 所示的这个例子来进行解释。

代码 11-27

```
# 生成两个由同一随机游走过程产生的序列 x 和 y
set.seed(12345)
w<-rnorm(1000)
w<-cumsum(w)
x<-w+rnorm(1000)
y<-2*w+rnorm(1000)
# 利用 ur.df() 函数进行单位根检验，可以看到 x 和 y 这两个序列都是非平稳序列
library(urca)
urtst.x<-ur.df(x, type="none", lags=0)
summary(urtst.x)

###############################################
# Augmented Dickey-Fuller Test Unit Root Test #
###############################################
```

```
Test regression none

Call:
lm(formula = z.diff ~ z.lag.1 - 1)

Residuals:
     Min         1Q     Median      3Q       Max
-5.6851     -1.0813     0.0594  1.2455    5.0957
Coefficients:
               Estimate   Std. Error   t value   Pr(>|t|)
z.lag.1      -0.0002487    0.0012317    -0.202       0.84
Residual standard error: 1.754 on 998 degrees of freedom
Multiple R-squared:  4.084e-05, Adjusted R-squared:  -0.0009611
F-statistic: 0.04076 on 1 and 998 DF,  p-value: 0.8401


Value of test-statistic is: -0.2019

Critical values for test statistics:
          1pct      5pct      10pct
tau1     -2.58     -1.95      -1.62
urtst.y<-ur.df(y,type="none",lags=0)
summary(urtst.y)


###############################################
# Augmented Dickey-Fuller Test Unit Root Test #
###############################################

Test regression none

Call:
lm(formula = z.diff ~ z.lag.1 - 1)

Residuals:
     Min         1Q     Median      3Q       Max
-7.3122     -1.4941     0.0425  1.6557    7.2320
Coefficients:
               Estimate   Std. Error t value   Pr(>|t|)
z.lag.1       0.0001475    0.0008540 0.173      0.863
Residual standard error: 2.433 on 998 degrees of freedom
Multiple R-squared:  2.991e-05, Adjusted R-squared:  -0.0009721
F-statistic: 0.02985 on 1 and 998 DF,  p-value: 0.8629


Value of test-statistic is: 0.1728

Critical values for test statistics:
          1pct      5pct      10pct
tau1     -2.58     -1.95      -1.62
```

进一步将 y 对 x 进行回归，得到的回归系数是 1.999 6，拟合优度达到 0.999 4。在此基础上对回归的残差进行单位根检验（见代码 11-28）。

代码 11-28

```
fit<-lm(y~-1+x)
summary(fit)
```

```
Call:
lm(formula = y ~ -1 + x)

Residuals:
     Min        1Q     Median       3Q       Max
   -7.681    -1.474      0.023     1.549     7.731
Coefficients:
      Estimate   Std. Error       T value   Pr(>|t|)
x    1.999589     0.001571          1273    <2e-16   ***
---
Signif. codes:  0 '***' 0.001 '**' 0.01 '*' 0.05 '.' 0.1 ' ' 1

Residual standard error: 2.238 on 999 degrees of freedom
Multiple R-squared:  0.9994,    Adjusted R-squared:  0.9994
F-statistic: 1.621e+06 on 1 and 999 DF,  p-value: < 2.2e-16

library(urca)
urtst<-ur.df(fit$res,type="none",lags=0)
summary(urtst)



##############################################
# Augmented Dickey-Fuller Test Unit Root Test #
##############################################

Test regression none

Call:
lm(formula = z.diff ~ z.lag.1 - 1)

Residuals:
    Min        1Q     Median       3Q        Max
  -7.5658    -1.4918   0.0519   1.5554      7.6551
Coefficients:
              Estimate   Std. Error   t value   Pr(>|t|)
z.lag.1       -0.95170      0.03157    -30.15    <2e-16    ***
---
Signif. codes:  0 '***' 0.001 '**' 0.01 '*' 0.05 '.' 0.1 ' ' 1

Residual standard error: 2.233 on 998 degrees of freedom
Multiple R-squared:  0.4766,    Adjusted R-squared:  0.4761
F-statistic: 908.9 on 1 and 998 DF,  p-value: < 2.2e-16

Value of test-statistic is: -30.1479

Critical values for test statistics:
       1pct    5pct   10pct
tau1  -2.58   -1.95   -1.62
```

对残差进行单位根检验，DF 的 t 值 $-30.147\,9 < -2.58$，统计量在 1% 的显著性水平下显著，因此残差序列为平稳序列。两个非平稳的序列回归后的残差却是平稳序列，这与"伪回归"的结果截然不同。究其原因，就在于两个非平稳的序列产生于同一个随机机制 w。

从上面模拟数据分析的结果看，检验序列长期均衡的偏离值是否平稳是甄别序列是否协整的有效手段。

2. 误差修正模型

如果通过协整检验，获知研究的变量之间存在协整关系，那么下一步就是要选择合适的方法，把变量之间的内在关系表示出来。我们知道变量之间的协整关系反应的是它们的长期均衡，而就短期而言，实际值和理论预测值之间会存在差异，这一差异实质就是短期均衡与长期均衡的偏离，这种偏离往往是由随机冲击引起的。但变量之间起主导作用的仍是长期均衡关系，经济的内在规律又会拉住短期均衡向长期均衡靠拢，从而使得实际值总存在向长期均衡值调整的趋势。

误差修正模型正是用于解释长期均衡与短期均衡之间关系的有效方法，它被广泛用于解释具有协整关系变量的内在逻辑联系。下面我们就先介绍误差修正模型的结构，然后分析如何建立误差修正模型。

假设两变量 x 与 y 的长期均衡关系为：

$$\widetilde{y}_t = \alpha_0 + \alpha_1 x_t \tag{11-19}$$

由于现实经济中 x 与 y 很少处在均衡点上，因此实际观测到的只是 x 与 y 间的短期的或非均衡的关系，即：

$$y_t = \alpha_0 + \alpha_1 x_t + \epsilon_t \tag{11-20}$$

用式（11-20）减去式（11-19），获得：$y_t - \widetilde{y}_t = \epsilon_t$，该式的内在含义是：各种短期冲击会导致 x 与 y 之间的关系偏离长期均衡，其每一期的偏离值为 ϵ_t。但这种与长期趋势背离的现象不会一直存在，内在经济规律总有力量把偏离拉回长期均衡，而调整又是一个逐渐发生的过程，体现为当期数值受到之前各期值的影响。这也从理论的侧面解释了为什么经济、金融时间序列数据总存在自相关。

现在我们看一个最简单的时间序列模型，假设模型具有如下（1，1）阶分布滞后形式：

$$y_t = \beta_0 + \beta_1 x_t + \beta_2 x_{t-1} + \mu y_{t-1} + \epsilon_t \tag{11-21}$$

该模型显示出第 t 期的 y 值，不仅与 x 的变化有关，而且与 $t-1$ 期 x 与 y 的状态值有关。我们对上式两端同时减去 y_{t-1}，并且使 x 也做相应的变换，过程如下：

$$y_t - y_{t-1} = \beta_0 + \beta_1 (x_t - x_{t-1}) + (\beta_1 + \beta_2) x_{t-1} - (1 - \mu) y_{t-1} + \epsilon_t$$

$$\Delta y_t = \beta_0 + \beta_1 \Delta x_t - + (\beta_1 + \beta_2) x_{t-1} - (1 - \mu) y_{t-1} + \epsilon_t$$

$$\Delta y_t = \beta_1 \Delta x_t - (1 - \mu) \left(y_{t-1} - \frac{\beta_0}{1 - \mu} - \frac{\beta_1 + \beta_2}{1 - \mu} x_{t-1} \right) + \epsilon_t$$

如果令 $\lambda = (1 - \mu)$，$\alpha_0 = \dfrac{\beta_0}{1 - \mu}$，$\alpha_1 = \dfrac{\beta_1 + \beta_2}{1 - \mu}$，则上式可写为：

$$\Delta y_t = \beta_1 \Delta x_t - \lambda (y_{t-1} - \alpha_0 - \alpha_1 x_{t-1}) + \epsilon_t = \beta_1 x_t - \lambda (y_{t-1} - \widetilde{y}_{t-1}) + \epsilon_t \tag{11-22}$$

上式中括号内的项就是 $t-1$ 期的非均衡误差项，这表明，y_t 的变化决定于 x_t 当期的变化以及前一时期的非均衡程度。前期非均衡程度 $y_t - \widetilde{y}_{t-1}$，通过影响 Δy 变化，在当期对前期的非均衡程度做出了修正。因此，我们称（11-22）为一阶误差修正模型（first-order error correction model）。如果进一步提炼，我们可以把它变换为：

$$\Delta y_t = \beta_1 \Delta x_t - \lambda_{\text{ecm}} + \epsilon_t \tag{11-23}$$

其中 ecm 表示误差修正项（error correcting term）。由分布滞后模型的平稳性条件可知 $|\mu| < 1$，而且通常 $\mu > 0$，从而得到 $0 < \lambda < 1$。我们可以据此分析 ecm 的修正作用：

（1）若 $t-1$ 时刻 y 大于其长期均衡解 $\alpha_0 + \alpha_1 x_t$，则 ecm 为正，$-\lambda_{ecm}$ 为负，使得 Δy_t 减少；

（2）若 $t-1$ 时刻 y 小于其长期均衡解 $\alpha_0 + \alpha_1 x_t$，则 ecm 为负，$-\lambda_{ecm}$ 为正，使得 Δy_t 增大。

这正体现了长期非均衡误差对偏离的控制。长期均衡模型中的 α_t 可视为 y 关于 x 的长期弹性。

在实际运用中，我们知道变量之间往往存在相互影响，因此通常建立对称的误差修正模型：

$$\Delta y_t = \alpha_y - \gamma_y(y_{t-1} - \beta x_{t-1}) + \Sigma a_{x_i}\Delta x_i + \Sigma a_{y_i}\Delta y_i + \epsilon_{y_t}$$

$$\Delta x_t = \alpha_x - \gamma_x(y_{t-1} - \beta x_{t-1}) + \Sigma b_{x_i}\Delta x_i + \Sigma b_{y_i}\Delta y_i + \epsilon_{x_t}$$

如果 x 与 y 之间存在协整关系，则 γ_y 或 γ_x 之间总有一个不等于 0。如果 x 与 y 还存在正反馈效应，则 γ_y 或 γ_x 皆不为 0，反映 x 与 y 各自的调整速度。在实际运用中，我们还可以先使用格兰杰因果检验的方法，判断 x 与 y 相互影响的关系。

3. E-G 两部法

上面我们分别讨论了时间序列协整检验的基本思路以及误差修正模型的基本构造。在此，我们循着 Engle 和 Granger（1987）的方法，对协整检验和建模做一个系统归纳，给出一个完整的解决方案。假设有两个变量 x_t 和 x_y，我们运用协整的方法要对这两个变量展开研究，需要经过 3 个主要步骤：

（1）确认变量的单整阶数。

变量协整的前提条件是变量具有相同的单整阶数，因此第一步我们要对研究的变量进行检验，确定是否具有相同的单整阶数。检验单整的方法就是之前的 *DF* 检验或 *ADF* 检验。一旦检验的结果是变量的单整阶数相同，我们就可以进入第二步，估计长期均衡关系，并通过残差序列检验协整。

（2）估计长期均衡关系。

如果变量是协整的，那么运用最小二乘法估计得到的系数是渐进一致估计量，更重要的是其残差序列应该是一个平稳的白噪声。因此，我们首先运用 OLS 方法估计 $y_t = \alpha_0 + \alpha_1 x_t + \epsilon_t$，然后获得估计方程的残差序列 ϵ_t，由于残差序列不包含截距项，而且应该不存在序列相关，因此运用不含截距的 *DF* 检验就能检测残差序列是否平稳。

（3）估计误差修正模型。

如果经过第二步的检验，我们确诊变量之间是协整的，那么我们就可以使用误差修正模型进行估计。我们在第二步利用 OLS 方法已对协整变量之间的长期关系做出估计，估计方程的残差序列 ϵ_t 的一阶滞后项 ϵ_{t-1}，是误差修正模型中 ecm 项（长期均衡关系式）的有效替代。通过 OLS 或 VAR 的估计方法，就能求得误差修正模型。

代码 11-29

```
# 生成两个由同一随机游走过程产生的时间序列 x 和 y；由前面的例子可知，时间序列 x 和 y 具有协整关系
set.seed(12345)
w<-rnorm(1000)
w<-cumsum(w)
x<-w+rnorm(1000)
y<-2*w+rnorm(1000)
mydate<-seq(as.Date("2016-1-1"),as.Date("2016-1-1")+999,by="days")
library(zoo)
x<-zoo(x, mydate)
```

```
y<-zoo(y, mydate)
mydata<-cbind(x, y)
head(mydata)
```

```
                         x                      y
2016-01-01       2.26304061            0.5632165
2016-01-02       1.37446889            3.6662128
2016-01-03       0.32926402            1.7949573
2016-01-04      -0.04658294            2.5630151
2016-01-05       0.95714572            4.0835053
2016-01-06      -2.37723250           -0.9230922
```

下面我们就可以估计模型的误差修正模型，为了建立误差修正模型，首先需要计算 x 和 y 的 1 阶差分 Δy 和 Δx。

代码 11-30

```
mydata$y.diff<-diff(mydata$y)
mydata$x.diff<-diff(mydata$x)
head(mydata)
head(mydata)
```

```
                    x            y          y.diff        x.diff
2016-01-01   2.26304061   0.5632165           NA            NA
2016-01-02   1.37446889   3.6662128    3.1029963    -0.8885717
2016-01-03   0.32926402   1.7949573   -1.8712556    -1.0452049
2016-01-04  -0.04658294   2.5630151    0.7680578    -0.3758470
2016-01-05   0.95714572   4.0835053    1.5204902     1.0037287
```

可以看到差分之后，与原数据对比，y.diff 和 x.diff 第一行出现了 NA。接下来，提取回归模型的残差 fit$res，注意在误差修正模型中，该残差项的 1 阶滞后对应了长期均衡的偏离。因此在处理的时候，我们把残差合并到 mydata 中，把变量命名为 res，并对残差变量进行一阶滞后处理。具体的程序如下：

代码 11-31

```
fit<-lm(y~x, data=mydata)
mydata$res<-fit$res
mydata$lres<-lag(mydata$res,-1)
mydata[1:3,]
```

```
                    x            y          y.diff        x.diff
2016-01-01   2.263041    0.5632165           NA            NA
2016-01-02   1.374469    3.6662128    3.102996     -0.8885717
2016-01-03   0.329264    1.7949573   -1.871256     -1.0452049
                  res          lres
2016-01-01  -4.3094881           NA
2016-01-02   0.5636345   -4.3094881
2016-01-03   0.7745346    0.5636345
```

接下来，我们就可以用 y.diff 为解释变量，x.diff 和均衡偏离项为被解释变量进行回归分析。

代码 11-32

```
fit1<-lm(y.diff~-1+x.diff+lres, data=mydata)
summary(fit1)

Call:
```

```
lm(formula = y.diff ~ -1 + x.diff + lres, data = mydata)

Residuals:
    Min      1Q    Median      3Q     Max
-5.9852 -1.1847   0.1095   1.2548  5.3228
Coefficients:
          Estimate  Std. Error  t value  Pr(>|t|)
x.diff     1.08714    0.03679    29.55    <2e-16   ***
Lres      -0.59009    0.02888   -20.43    <2e-16   ***
---
Signif. codes:
0 '***' 0.001 '**' 0.01 '*' 0.05 '.' 0.1 ' ' 1

Residual standard error: 1.758 on 997 degrees of freedom
   (1 observation deleted due to missingness)
Multiple R-squared: 0.4781,   Adjusted R-squared: 0.4771
F-statistic: 456.7 on 2 and 997 DF,  p-value: < 2.2e-16
```

用同样的方法，我们再用 x.diff 为解释变量，y.diff 和均衡偏离项为被解释变量进行回归分析。

代码 11-33

```
fit2<-lm(x.diff~-1+y.diff+lres, data=mydata)
summary(fit2)

Call:
lm(formula = x.diff ~ -1 + y.diff + lres, data = mydata)

Residuals:
    Min       1Q    Median      3Q      Max
-3.9011   -0.7231  -0.0005  0.7436   3.6387
Coefficients:
          Estimate  Std. Error  t value  Pr(>|t|)
y.diff    0.42944    0.01453    29.55    <2e-16   ***
Lres      0.46526    0.01582    29.41    <2e-16   ***
---
Signif. codes:
0 '***' 0.001 '**' 0.01 '*' 0.05 '.' 0.1 ' ' 1

Residual standard error: 1.105 on 997 degrees of freedom
   (1 observation deleted due to missingness)
Multiple R-squared: 0.6035,   Adjusted R-squared: 0.6027
F-statistic: 758.7 on 2 and 997 DF,  p-value: < 2.2e-16
```

最后我们可以根据上面的结果，写出误差修正模型。作为一个练习，不妨请读者根据误差修正模型的公式来写出结果。

11.6.3　多个变量的协整分析

在实际研究中，变量的个数并不局限于两个，这就出现了多个变量的协整问题。变量增多对研究工作造成的主要困难在于：不仅仅要检验是否存在协整关系，而且还要确定存在几组协整关系。

以三个变量 x_t、y_t 和 z_t 为例，如果存在 x_t 和 y_t 之间的协整向量 $\beta' = (1, 1, 0)$，以及 y_t 和 z_t 之间的协整向量 $\beta' = (0, -2, -1)$，则必存在 x_t、y_t 和 z_t 之间的协整关系，其协整向量为 $\beta' = (1, -1, -1)$。

简单归纳，多变量协整大体可以分为以下两种情况：

（1）多个变量之间只存在一组协整关系；

（2）多个变量之间存在 $0 \leqslant r < n$ 组协整关系。

我们通过一个例子对这两种情况做一个直观的认识。假设有三个变量 x_t、y_t 和 z_t，他们由以下的函数形式构成：

$$y_t = 0.5x_t + 0.5z_t + \epsilon_t$$
$$x_t = x_{t-1} + v_t$$
$$z_t = z_{t-1} + u_t$$

显然 y_t 揭示了一种长期关系，它是两个随机过程 x_t 和 y_t 的线性组合，x_t 和 y_t 是两个相互独立的随机过程，因此上面的方程系统只存在一组协整关系，即 y_t、x_t 和 z_t 之间存在协整关系，其协整向量为 $\beta' = (2, -1, -1)$。我们用 R 语言生成模拟数据，来看看这一情况下数据的特征。

代码 11-34

```
# 设置随机数种子，生成一个正态随机序列矩阵 e，其中每 1 列是一个正态随机序列
e<-matrix(0,nrow=500,ncol=3)
set.seed(573)
e[,1]<-rnorm(500)
set.seed(537)
e[,2]<-rnorm(500)
set.seed(735)
e[,3]<-rnorm(500)
# 生成简单随机游走 y2
y2<-cumsum(e[,2])
# 生成简单随机游走 y3
y3<-cumsum(e[,3])
# 利用协整关系生成y1
y1<-0.5*y2+0.5*y3+e[,1]
# 建立时间序列数据
mydate<-seq(as.Date("2016-1-1"),as.Date("2016-1-1")+499, by="days")
library(zoo)
mydata<-zoo(cbind(y1, y2, y3), mydate)
plot(mydata, plot.type="single", lty=c(1, 2, 3), lwd=2)
legend("topleft", c("y1", "y2", "y3"), lty=c(1, 2, 3), lwd=2)
```

从图 11-7 中可以看到，任意两个序列之间都不存在同步变动规律。但 3 个之间却出现了协整关系。

进一步分析，我们利用 E-G 两步法分析 3 个变量之间的协整。我们对 3 个变量 x_t、y_t 和 z_t 两两进行回归，然后再把 3 个放在一起进行回归，最后把 4 个回归生成的残差序列作图。

代码 11-35

```
#4 种情况下的回归
fit1<-lm(y1~y2)
fit2<-lm (y2~y3)
fit3<-lm (y1~y3)
```

```
fit4<-lm (y1~y2+y3)
#4 个回归生成的残差序列作图
par(mfrow=c(2,2))
plot(fit1$res,type="l",col="red",lwd=1,main="a.y~x")
plot(fit2$res,type="l",col="red",lwd=1,main="b.x~z")
plot(fit3$res,type="l",col="red",lwd=1,main="c.y~z")
plot(fit4$res,type="l",col="red",lwd=1,main="d.y~x+z")
```

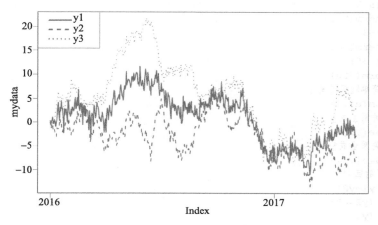

图 11-7　3 个变量之间的协整关系图

　　分析图 11-8，我们可以发现在 x_t、y_t 和 z_t 之中任意两个回归的结果，其残差序列都是非平稳的。只有 x_t、y_t 和 z_t 这 3 个变量放在一起的回归结果，残差序列才是平稳的。

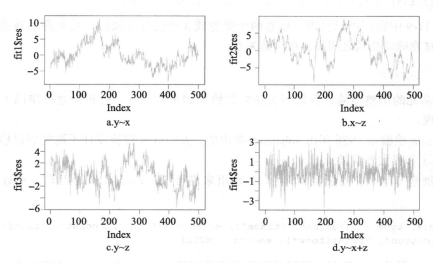

图 11-8　一组协整关系下 4 种回归模型下生成的残差序列图

　　下面这个例子改变了 3 个变量的结构，它们由以下的函数形式构成：

$$y_t = 4z_t + \epsilon_t$$

$$x_t = -2z_t + v_t$$

$$z_t = z_{t-1} + u_t$$

其中，z_t 是 1 个独立的随机过程，y_t 和 z_t 存在协整关系，x_t 和 z_t 存在协整关系，这意味着 x_t 和 y_t 之间也存在协整关系。因此这个例子中有 3 组协整关系。仍使用与之前相同的随机种子，生成相同的标准正态随机序列。

代码 11-36

```
e<-matrix(0,nrow=500,ncol=3)
set.seed(573)
e[,1]<-rnorm(500)
set.seed(537)
e[,2]<-rnorm(500)
set.seed(735)
e[,3]<-rnorm(500)
# 生成新的简单随机游走 y3
y3<-cumsum(e[,3])
# 利用协整关系生成 y1
y1<-4*y3+e[,1]
# 利用协整关系生成 y2
y2<--2*y3+e[,2]
#4 种情况下的回归
fit1<-lm(y1~y2)
fit2<-lm (y2~y3)
fit3<-lm (y1~y3)
fit4<-lm (y1~y2+y3)
#4 个回归生成的残差序列作图
par(mfrow=c(2,2))
plot(fit1$res,type="l",col="red",lwd=1,main="a.y~x")
plot(fit2$res,type="l",col="red",lwd=1,main="b.x~z")
plot(fit3$res,type="l",col="red",lwd=1,main="c.y~z")
plot(fit4$res,type="l",col="red",lwd=1,main="d.y~x+z")
```

从图 11-9 中我们可以发现，任意两个变量或 3 个变量之间回归后得到的残差序列都是平稳的，这意味着变量之间都存在协整关系。

11.6.4 *Johanson* 检验

对于多元的协整检验，我们所关注的是协整的个数。这一过程常通过使用 *Johanson* 检验得以实现。

Johanson 检验是 1988 年由 Johanson 提出的。*Johanson* 检验设计了两类假设检验，即迹检验（λ_{trace}）和极大值检验（λ_{max}）。

R 扩展包 urca 中的函数 ca.jo() 是用来进行 *Johanson* 检验的工具，函数的具体形式为：

```
ca.jo(x, type = c("eigen", "trace"), ecdet = c("none", "const", "trend"), K = 2,
spec=c("longrun", "transitory"), season = NULL)
```

其中，x 是检验的数据，可以是数据框或是矩阵，type 设置输出的统计量，eigen 代表极大值检验，trace 代表迹检验。ecdet 是检验模型的设置，none 表示不含截距和趋势，const 表示包含截距，trend 则表示存在趋势；K 设置滞后的阶数，spec 是设置 VECM 的形式，season 是季节调整的设定，通常设为 4，对数据进行中心化处理。

下面通过一个例子来说明 *Johanson* 检验的细节。我们使用 Johanson 论文的例子，研究丹麦的宏观数据之间的协整关系。LRM 是取对数之后的广义货币供给 M2。LRY 是取对数之后的实际收入，LPY 是取对数会后的价格平减指数，IBO 是债券利率，IDE 是银行存款利率。使用 ca.jo() 函数分析 denmark 数据，看是否存在协整关系。

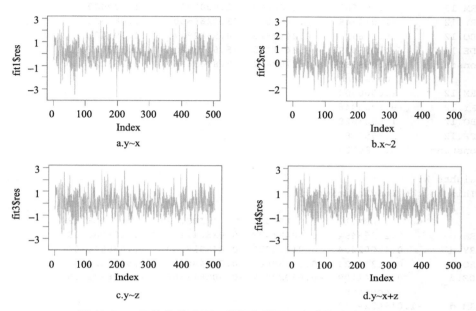

图 11-9　3 组协整关系下 4 种回归模型下生成的残差序列图

代码 11-37

```
library(urca)
data(denmark)
sjd<-denmark[, c("LRM", "LRY", "IBO", "IDE")]
sjd.vecm<-ca.jo(sjd, ecdet="const", type="eigen", K=2, spec="longrun",
season=4)
summary(sjd.vecm)


######################
# Johansen-Procedure #
######################

Test type: maximal eigenvalue statistic (lambda max) , without linear trend
and constant in cointegration

Eigenvalues (lambda):
[1] 4.331654e-01 1.775836e-01 1.127905e-01 4.341130e-02
[5] 6.927550e-16

Values of teststatistic and critical values of test:

          test    10pct    5pct    1pct
r<=3  |   2.35    7.52    9.24    12.97
r<=2  |   6.34   13.75   15.67    20.20
r<=1  |  10.36   19.77   22.00    26.81
r=0   |  30.09   25.56   28.14    33.24

Eigenvectors, normalised to first column:
```

```
(These are the cointegration relations)

                  LRM.12        LRY.12        IBO.12        IDE.12
LRM.12          1.000000     1.0000000     1.0000000      1.000000
LRY.12         -1.032949    -1.3681031    -3.2266580     -1.883625
IBO.12          5.206919     0.2429825     0.5382847     24.399487
IDE.12         -4.215879     6.8411103    -5.6473903    -14.298037
Constant       -6.059932    -4.2708474     7.8963696     -2.263224
                  constant
LRM.12          1.0000000
LRY.12         -0.6336946
IBO.12          1.6965828
IDE.12         -1.8951589
Constant       -8.0330127


Weights W:
(This is the loading matrix)

                  LRM.12        LRY.12        IBO.12          IDE.12
LRM.d         -0.21295494   -0.00481498   0.035011128     2.028908e-03
LRY.d          0.11502204    0.01975028   0.049938460     1.108654e-03
IBO.d          0.02317724   -0.01059605   0.003480357    -1.573742e-03
IDE.d          0.02941109   -0.03022917  -0.002811506    -4.767627e-05
                  constant
LRM.d         -1.019632e-13
LRY.d          1.948245e-13
IBO.d          4.857262e-14
IDE.d          7.246588e-14
```

设置类型为 `trace`，输出迹检验的统计量，结果如代码 11-38 所示。

代码 11-38

```
sjd.vecm<-ca.jo(sjd, ecdet = "const", type="trace", K=2, spec="longrun", season=4)
summary(sjd.vecm)


######################
# Johansen-Procedure #
######################

Test type: trace statistic , without linear trend and constant in cointegration

Eigenvalues (lambda):
[1] 4.331654e-01 1.775836e-01 1.127905e-01 4.341130e-02
[5] 6.927550e-16

Values of teststatistic and critical values of test:

          test    10pct    5pct     1pct
r<=3  | 2.35     7.52     9.24    12.97
r<=2  | 8.69    17.85    19.96    24.60
r<=1  | 19.06   32.00    34.91    41.07
r=0   | 49.14   49.65    53.12    60.16
Eigenvectors, normalised to first column:
(These are the cointegration relations)
```

```
                LRM.l2          LRY.l2          IBO.l2          IDE.l2
LRM.l2          1.000000        1.0000000       1.0000000       1.000000
LRY.l2         -1.032949       -1.3681031      -3.2266580      -1.883625
IBO.l2          5.206919        0.2429825       0.5382847      24.399487
IDE.l2         -4.215879        6.8411103      -5.6473903     -14.298037
constant       -6.059932       -4.2708474       7.8963696      -2.263224
                constant
LRM.l2          1.0000000
LRY.l2         -0.6336946
IBO.l2          1.6965828
IDE.l2          1.8951589
constant       -8.0330127
Weights W:
(This is the loading matrix)

                LRM.l2          LRY.l2          IBO.l2          IDE.l2
LRM.d          -0.21295494     -0.00481498     0.035011128     2.028908e-03
LRY.d           0.11502204      0.01975028     0.049938460     1.108654e-03
IBO.d           0.02317724     -0.01059605     0.003480357    -1.573742e-03
IDE.d           0.02941109     -0.03022917    -0.002811506    -4.767627e-05
                constant
LRM.d          -1.019632e-13
LRY.d           1.948245e-13
IBO.d           4.857262e-14
IDE.d           7.246588e-14
```

我们从上面的输出结果中重点摘取最大值检验的统计检验结果：

```
Values of teststatistic and critical values of test:

            test      10pct     5pct      1pct
r<=3    |   2.35      7.52      9.24      12.97
r<=2    |   6.34      13.75     15.67     20.20
r<=1    |   10.36     19.77     22.00     26.81
r=0     |   30.09     25.56     28.14     33.24
```

分析结果，我们发现 30.09>28.14，即在 5% 的显著性水平下显著，拒绝 0 组协整关系的假设；然后 10.36<19.77，因此接受 1 组协整关系的原假设。综合上述的分析，存在一组协整关系。

下面，我们进一步构建 VECM，即向量误差修正模型。在 R 语言中，我们使用 cajorls (x,r=1)，来输出 VECM 模型的结果。注意，参数 r 设置了协整关系个数，根据上面协整检验的结果，应该设定为 1。

代码 11-39

```
vecm<-ca.jo(sjd, ecdet="const", type="trace", K=2, spec="longrun", season=4)
vecm.r1<-cajorls(vecm, r=1)
vecm.r1
$rlm


Call:
lm(formula = substitute(form1), data = data.mat)

Coefficients:
            LRM.d       LRY.d       IBO.d       IDE.d
Ect1        -0.212955   0.115022    0.023177    0.029411
sd1         -0.057653   -0.026826   -0.000400   -0.004830
```

```
sd2          -0.016305    0.007842    0.007622    -0.001178
sd3          -0.040859   -0.013083    0.004627    -0.002885
LRM.dl1       0.049816    0.717691    0.080526     0.090751
LRY.dl1       0.075717   -0.261640    0.120283    -0.012640
IBO.dl1      -1.148954    0.308301    0.431342     0.418080
IDE.dl1       0.227094   -0.667480    0.106057     0.088016
$beta
                 ect1
LRM.l2        1.000000
LRY.l2       -1.032949
IBO.l2        5.206919
IDE.l2       -4.215879
constant     -6.059932
```

对于最后输出的 VECM 结果我们必须注意几点。首先，我们已经讨论过了协整向量的特点，它并不唯一，因此结果中的"协整向量"是标准化之后的协整关系，其中某个变量作为基准，设定为 1，其他变量根据这个变量进行调整。

在我们这个例子中 $beta 部分给出了变量之间的协整关系，其中 LRM 变量被设定为基准，我们可以据此写出协整关系：

$$LRM = -6.06 - 1.03LRY + 5.21IBO - 4.22IDE$$

其次，整个分析结果中向量误差修正系数是最值得关注的参数，它反映了各个模型的调整速度。在输出结果中 Coefficients 对应的 Ect1 对应的这一行数据，它反映了对应的变量对偏离的反应速度和调整方向。解读结果，可以发现 LRM 和 LRY 的调整速度相对较快，而 IBO 和 IDE 的调整速度相对较慢。

附录A
AppendixA

编写简单的 R 语言程序

R 语言为使用者提供了大量的基础包和扩展包，这些包都是用来完成特定任务的程序。当你学习 R 语言一段时间后，就会忍不住尝试自己动手编写 R 语言的简单程序。尤其是当你能够利用简单的程序来展示一些计算结果或者绘图结果时，你必定会非常激动。

在这一附录中，我们将简单地介绍编写 R 程序的基本方法。在 R 语言中，编写自己的函数不需要使用其他的特殊语言，函数中的用语就是你平时所用的语言（命令）。想要从一个门外汉到编程高手，记住下面这句话将非常重要——拳不离手，曲不离口。唯有不断地模仿、练习和纠错，才能做到驾轻就熟。

A.1 编写自己的函数

R 语言是一个开源性的软件，其扩展性非常强。尽管 R 语言中供使用者所用的函数是他人所编辑的，但是我们可以随时查看这些函数的源代码。例如，如果我们想要查看中位数函数 median() 的源代码，可以使用如代码 A-1 所示的命令。⊖

代码 A-1

```
median.default
function (x, na.rm = FALSE)
{
    if (is.factor(x) || is.data.frame(x))
        stop("need numeric data")
    if (length(names(x)))
        names(x) <- NULL
    if (na.rm)
```

⊖ 若要查看任意一个函数的源代码，最简单的方法就是直接在命令行中输入函数的名称。如果这个方法不奏效，可以使用 methods() 函数，括号中是所要查看的函数名称，例如 method(median)。该命令返回的结果是 median.default，然后，在命令行中键入 median.default 就可以得到正文中的函数源代码。

```
        x <- x[!is.na(x)]
    else if (any(is.na(x)))
        return(x[FALSE][NA])
    n <- length(x)
    if (n == 0L)
        return(x[FALSE][NA])
    half <- (n + 1L)%/%2L
    if (n%%2L == 1L)
        sort(x, partial = half)[half]
    else mean(sort(x, partial = half + 0L:1L)[half + 0L:1L])
}
<bytecode: 0x0000000006967f78>
<environment: namespace:stats>
```

在代码 A-1 返回的结果中，可以看到，median.default 的算法是以 function()
为开头的一组代码。事实上，在 R 语言中编写自己的函数，就需要使用函数 function()。
使用命令 help("function") 查看其基本用法：

```
function( arglist ) expr
return(value)
```

其中，arglist 表示函数中的参数名称，expr 是函数的表达式，return(value)
表示我们所需要的返回结果，value 是一个具体表达式。

在实际编写函数的过程中，自定义的函数看上去更加接近下面的形式：

```
function.name<-function(arg1,arg2, ...){
expression or statements
return(something)
}
```

下面通过一个具体的例子来加以说明（见代码 A-2）。例如，我们想要计算一个变量（可
以是标量、向量、矩阵）的二次方值。

代码 A-2
```
square.something<-function(x){
square<-x*x
return(square)
}
square.something(5)
[1] 25
mode(square.something)
[1] "function"
```

其中，square.something 是自定义的函数的名称，它在赋值符号 "<-" 的左侧，
因此，square.something 就是 R 语言中的一个对象，正如在使用函数 mode() 后所查看
到的结果。

在 square.something 这个函数中，只有一个参数，即 x。紧接着 function(x)
后面的是花括号，在花括号之间，我们需要指定函数的具体表达式，在上例中是 x*x。我们
还可以在 function() 中再进行赋值，即 square<-x*x。

在 return() 中，包含了一个具体的表达式，即 square，它等价于 x*x。

将函数定义完整后，就可以调用这个函数。例如使用命令 square.something(5)，该命令返回的结果是 25，与我们的预期一致。

在理解代码 A-2 后，再来看下面这个例子（见代码 A-3）。

代码 A-3

```
square.something<-function(x){
square<-x*x
return(square/2)
}
square.something(5)
[1] 12.5
```

在上面这个例子中，我们想要的返回结果是 square/2，即返回 x*x/2。当调用函数 square.something(5) 时，返回的结果是 12.5，与我们的预期一致。这一例子说明了 return() 函数的作用。

作为一个简单的练习，请读者尝试定义 x 为一个向量或者一个矩阵，并调用函数，查看相应的返回结果。

此外，在编写函数的过程中，return() 通常并非是必需的。请看下面的例子。如代码 A-4 所示，假设我们想要计算式子 3*(x)^2+4*(y)^2 在 x 和 y 不同取值下的结果，则可以设定为如代码 A-4 所示的函数。

代码 A-4

```
f1<-function(x,y,a=3,b=4){
    a*(x)^2+b*(y)^2
}
```

在函数 function() 中，首先（按自己的需要）定义参数的名称为 x、y、a 和 b，其中，a 和 b 为常数，分别为 a=3，b=4。其次，写出所要计算的式子的具体表达式 a*(x)^2+b*(y)^2。在定义这个函数时，我们没有使用 return() 函数。调用函数 f1 的结果直接返回的是花括号内所指定的函数表达式的具体值。

如果在控制台中输入 f1，则会得到如代码 A-5 所示的结果。

代码 A-5

```
f1
function(x,y,a=3,b=4){a*(x)^2+b*(y)^2}
mode(f1)
[1] "function"
formals(f1)
$x


$y


$a
[1] 3

$b
[1] 4
```

mode(f1) 告诉我们函数的存储类别是 "函数"。使用函数 formals()，得到函数 f1

的参数。

如果在控制台中键入如代码 A-6 所示的两个命令，即给出自变量 x 和 y 的具体表达式，得到的结果是相同的。

代码 A-6

```
f1(x=1,y=2)
[1] 19
f1(1,2)
[1] 19
```

从上面的几个例子中可以看出，在 R 语言中编写函数的基本方法非常容易理解和掌握。稍微复杂一些的问题主要表现在，你可以在当前所定义的函数中调用其他函数或者再定义函数。请看下面几个例子。

代码 A-7

```
f2<-function(z,f1){
z^2+f1
}
f2(1,f1(x=1,y=2))
[1] 20
```

代码 A-7 沿用了上面的例子，f1 是在代码 A-3 所定义的函数。在形式上，我们可以将 f2 看作是一个复合函数。

代码 A-8

```
f3<-function(n){
m<-function(p,q){p^n+q^(n-1)}
m
}
t<-f3(n=1)
t(p=2,q=2)
[1] 3
```

在代码 A-8 中，函数 f3 中又定义了另一个函数 m。

调用其他函数可以采用如下形式，在函数 plotting() 中添加相关参数后，就可以得到一幅相应的散点图。

代码 A-9

```
plotting<-function(x,y){
plot(x,y,pch=16,col="red")
}
plotting(seq(0,10,1),seq(0,1,0.1))
```

为了方便函数的编辑或修改，R 语言提供了 fix()、edit() 等函数。我们刚才编写了 plotting 这个函数，延续这个例子，如果在控制台中输入 fix(plotting)，则会激活一个如图 A-1 所示的编辑窗口。在这个编辑窗口中，使用者可以编辑或修改自定义的 plotting 函数。例如，可以对必要的代码添加注释，这对于

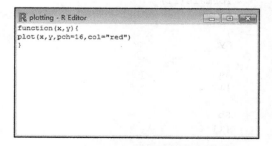

图 A-1　函数 fix( ) 激活的编辑窗口

今后再次使用该函数将非常有用。当编辑或修改完毕时，可以关闭这个窗口，使用者所编辑或修改的内容会自动被保存。

如果使用者将此前编辑的自定义函数存放在某个地址，则可以使用 edit() 函数来打开这个文件，并进行编辑或修改。当然，使用者可以编辑一些 R 的源代码，但是操作过程需要十分谨慎。

A.2 局部环境和全局环境

正如前面所看到的，在编辑函数时，return() 并非必须设置。之所以要设置 return()，主要是因为我们在函数内部将定义的表达式赋值给了某个对象，如代码 A-2 中，我们将表达式 x*x 赋值给了 square。在这种情况下，函数中所定义的对象只会存在于局部环境（local environment）之中，而不会出现在全局环境（global environment）之中。

下面这个例子能够帮助我们理解局部环境和全局环境的差异。

代码 A-10
```
f1<-function(x,y){
x+y
}
f1(1,2)
[1] 3

f2<-function(x,y){
locally<-x+y
}
f2(1,2)
print(locally)
Error in print(locally) : object 'locally' not found
```

在代码 A-10 中，首先定义函数 f1，其表达式为 x+y。当调用该函数时，相应的返回结果等于 3，与我们的预期一致。

在函数 f2 中，我们将表达式 x+y 赋值给对象 locally，但是没有添加 return()。在这种情况下，当调用函数 f2(1,2) 时，没有得到任何返回的结果。原因很简单，因为我们在定义函数 f2 时，并没有要求返回当 x 和 y 取特定数值时的结果。

那么，我们是不是可以使用 print(locally) 来返回相应的结果呢？从上面的代码中可以看出，即便是使用 print(locally)，也得不到任何结果，反而出现报错信息。从报错信息中可以看到，在当前环境下，即跳出函数 f2 所定义的环境下，没有找到 locally 这个对象。换言之，locally 只有在函数 f2 所定义的局部环境之下才是有效的。当我们跳出局部环境时，就已经置身于全局环境，而在全局环境中，我们此前没有定义任何对象为 locally，所以，才会出现上述报错信息。

局部环境和全局环境的差异提醒我们，当进行赋值或者变量定义时，需要十分谨慎。当对象只是在一个函数内部被定义时，它仅属于这个函数的局部环境，在这个函数之外，它是不存在的。return() 的作用在于，它可以将这个函数中所定义的对象的具体值返回在全局环境中。这好比是，一个国家的公民即使没有办理护照，也可以在一国境内拥有合法身份，然而，当他没有合法的护照而出境时，他的身份就是非法的。护照的作用就是表明你在"全局"意义上拥有合法身份。

到目前为止，我们可以使用上述方法来编写一些较为复杂的函数了。我们以下面这个例子作为这一部分内容的小结。

代码 A-11

```
f1<-function(x){
y<-x^2+1
return(y)
}

myfun<-function(a,b,c){
    first<-f1(a)
    second<-b%*%c
    final<-first*second
    return(final)
}
myfun(1,c(1,2),matrix(1:4,2,2))
     [,1] [,2]
[1,]   10   22
```

在代码 A-11 中，首先定义函数 f1。在函数 myfun 中，有三个参数，分别为 a、b、c，假设 a 是标量，b 是向量，c 是矩阵。在函数 myfun 中，先将 f1(a) 赋值给对象 first，然后将向量 b 和矩阵 c 的乘积赋值给对象 second，然后再将对象 first 和 second 的乘积赋值给对象 final，最后，返回 final 的值。

在相应取值下，myfun 返回了我们想要获取的结果。

为了便于验证，我们可以借助 list() 函数来返回 myfun 的中间结果（见代码 A-12）。

代码 A-12

```
myfun<-function(a,b,c){
    first<-f1(a)
    second<-b%*%c
    final<-first*second
    return(list(first,second,final))
}
myfun(1,c(1,2),matrix(1:4,2,2))
[[1]]
[1] 2

[[2]]
     [,1] [,2]
[1,]    5   11

[[3]]
     [,1] [,2]
[1,]   10   22
```

A.3　循环和条件

如果要编写复杂一些的函数，如代码 A-1 中所展示的那样，则需要使用到循环和条件。⊖

⊖ 使用命令 help(Control) 可以查看 R 语言中的基本控制结构。

首先请看如代码 A-13 所示的例子:

代码 A-13
```
for (i in c(1,3,5,7,9)) {
    y<-i+1
    print(y)
}
[1] 2
[1] 4
[1] 6
[1] 8
[1] 10
```

这个代码表示,对于在向量(序列)c(1,3,5,7,9)中依次取值的 i 来说,对向量中的每一个元素,都进行 i+1 这个运算,并打印计算结果。

在从上面这个例子中可以看到,当我们需要重复地做一件相同的事情时,就可以用到 for 循环。for 循环的用法并不复杂,通常具有以下形式:

for (i in vector) {commands}

其中,i 就是循环变量,vector 就是一个向量,花括号中的 commands 就是你想要完成的工作。再来看一个稍微复杂一些的例子。

代码 A-14
```
ABC<-c(LETTERS[1:3])
abc<-sample(letters[1:3],3,replace=F)
abc
[1] "a" "c" "b"
for (i in ABC){
    AaBbCc<-paste(i,abc,sep="")
    print(AaBbCc)
}
[1] "Aa" "Ac" "Ab"
[1] "Ba" "Bc" "Bb"
[1] "Ca" "Cc" "Cb"
```

如代码 A-14 所示的例子表明,当我们重复做一件事情时,for 循环能够减少重复劳动的枯燥和辛苦。需要注意的是,在执行循环之前,我们可以先定义好一些对象,如例子中是 ABC 和 abc。在任何情况下,我们要尽量保持 for 循环中"干净整洁",即如果能够在 for 循环之外执行运算,那就不要将这些运算放在 for 循环中。

在 for 循环中,我们知道循环变量 i 必定在一个向量中依次取值,也就是说,我们能够确切知道循环的次数。在有些情况下,循环只需要满足一定的条件,这时,需要使用 while 循环。while 循环的基本形式如下:

while (condition) {commands}

该语句表明,当满足条件 condition,或者 condition 为真时,就执行花括号内的命令。请看如代码 A-15 所示的例子。

代码 A-15
```
x<-c(1,3,5,7,9)
```

```
i<-1      # 将循环变量的初始值设为 1
while (i<4){
    y<-x[i]+1
    print(y)
    i<-i+1
}
[1] 2
[1] 4
[1] 6
```

在代码 A-15 中，首先定义一个向量 x，并将循环变量的初始值规定为 1，即从 1 开始循环。在 while 循环中，需要满足的条件是 i<4，当这个条件不满足时，应当停止循环。在花括号中，表达式 y<-x[i]+1 意味着，我们要计算的是向量 x 中第 i 个位置上的元素与 1 之和。

最重要的一点是，我们要规定循环变量 i 的取值范围，即 i<-i+1，这意味着，每循环一次，循环变量就要被加上 1。只有这样，我们才能保证当循环条件不满足时，循环过程就会结束。否则，R 语言将无限制地执行循环。这当然不是我们想要看到的结果。所以，在使用 while 循环时，务必确保循环会在某一点得到终止。

在上面这个例子中，循环变量 i 从 1 开始，此后每次循环都加上 1，即 1+1，2+1，3+1 等，当循环条件 i<4 不被满足时，循环就停止。最终，我们得到三个结果。

除了循环语句以外，我们还可以用条件语句 if/else 来实现对流程的控制。if 语句表明，当条件满足时，做某一件事情；当条件不满足时，不做某一件事情。Else 语句可以让程序做备选的事情，即当 if 语句所述的条件不满足时，让程序去做你所规定的另外一件事情。if 语句、if/else 语句的具体形式如下：

```
if(condition) expr
if(condition) cons.expr  else  alt.expr
```

其中，cons.expr 表示当条件成立时，让程序执行 cons.expr 所定义的事情；alt.expr 则表示让程序做备选的事情。

请看如代码 A-16 所示的例子。

代码 A-16
```
x<-1:4
if (!is.matrix(x)) {
    y<-matrix(x,nrow=2,byrow=T)
    print(y)
}
       [,1] [,2]
[1,]    1     2
[2,]    3     4
```

在代码 A-16 中，我们设计了一个简单的程序，即让 R 语言判断某个对象是否是矩阵，如果不是矩阵，则将其转换为矩阵 y。其中条件 !is.matrix(x) 用来表示判断对象 x 为非矩阵。如果这个条件满足，则将对象 x 转换为矩阵 y。

还可以使用 if/else 语句来完成更加复杂的工作。

代码 A-17
```
x<-1:4
if (is.matrix(x)) {
```

```
    y<-x*x
    print(y)
    }else{
        y<-matrix(x,nrow=2,byrow=T)
        print(y)
}
        [,1] [,2]
[1,]    1    2
[2,]    3    4
```

代码 A-17 表明，如果 x 是矩阵，则将 y 赋值为 x*x，如果不是，则将对象 x 转换为一个矩阵 y。需要注意的是，在使用 else 时，需要将 else 放置在花括号 } 后面，否则就会出错。

作为一个综合运用，代码 A-18 既使用循环，也使用条件语句。

代码 A-18

```
require(gtools)    # 为了使用函数 even()
x<-1:100
y<-rep(NA,100)
for (i in 1:100){
    if (even(i)==FALSE){
        y[i]<-FALSE
    } else{
            y[i]<-TRUE
                }
}
print(x[y])
[1]     2          4     6     8     10    12    14    16    18    20
[11]    22         24    26    28    30    32    34    36    38    40
[21]    42         44    46    48    50    52    54    56    58    60
[31]    62         64    66    68    70    72    74    76    78    80
[41]    82         84    86    88    90    92    94    96    98    100
```

在如代码 A-18 所示的这个例子中，我们试图找出在序列 x 中所有的偶数。函数 even() 的作用是判断一个数是否为偶数，返回结果是 TRUE 或 FALSE。为了使用函数 even()，需要加载扩展包 gtools。

在 for 循环中，if/else 语句表明，如果对于从 1 开始到 100 结束的 i 取值，even(i) 返回的结果为 FALSE，则将向量 y 中第 i 个位置上的元素赋值为 FALSE，如果不是，则赋值为 TRUE。这样，向量 y 从第一个元素到第 100 元素的位置上，要么为 TRUE，要么为 FALSE。我们使用重新赋值后的向量 y 作为一个索引向量。最后，通过命令 print(x[y]) 将所有的偶数打印在屏幕上。

再看一个更复杂的例子，在这个例子中，我们设计一个函数，让这个函数首先判断一个矩阵是否可逆，如果不可逆，则显示警告，说明这个矩阵不可逆；如果可逆，求出这个矩阵的逆矩阵。

代码 A-19

```
myfun<-function(x){
if (det(x)==0){
    warning("singular matrix!")
    return(NA)
```

```
    } else{
        y<-solve(x)
            }
return(y)
}
myfun(matrix(1,2,2))
[1] NA
Warning message:
In myfun(matrix(1, 2, 2)) : singular matrix!
myfun(matrix(1:4,2,2))
     [,1] [,2]
[1,] -2  1.5
[2,]  1 -0.5
```

矩阵可逆的充分必要条件是行列式不等于零，在 R 语言中，使用函数 det() 来求解矩阵的行列式。在代码 A-20 中，我们尝试了两个矩阵，第一个矩阵不可逆，从而显示了警告；第二个矩阵是可逆的，从而自定义的函数解出了这个逆矩阵。

此外，在 if/else 语句中，当需要检查的条件不止一个时，还可以使用一个或者多个 else if 语句，但必须以 else 结尾。例如，我们想要根据考试成绩来划分等级，90 分以上（含 90）为 A，80 分以上（含 80）至 90 分为 B，其他成绩为 C。

代码 A-20

```
x<-83
grade<-NA
if (x>=90){
    grade<-"A"
} else if (x>=80 & x<90){
        grade<-"B"
    } else {
            grade<-"C"
}
print(grade)
[1] "B"
```

A.4　程序查错

在编写函数的过程中，各种错误难免会发生。因此，在编写完一个函数后，不妨先来检查一下这个函数中是否存在错误。在 R 语言中，我们可以使用函数 debug() 来完成这一项工作。不妨继续采用刚才的例子，假设在输入时我们不小心，将 y<-solve(x) 写成了 y<-solve(xx)，但是我们并没有发现。运行代码 A-21，并没有任何警告出现。

代码 A-21

```
myfun<-function(x){
    if (det(x)==0){
        warning("singular matrix!")
        return(NA)
        } else{
            y<-solve(xx)      # 将 x 错误地输入为 xx
                }
return(y)
}
```

为了检查这个代码，我们采用以下方式：首先，在命令行中输入 debug（函数名称），此时，R 语言就会进入查错模式。然后，使用一个具体的例子来运行函数，例如 myfun（matrix(1:4,2,2)）。当运行该命令后，R 语言就会自动进行检查。最后，显示错误的地方在于找不到 xx 这个对象。debug() 函数是一个互动的纠错函数，在检查一部分代码后会等待进一步指示，此时，按下回车键即可。

代码 A-22
```
debug(myfun)
myfun(matrix(1:4,2,2))
debugging in: myfun(matrix(1:4, 2, 2))
debug at #1: {
    if (det(x) == 0) {
        warning("singular matrix!")
        return(NA)
    }
    else {
        y <- solve(xx)
    }
    return(y)
}
Browse[2]>
debug at #2: if (det(x) == 0) {
    warning("singular matrix!")
    return(NA)
} else {
    y <- solve(xx)
}
Browse[2]>
debug at #6: y <- solve(xx)
Browse[2]>
Error in solve(xx) : object 'xx' not found
```

当查错完毕之后，需要使用 undebug(myfun) 来退出查错模式。

R 语言中的 apply 函数家族

在数据分析中，通常需要对原始数据进行处理，例如，根据原始数据生成或添加某些新的数据。在 R 语言的基础包中，有一类函数，形如 *apply()，称为 apply 函数族，它们的工作原理如下：

第一，split（划分），将数据按照某种规则划分成为若干个较小的部分；

第二，apply（应用），对以上各个部分进行某种操作；

第三，combine（整合），将操作结果整合起来。

以上三个步骤就是数据分析中的 Split-Apply-Combine 的策略。apply 函数族可以帮助我们有效地实现这一策略。

B.1 apply 函数

"apply" 的中文意思就是"应用"，函数 apply 的功能是：应用指定的函数（applying a function）或操作到数组或矩阵的某个维度上，返回的结果是以向量、数组或者列表形式呈现的计算结果。函数 apply 针对数组或矩阵而设计，如果对象是数据框，则强制转换为数组或矩阵。使用命令 help(apply) 查看其基本用法为：

```
apply(X, MARGIN, FUN, ...)
```

其中，X 是数组（包括矩阵）。MARGIN 以向量方式来指定所应用的函数到数组或矩阵的哪个维度，例如，对于矩阵而言，1 就代表行，2 就代表列，c(1,2) 就代表行和列。如果对象 X 具有命名了的维度，就可以使用维度名称来进行指示。FUN 就是所指定的函数，例如 mean、sd、summary 等。

一个简单例子如代码 B-1 所示。

代码 B-1

```
x<-cbind(x1 = 3, x2 = c(4:1, 2:5)) #生成一个矩阵，带有列名称
dim(x) #返回 x 的维度信息，返回结果是包含两个元素的向量，表明该矩阵有两个维度
dimnames(x)[[1]]<-letters[1:8] #生成行维度的名称
apply(x, 2, mean)                  # 将函数 mean 应用到列，即计算每一列的均值
col.sums<-apply(x, 2, sum)         # 计算每一列的和，赋值给 col.sums
row.sums<-apply(x, 1, sum)         # 计算每一行的和，赋值给 row.sums
rbind(cbind(x, Rtot = row.sums), Ctot = c(col.sums, sum(col.sums))) # 添加新的一
```
列和新的一行，分别是 x 中每一列的和，以及每一行的和

apply 函数是最基本的，下面汇总了 apply 函数家族的主要成员及其功能。

- apply：对数组的行或列应用函数（Apply functions over array margins）。
- lapply：对列表或向量应用函数（Apply functions over a list or vector）。
- sapply：对列表或向量应用函数。sapply 是用户友好版，是 lapply 的包装函数（wrapper）。更准确地讲，sapply 函数会尝试对 apply 的结果进行简化，如果无法简化，则不进行简化。
- vapply：对列表或向量应用函数。vapply 也对 apply 的结果进行简化，与 sapply 的不同之处在于，vapply 需要使用者明确指出所要简化的具体格式，如果无法简化为所指定的格式，则会报错。
- tapply：对分割的数据应用函数（Apply functions over a ragged array）。
- eapply：对环境中的值应用函数（Apply functions over values in an environment）。
- mapply：对多个列表或者向量应用函数（Apply functions to multiple list or vector arguments）。
- rapply：对列表递归地应用函数（Recursively apply a function to a list）。

B.2　lapply 函数

lapply 中的 l 代表 list，即列表。lapply 函数接受 list 作为输入。lapply 函数返回的是与对象 X 具有相同长度的列表。返回列表中的每一个元素对应的是应用指定函数到 X 中相应元素的计算结果。使用命令 help(lapply) 查看其基本用法为：

lapply(X, FUN, ...)

该函数应用于数据框时会显得非常便捷。在 R 语言中，数据框被视为一个包含了变量名称（列名称）和相应变量观测值（列向量）的列表，或者说数据框实际上是一个存储了若干向量的列表。

请看如代码 B-2 所示的例子。

代码 B-2

```
x<-matrix(1:4,2)
rownames(x)<-c("ob1","ob2")
colnames(x)<-c("var1","var2")
x<-as.data.frame(x) #将 x 转换为数据框
x
    var1 var2
ob1    1    3
```

```
ob2     2     4
length(x)  #查看x的长度，因x有两个变量，返回结果为2
[1] 2
is.list(x)  #x是否也是list
[1] TRUE
x.median<-lapply(x,median)  #计算x中每个变量的中位数
x.median  #返回结果是列表，包括两个元素，当数据较多时，返回的列表可能非常长
$var1
[1] 1.5

$var2
[1] 3.5
```

B.3 sapply 函数

sapply 的用法与 lapply 相似，应用指定的函数，返回结果是一个列表。使用 help(sapply) 查看其基本用法为：

```
sapply(X, FUN, ..., simplify = TRUE, USE.NAMES = TRUE)
```

当参数 simplify=TRUE（默认值）时，返回结果被简化为向量或者矩阵（sapply 函数中的字母 s 就是简化之意）。sapply 是 lapply 的包装函数，因此 sapply(X,FUN, simplify=FALSE,USE.NAMES=FALSE) 与 lapply(X,FUN) 是相同的。继续上面的例子，请看：

代码 B-3
```
sapply(x,median)  #返回结果为向量，避免lapply函数返回长列表时不易阅读的情形
var1 var2
 1.5  3.5
sapply(x,median,simplify=FALSE)  #返回结果为列表
$var1
[1] 1.5

$var2
[1] 3.5
```

B.4 vapply 函数

vapply 函数与 sapply 一样，会尝试对 apply 返回的结果进行简化。不同之处在于：sapply 函数会猜测如何对结果进行合适的简化，如果无法简化，则不简化，而 vapply 函数必须预先指定返回值的类型（pre-specified type of return value），如果无法简化为所指定的格式，则会报错。从这个意义上来看，vapply 函数执行强制简化。该函数的用法为：

```
vapply(X, FUN, FUN.VALUE, ..., USE.NAMES = TRUE)
```

其中，参数 FUN.VALUE 就是要求使用者所指定的返回值类型，如数值型、字符型等。请看下面的例子：

代码 B-4

```
x<-data.frame(var1=rnorm(5,0,1),var2=rnorm(5,0,1),var3=rnorm(5,0,1)) #定义对象 x
为数据框
vapply(x,mean) #计算每一变量的均值，出现报错，因为必须要设定 FUN.VALUE
Error in vapply(x, mean) :
    argument "FUN.VALUE" is missing, with no default
vapply(x,mean,numeric(1))  #设定返回结果为长度为 1 的数值型，返回正确结果
          var1          var2          var3
-0.5408779 -0.2375057  0.2608791
vapply(x,mean,numeric(0))  #如果设定返回结果为长度为 0 的数值型，则报错
Error in vapply(x, mean, numeric(0)) : values must be length 0,
 but FUN(X[[1]]) result is length 1
vapply(x,mean,character(1)) #如果设定返回结果为长度为 1 的字符型，则报错
Error in vapply(x, mean, character(1)) : values must be type 'character',
but FUN(X[[1]]) result is type 'double'
```

通过对返回结果预设类型，可以更加得到与预期相一致的结果，从而在数据处理过程中更加安全。在大数据的情况下，预设结果也可以使计算效率提高。

B.5　**tapply** 函数

函数 tapply 可以按照分组变量来返回指定函数的计算结果。使用 help(tapply) 查看其基本用法为：

tapply(X, INDEX, FUN = NULL, ..., simplify = TRUE)

其中，参数 INDEX 为分组变量（因子），其他变量的含义与此前相同。

请看如代码 B-5 所示的例子。

代码 B-5

```
set.seed(100)
x<-data.frame(score=round(rnorm(6,80,10)),sex=c("M","F"),class=c(1,2,2,2,1,1))
#生成数据框 x，score 为成绩，sex 为学生的性别，class 为班级
round(tapply(x$score,x$sex,mean)) #按性别分组，计算成绩的平均值并取整
F  M
81 76
round(tapply(x$score,list(sex=x$sex,class=x$class),mean)) #同时按性别和班级分组，
计算成绩的平均值并取整
     1    2
F 81   82
M 78   72
```

此外，在 R 语言中，基础包中的函数 by 是函数 tapply 针对数据框的专门形式。

B.6　**mapply** 函数

mapply 函数是 sapply 的多变量版本。该函数的用法为：

mapply(FUN, ..., MoreArgs = NULL, SIMPLIFY = TRUE, USE.NAMES = TRUE)

mapply 会将指定的函数依次应用于 "..." 所代表的参数中的第一个元素、第二个元素、

第三个元素等。参数必要时可以循环。

请看如代码 B-6 所示的例子。

代码 B-6

```
mapply(rep,x=1:4,times=4:1) # 对于函数 rep，对于 1、2、3、4 这四个参数，分别循环 4、3、2、1 次
[[1]]
[1] 1 1 1 1

[[2]]
[1] 2 2 2

[[3]]
[1] 3 3

[[4]]
[1] 4
sapply(1:4,rep,times=4)  # 与 mapply 进行比较
     [,1] [,2] [,3]    [,4]
[1,]   1    2    3     4
[2,]   1    2    3     4
[3,]   1    2    3     4
[4,]   1    2    3     4
```

B.7 rapply 函数

rapply 会对列表递归地应用函数，它是 lapply 的递归版本。该函数的用法为：

rapply(object, f, classes = "ANY", deflt = NULL, how = c("unlist", "replace", "list"), ...)

其中，参数 object 为一列表，f 为一个单一参数的函数，classes 用来指定数据类型，如数值型、字符型等，ANY 表示所有类型。

参数 how 用来指定操作方式，有三种形式：replace 表示在应用指定函数后，将新结果替换原来的元素；list 表示新建一个列表，其中的元素若为 classes 中指定的类型，则应用指定函数，若不是，则使用 deflt，保持原始的列表结构；unlist 相当于对 list 下的结果使用 unlist(recursive=TRUE)，即遍历后，不通过同一列表显示。

rapply 的基本原理是对列表 list 进行遍历，并且，如果列表中的元素仍旧是列表，则继续做遍历。如果遇到非列表的元素，如果该元素的类型是参数 classes 制定的类型，则应用制定的函数。

请看如代码 B-7 所示的例子。

代码 B-7

```
x<-list(e1=c(1,2,3),e2=c("one","two","three"),e3=list(E1=c(4,5,6),E2=LETTE
RS[1:3])) # 创建对象 x 为一列表，x 中包含另一个列表 e3
x
$e1
[1] 1 2 3

$e2
[1] "one"   "two"   "three"
```

```
$e3
$e3$E1
[1] 4 5 6

$e3$E2
[1] "A" "B" "C"
rapply(x,mean,classes="numeric",how="replace")  #对数值型元素计算均值，并替换原来的元素
$e1
[1] 2

$e2
[1] "one"   "two"    "three"

$e3
$e3$E1
[1] 5

$e3$E2
[1] "A" "B" "C"
rapply(x,length,classes="character",how="replace")  #计算字符型元素的长度，并替换原
来的元素
$e1
[1] 1 2 3

$e2
[1] 3

$e3
$e3$E1
[1] 4 5 6

$e3$E2
[1] 3
```

致　谢

我们感谢上海师范大学商学院的师生在本书写作过程中给予的帮助与鼓励。同时感谢美国犹他大学商学院（David Eccles School of Business）给予我们的访学资助，使得我们能够集中一段时间来完成本书的统稿和校对工作。

王翔　朱敏

参 考 文 献

［ 1 ］ 祖尔，等 . R 语言初学者指南［ M ］. 周丙常，王亮，译 . 西安：西安交通大学出版社，2011.

［ 2 ］ 斯佩克特 . R 语言数据操作［ M ］. 朱钰，柴文义，张颖，译 . 西安：西安交通大学出版社，2011.

［ 3 ］ 汤银才 . R 语言与统计分析［ M ］. 北京：高等教育出版社，2008.

［ 4 ］ 朱敏，王翔 . 金融定量分析与 S-Plus 运用［ M ］. 上海：上海交通大学出版社，2013.

［ 5 ］ Badi H B. Econometrics［ M ］. 5th ed. New York: Springer, 2011.

［ 6 ］ Christian K, Achim Z. Applied Econometrics with R［ M ］. New York: Springer, 2008.

［ 7 ］ Hadley W. ggplot2: Elegant Graphics for Data Analysis［ M ］. 2nd ed. New. York: Springer, 2010.

［ 8 ］ Hrishi V. M. R Graphs Cookbook［ M ］. Birmingham: Packt Publishing, 2011.

［ 9 ］ John F, Sanford W. An R Companion to Applied Regression［ M ］. 2nd ed. New York: Sage, 2011.

［ 10 ］ John V. Getting Started with RStudio［ M ］. California: O'Reilly,2011.

［ 11 ］ Nicholas J H , Amherst C. Using R and RStudio for DataManagement,Statistical Analysis, and Graphics［ M ］. 2nd ed. Oxford: Taylor & Francis Group, LLC, 2015.

［ 12 ］ Paul Teetor. R Cookbook［ M ］. California: O'Reilly, 2011.

［ 13 ］ Peter Dalgaard. Introductory Statistics with R ［ M ］. 2nd ed.New York: Springer, 2008.

［ 14 ］ Robert I K. R in Action: Data Analysis and Graphics with R ［ M ］. New York: Manning Publications Co., 2011.

［ 15 ］ Winston C. R Graphics Cookbook: Practical Recipes for Visualizing Data［ M ］. California: O'Reilly, 2012.

推荐阅读

书名	作者	中文书号	定价
货币金融学（第2版）	蒋先玲（对外经济贸易大学）	978-7-111-57370-8	49.00
货币金融学习题集	蒋先玲（对外经济贸易大学）	978-7-111-59443-7	39.00
货币银行学（第2版）	钱水土（浙江工商大学）	978-7-111-41391-2	39.00
投资学原理及应用（第3版）	贺显南（广东外语外贸大学）	978-7-111-56381-5	40.00
《投资学原理及应用》习题集	贺显南（广东外语外贸大学）	978-7-111-58874-0	30.00
证券投资学(第2版)	葛红玲（北京工商大学）	978-7-111-42938-8	39.00
证券投资学	朱晋（浙江工商大学）	978-7-111-51525-8	40.00
风险管理（第2版）	王周伟（上海师范大学）	978-7-111-55769-2	55.00
风险管理学习指导及习题解析	王周伟（上海师范大学）	978-7-111-55631-2	35.00
风险管理计算与分析：软件实现	王周伟（上海师范大学）	978-7-111-53280-4	39.00
金融风险管理	王勇（光大证券）	978-7-111-45078-8	59.00
衍生金融工具基础	任翠玉（东北财经大学）	978-7-111-60763-2	40.00
固定收益证券	李磊宁（中央财经大学）	978-7-111-45456-4	39.00
行为金融学（第2版）	饶育蕾（中南大学）	978-7-111-60851-6	49.00
中央银行的逻辑	汪洋（江西财经大学）	978-7-111-49870-4	45.00
商业银行管理	陈颖（中央财经大学）	即将出版	
投资银行学:理论与案例（第2版）	马晓军（南开大学）	978-7-111-47822-5	40.00
金融服务营销	周晓明（西南财经大学）	978-7-111-30999-4	30.00
投资类业务综合实验教程	甘海源等（广西财经大学）	978-7-111-49043-2	30.00
公司理财：Excel建模指南	张周(上海金融学院)	978-7-111-48648-0	35.00
保险理论与实务精讲精练	胡少勇（江西财经大学）	978-7-111-55309-0	39.00
外汇交易进阶	张慧毅（天津工业大学）	978-7-111-60156-2	45.00